教育部职业教育与成人教育司推荐教材

职业院校模具设计与制造专业教学用书

模具制造技术应用 与综合技能训练

MUJU ZHIZAO JISHU YINGYONG YU ZONGHE JINENG XUNLIAN

（第2版）

主　编　戴　刚　刘　军

副主编　罗道华　戴　勇

电子工业出版社

Publishing House of Electronics Industry

北京·BEIJING

内 容 简 介

本书是教育部职业教育与成人教育司推荐教材，供中职学校模具设计与制造专业使用。

本书根据广大模具制造企业对员工的技术要求和国家对技能紧缺型人才的培训要求进行编写，主要内容包括模具制造常用设备及其工艺装备、常用数控加工系统及 CAD/CAM 技术在模具制造中的应用、常用模具材料与热处理、模具制造工艺知识、模具的装配知识以及模具制造综合技能训练共 6 个单元。

本书主要用于中等职业技术学校，既可作为模具设计与制造专业的模具制造技术方面的技能训练教材，又可作为模具制造技术应用的岗位培训教材，还可以作为从事模具设计与制造工作的广大技术人员的工艺手册和自学用书。

未经许可，不得以任何方式复制或抄袭本书之部分或全部内容。

版权所有，侵权必究。

图书在版编目（CIP）数据

模具制造技术应用与综合技能训练 / 戴刚，刘军主编．—2 版．—北京：电子工业出版社，2013.8

教育部职业教育与成人教育司推荐教材　职业院校模具设计与制造专业教学用书

ISBN 978-7-121-19423-8

Ⅰ．① 模⋯　Ⅱ．① 戴⋯ ② 刘⋯　Ⅲ．① 模具－制造－职业院校－教材　Ⅳ．① TG760.6

中国版本图书馆 CIP 数据核字（2013）第 006929 号

策划编辑：张凌
责任编辑：张凌　特约编辑：王　纲
印　　刷：北京市海淀区四季青印刷厂
装　　订：北京市海淀区四季青印刷厂
出版发行：电子工业出版社
　　　　　北京市海淀区万寿路 173 信箱　邮编　100036
开　　本：787×1 092　1/16　印张：23.25　字数：595.2 千字
印　　次：2013 年 8 月第 1 次印刷
定　　价：46.50 元

　　在我国工业技术飞速发展的今天，根据国家对技能紧缺型人才培训的要求和广大模具制造企业对员工在技能方面的要求，为提高职业院校模具设计与制造专业的技能培训水平，以及学生对模具制造技术的综合运用能力，在电子工业出版社的组织和领导下，特组织编写了《模具制造综合技能训练》这本书，以满足模具设计与制造专业对模具制造技术培训的需求。

　　本书遵循以就业为导向、以学生为主体、以能力为本位的教学原则，使用先进的职业教育理念和教学方法，以"工学结合，学做合一，手脑并用"作为教材编写的主要思想，以"工作过程导向的（W）、一体化的（I）、有助于学生自主学习（A）的教学模式——WIA"作为本书编写的脉络，特别注重学习内容的项目化、教学过程任务化、教学方法专业化，努力营造工厂化的在做中学和在学中做的良好的教学与学习情景，使学生在学做结合的学习过程中培养和提高学生的学、做、思、析、写、说能力，从而获得由方法能力、专业能力和社会能力所构成的基本职业能力。

　　本书第 1～5 单元，采用了学、练、做结合的教学方法，努力将知识的学习与应用相结合，通过实时的过程考评，检验学生的学习效果和教学效能，为第 6 单元的模具制造综合技能训练打下坚实的理论与基本技能基础。第 6 单元为本书的核心内容，根据企业的要求、结合学校的教学条件设计了具体的训练项目，又根据企业中模具的生产流程设计了以工作过程为导向的教学过程，然后又根据学生的基础能力和认知特点设计了相应的教师教学和学生学习工具，从而使教学工作按照企业的要求和生产过程循序渐进，使学生的职业能力在学做结合的学习过程中不断提高。

　　本书的编写得到了重庆市教育科学研究院职业教育研究所的向才毅所长、谭绍华副所长、主管机械类专业教学研究的夏惠玲研究员、重庆市模具工业协会的赵青陵秘书长以及重庆市向才毅名师工作室的成员及其专家团队的大力支持，同时也得到了重庆市科能高级技工学校的雷道学校长和该校各级领导与老师们的关心和行政支持，重庆市荣昌职业教育中心吴友峰校长、俞权坚主任和重庆市教学科研研究院徐光伦研究员参加了本书大纲的编写论证、前期规划和方案确定等工作，在此谨代表本书的编写团队向支持我们的单位和个人表示衷心的感谢。

　　本书主要由重庆市科能高级技工学校、荣昌职业教育中心的教师和工程技术人员共同编写。第 1、4、5 单元由戴刚、刘军、戴勇、金凤艳、吴自达、赵亮东共同编写，第 2 单元由向山东、罗道华、曾世金、罗龙共同编写，第 3 单元由黄勇和吴自达编写，第 6 单元由戴刚、刘军、胡明光、向山东、罗道华、罗龙共同编写。本书的模具设计及能力本位教学模型的设计由戴刚、刘军、魏益完成，图形处理由戴刚、向山东、戴勇、黄勇、魏益共同完成，工艺编制由戴刚、刘军、胡明光、吴自达、赵亮东完成。

本书由张莉洁和周志强老师主审，经过教育部审批，作为教育部职业教育与成人教育司推荐教材。

由于时间仓促，加上编写人员水平有限，书中可能存在着一些不足之处，欢迎各使用单位和个人对本书提出宝贵意见和建议，以便使本书得到更正和补充。

编　者
2013 年 3 月

目 录
Contents

模具制造常用设备及其工艺装备

项目一　车床及其工艺装备在模具制造中的应用

 项目描述：

1. 车床的结构与工作原理。
2. 车床上进行工件安装的方法。
3. 常用车刀的用途与安装。
4. 车床在模具制造中的应用。

 能力目标：

1. 能正确熟练地操作车床。
2. 能选择使用车床上常用的工装夹具，并能正确地安装工件。
3. 能根据工件的工艺特性合理地选择车刀，并能正确地完成车刀的刃磨和安装。
4. 能按技术要求完成轴类、套类及成型面等类型模具零件的车削加工。

 场景设计：

1. 车削加工训练现场。
2. 车床及常用的工装及量具。
3. 常用车刀与车削加工模具零件及相关技术文件。

任务一　车床的结构与工作原理

☞ **活动一**　认识车床

车床按其控制方式的不同分为：普通车床（图 1-1）和数控车床（图 1-2）两种。

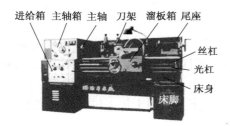

图 1-1　普通车床

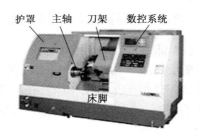

图 1-2　数控车床

1

知识链接

1. 普通车床的组成与各部分功能。
2. 数控车床的组成与各部分功能。

☞ 活动二　理解车床的工作原理

1. 车削运动

车削运动是以工件旋转作为主运动，车刀在平面内做横向、纵向直线运动或做复合进给运动，对工件进行车削加工（图1-3）。

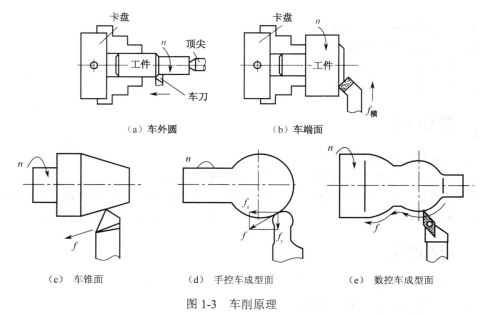

（a）车外圆　　　　　　　　（b）车端面

（c）车锥面　　　　　（d）手控车成型面　　　　（e）数控车成型面

图1-3　车削原理

知识链接

1. 车床的安全操作规程。
2. 车削内外圆柱（锥）面、成型面、螺纹等的车削运动形式。

2. 普通车床与数控车床性能比较

数控车床属于自动车床，它主要通过计算机用程序进行控制，其自动化程度高，加工精度高，质量稳定，生产效率高，加工的适应范围广，目前在机械制造中得到了广泛应用。

普通车床属于半自动车床，在加工过程中主要由人工控制，其通用性好，但由于受控制方式的限制，其生产效率较低，劳动强度大。车床主要用于加工轴、盘、套和其他具有回转表面的工件。

👉 **活动三** 车床操作任务过程与考核考评（学生自评、互评与指导教师评述结合）

项 目	内 容	标 准	学 生 自 评	学 生 互 评
车床结构	车床各部分名称及用途	正确指出车床各部分名称与用途		
徒手操作	徒手操作机床进给机构	规范准确进行车床横、纵及小溜板操作与刻度盘使用		
	车床变速操作	规范安全进行车床主轴变速操作		
徒手操作	自动进给操作	规范安全进行车床横纵进给运动的切换、变速		
教师评述			指导教师： 年　　月　　日	

任务二　车床常用夹具与零件的安装

👉 **活动一** 模具加工中常用的车床夹具与运用见表1-1。

表 1-1　模具加工中常用的车床夹具

夹具与夹装方式	用 途
三爪卡盘夹持	三爪卡盘是车床的标准配件，具有自定心作用（图1-4），一般用于回转表面或者具有周向三、六等分等形状较规则的零件的装夹与加工，如模具零件中的导套、导柱等零件的加工（图1-5）
一夹一顶装夹	一般用于较长或细长的轴类零件装夹。因其安装的刚性稳定性好，特别适用于具有回转表面的凸模、凹模、导柱以及回转成型面等零件的粗加工（图1-6）
两顶尖装夹	用于轴（套）类零件的同轴度、圆跳动等要求较高的零件装夹方法，如导柱、导套、外圆锥面等模具零件的安装与加工（图1-7）
四爪卡盘夹持	一般用于形状不对称的零件的装夹与加工，最常用的是在四边形零件上加工回转表面，如在六面体上车削加工圆柱面、圆锥面、成型面等（图1-8）
花盘角铁装夹	主要用于形状不规则零件的安装和回转表面加工，如圆柱面、圆锥面、成型面等（图1-9）

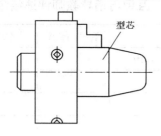

图 1-4　卡盘夹持车削型芯

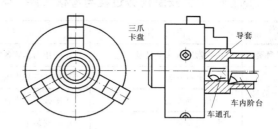

图 1-5　三爪卡盘夹持车削导套

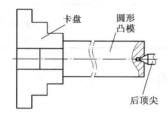

图 1-6　一夹一顶车削圆形凸模

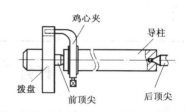

图 1-7　两顶车削导柱

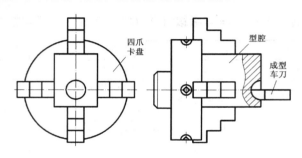

图 1-8　四爪卡盘装夹车削回转型腔

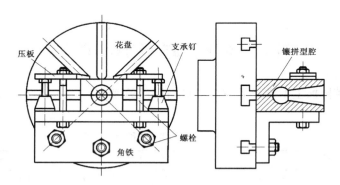

图 1-9　花盘角铁装夹车削拼合型腔

知识链接

1. 常用车床夹具的结构与用途。
2. 进行工件安装时的操作方法与注意事项。

活动二 工件安装任务过程与考核考评（学生自评、互评与指导教师评述结合）

项　目	内　　容	标　　准	学生自评	学生互评
夹具种类	认识常用车床夹具及用途	正确指出车床各类夹具名称与用途		
三爪上安装工件	卡盘夹持安装	正确找正与夹紧工件		
	一夹一顶安装	正确找正、支顶与夹紧工件		
	两顶尖安装	正确安装顶尖、拨头		
四爪上安装工件	安装偏心工件	正确测量并校正偏心距 按划线找正工件		
教师评述			指导教师： 年　月　日	

任务三　常用车刀的用途

活动一 常用车刀及其用途见表 1-2 及图 1-10 所示。

表 1-2　常用车刀及其用途

车 刀 名 称	用　途
外圆车刀	90°、75°、45° 主要用于具有 90°、60°、75°、45° 阶台面的圆柱形、圆锥形表面车削，也可以用于端面车削和倒角等，如圆柱、圆锥形的凸模和型芯的车削
切断沟槽车刀	沟槽车刀 （a）切断切槽　　　　（b）车内沟槽 主要用于在回转表面上车削环形沟槽，如退刀槽、越程槽等；以及端面沟槽车削，如车削端面沟槽和端面螺纹等
内孔车刀	通孔车刀 不通孔车刀 （a）车通孔　　　　（b）车不通孔 通孔车刀：主要用于圆柱孔、圆锥孔、内沟槽等的通孔车削等。不通孔车刀：主要用于圆柱孔、圆锥孔、内沟槽等盲孔的车削
螺纹车刀	普通螺纹车刀 梯形螺纹车刀 工件　成形车刀 （a）车外螺纹　　（b）车内螺纹　　（c）车梯形螺纹 普通螺纹车刀主要用于普通内、外螺纹的车削，如普通螺纹型孔和型芯加工； 梯形螺纹车刀主要用于梯形螺纹的车削，如普通螺纹型孔和型芯加工

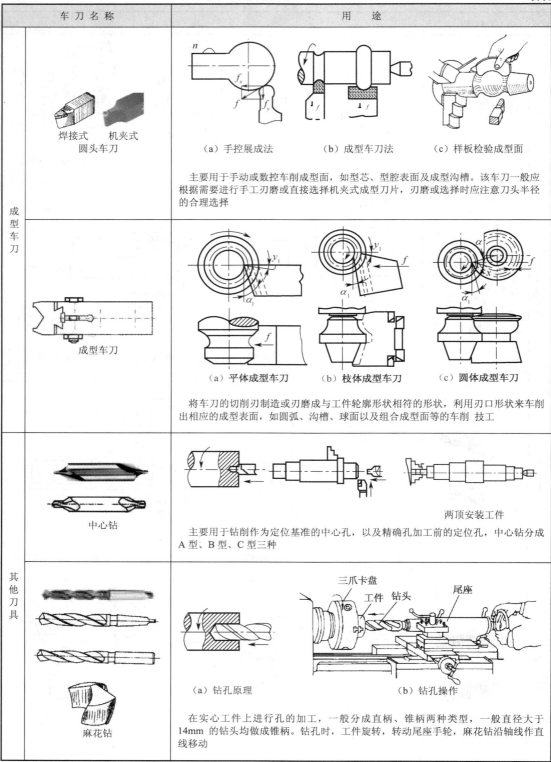

车 刀 名 称	用　　途
成型车刀 焊接式　机夹式 圆头车刀	（a）手控展成法　（b）成型车刀法　（c）样板检验成型面 主要用于手动或数控车削成型面，如型芯、型腔表面及成型沟槽。该车刀一般应根据需要进行手工刃磨或直接选择机夹式成型刀片，刃磨或选择时应注意刀头半径的合理选择
成型车刀	（a）平体成型车刀　（b）枝体成型车刀　（c）圆体成型车刀 将车刀的切削刃制造或刃磨成与工件轮廓形状相符的形状，利用刃口形状来车削出相应的成型表面，如圆弧、沟槽、球面以及组合成型面等的车削　技工
其他刀具 中心钻	两顶安装工件 主要用于钻削作为定位基准的中心孔，以及精确孔加工前的定位孔，中心钻分成A型、B型、C型三种
麻花钻	（a）钻孔原理　（b）钻孔操作 在实心工件上进行孔的加工，一般分成直柄、锥柄两种类型，一般直径大于14mm 的钻头均做成锥柄。钻孔时，工件旋转，转动尾座手轮，麻花钻沿轴线作直线移动

续表

车刀名称	用 途
其他刀具 铰刀	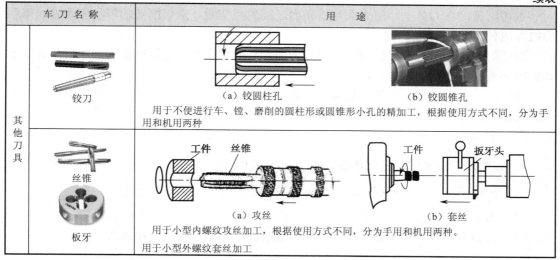 （a）铰圆柱孔　　　　（b）铰圆锥孔 用于不便进行车、镗、磨削的圆柱形或圆锥形小孔的精加工，根据使用方式不同，分为手用和机用两种
丝锥 板牙	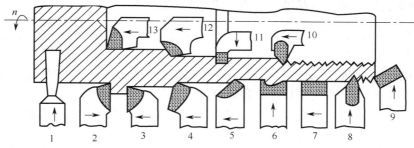 （a）攻丝　　　　（b）套丝 用于小型内螺纹攻丝加工，根据使用方式不同，分为手用和机用两种。 用于小型外螺纹套丝加工

1—切槽切断刀；2—右偏刀；3—左偏刀；4—75°外圆车刀；5—45°外圆车刀；6—成型车刀；7—光刀；
8—外螺纹车刀；9—45°弯头刀；10—内螺纹车刀；11—内沟槽车刀；12—通孔车刀；13—盲孔车刀

图 1-10　常用车刀的用途

 知识链接

1. 各种类型的车刀及其用途。
2. 车刀的几何形状、几何参数选择与正确刃磨方法。
3. 常用车刀的安装方法与注意事项。

活动二　认识车刀（刀具）的几何角度

1. 车刀的组成［图 1-11（a）］

一把刀具一般由刀头和刀杆构成，而刀头则由以下几何要素构成。

（1）构成车刀的面

前刀面：切削加工时，切屑由它流出的刀具表面。

后刀面：切削加工时，与工件的加工表面相对的刀具表面。

副后刀面：切削加工时，与工件的已加工表面相对的刀具表面。

（2）构成车刀的刃

主切削刃：在刀具上，前刀面与后刀面之间的相交线。主切削刃的形状分为直线形和曲线形两种。

副切削刃：在刀具上，前刀面与副后刀面制件的相交线。副切削刃的形状分为直线形和曲线形两种。

过渡刃：在刀具上，连接主切削刃与副切削刃之间的连接线。过渡刃可根据需要选择成无过渡刃、直线形和圆弧形三种。

（3）车刀的刀尖：刀具上，主切削刃与副切削刃的交点。

2. 车削加工中形成的三个特征表面［图 1-11（c）］

（1）待加工表面：切削加工中，即将被切去多余金属层的工件表面。

（2）加工表面：切削加工中，切削刃正在进行切削加工的工件表面。

（3）已加工表面：切削加工中，被切掉多余金属层所形成的工件表面。

3. 测量车刀的参考（或基准）平面［图 1-11（b）］

（1）基面（P_r）：切削加工时，通过刀具上某选定点，与工件该点的切削速度方向垂直的假想平面。

（2）切削平面（P_s）：切削加工时，通过刀具上某选定点，与工件加工表面相切的（或工件该点的切削速度方向平行的）假想平面。

（3）正交平面（P_0）：切削加工时：通过刀具上某选定点，与刀具主切削刃垂直的假想平面。

注意：一般来说，上述三个参考（或基准）平面的位置会随着刀具与工件的接触位置的变化而发生变化。因此刀具安装时，必须确定刀具与工件间具有正确的安装位置，否则，刀具的实际工作角度也会随之而变化，影响切削加工的工件质量和刀具寿命。

4. 车刀的几何角度［图 1-11（c）、（d）、（e）］

车刀的几何角度包括前角（γ_0）、主后角（α_0）、副后角（α_0'）、主偏角（k_r）、副偏角（k_r'）和刃倾角（λ_s）等。

（1）在刀具的正交平面内度量的角度［图 1-11（d）］

前角（γ_0）：在正交平面内，刀具的前刀面与基面间的夹角。用来表示刀具前刀面相对于基面的倾斜程度。一般情况下，主切削刃上各点的前角是不相等的。它直接影响刀具主切削刃的强度、耐磨性、刃口的锋利程度和刀具寿命。

后角（α_0）：在正交平面内，刀具的主后刀面与切削平面间的夹角。用来表示刀具主后刀面相对于切削平面的倾斜程度。它直接影响刀具与工件加工表面之间的摩擦力大小和主切削刃的强度、耐磨性、锋利程度和刀具寿命。

楔角（β_0）：在正交平面内，刀具的前刀面与后刀面之间的夹角。它受前后角大小的影响，直接影响刀具主切削刃的强度、耐磨性和刀具寿命。

（2）在基面内度量的角度［图 1-11（c）］

主偏角（k_r）：在基面内，刀具的主切削刃与切削进给方向（线）之间的夹角。它直接影响着切削力在基面内的两个垂直分离的大小比例和工件的表面粗糙度的大小。

副偏角（k_r'）：　在基面内，刀具的副切削刃与切削进给方向（线）之间的夹角。它对工件的表面粗糙度影响最大，也接影响着切削力在基面内的两个垂直分离的大小比例。

刀尖角（ε_r）：刀具主、副切削刃在基面的投影之间的夹角。它直接反映了刀尖的强度、耐磨性和刀具的使用寿命，以及工件表面粗糙度的大小。

（3）在切削平面内度量的角度［图1-11（e）］

刃倾角（λ_s）：在切削平面内，刀具的主切削刃与基面之间的夹角。它直接影响着刀具的刀头强度、切屑的排除方向和切削加工的平稳程度。

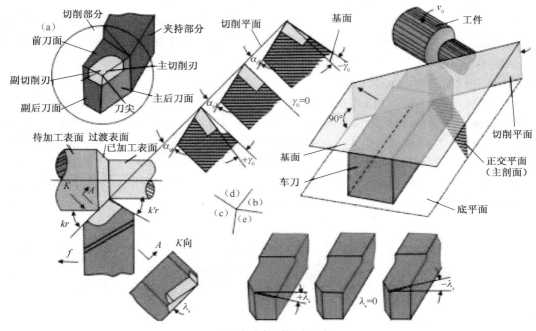

（a）组成车刀的几何要素；
（b）度量车刀几何角度的三个参考（基准）平面；
（c）车削加工时形成的表面与在基面内进行主副偏角的度量；
（d）在正交平面内进行车刀前角和后角的度量（$+\gamma_0$、$\gamma_0=0°$、$-\gamma_0$）；
（e）在切削平面内进行刃倾角的度量（$+\lambda_s$、$\lambda_s=0°$、$-\lambda_s$）

图1-11　车刀的组成与几何角度

☞ **活动三** **车刀的刃磨**

1. 车刀刃磨的目的

车刀刃磨的目的：使刀具在保证其强度、耐磨性的条件下，获得并能保持良好的切削性能。

2. 刃磨刀具所需的设备

刀具刃磨的设备主要是砂轮机和砂轮，其中白色的氧化铝（Al_2O_3）砂轮（也称为刚玉砂轮）适合磨削碳素工具钢、高速钢类的刀具和碳素钢与碳素合金钢类工件材料，而绿色和黑色的碳化硅（SiC）适合磨削硬质合金、陶瓷类刀具，以及钻石、玛瑙、陶瓷类分碳素钢类材料。

3．车刀刃磨的顺序

① 外圆、内孔、螺纹车刀，如图 1-12 所示。

先刃磨主副后刀面，保证其主副偏角、后角的大小，如图 1-12（a）、（b）所示；然后刃磨前刀面和卷屑槽，如图 1-12（c）所示，保证其前角和刃倾角的大小。最后根据需要修磨出过渡刃，如图 1-12（d）所示。

② 切断切槽车刀的刃磨，如图 1-13 所示。

首先刃磨两副后刀面，如图 1-13（a）所示，保证两副后角和两副偏角的大小和两副切削刃对称；然后刃磨主后刀面，如图 1-13（b）所示，保证其后角大小；最后刃磨前刀面，如图 1-13（c）所示，保证其前角和刃倾角大小，一般情况下，取 $\lambda_s = 0$。

③ 麻花钻的刃磨，如图 1-14 所示。

首先刃磨两后刀面（钻顶面），如图 1-14（a）所示，保证两后角、顶角（主偏角）大小如图 1-14（e）所示，同时保证两后刀面和主切削刃等长、对称，如图 1-14（b）、（c）（d）、（e）所示，然后根据钻头大小、工件材料、加工孔的要求修磨横刃、棱边、顶角等。

注意：刀具的个几何角度的大小一般可通过查阅刀具手册获得，特殊情况下，应根据工件的结构工艺性、加工要求、加工工对象的技术要求及刀具材料等因素，按照经验或通过切削实验的情况选择其刀具参数并进行特殊的刃磨。

  （a）   （b）   （c）   （d）

图 1-12　外圆螺纹车刀的刃磨

（a）刃磨副后刀面　　　（b）刃磨后刀面　　　（c）刃磨前刀面

图 1-13　切槽刀的刃磨

（a）刃磨后刀面　（b）顶角对称　　（c）后刀面对称　　（d）主切削刃等长　　（e）顶角测量量具

图 1-14　麻花钻刃磨

活动四 车刀刃磨与安装任务过程与考核考评（学生自评、互评与指导教师评述结合）

项　目	内　容	标　准	学生自评	学生互评
车刀刃磨	各种类型车刀角度选择与刃磨	合理选择车刀形状与角度 按照正确的刃磨方法和顺序刃磨车刀 正确安全地刃磨车刀与测量角度		
外圆车刀安装	45°、75°、60°、90°外圆车刀安装	正确控制刀头伸出长度 正确控制主副偏角 刀尖准确对中		
切槽刀	切槽（切断）刀安装	刀杆与工件轴线垂直 两主偏角相等，刀尖准确对中		
外螺纹刀	外螺纹车刀安装	两牙型半角相等 刀尖准确对中		
内孔、内螺纹刀	内孔、内沟槽与内螺纹车刀安装	合理控制刀具伸出长度 刀尖准确对中 盲孔车刀刀尖位置控制		
成型车刀	刃形成型车刀安装	正确控制刀头伸出长度 成型刀刃的形状修磨与位置准确		
教师评述			指导教师： 　年　月　日	

任务四　车床在模具制造中的应用

活动一 车床在模具制造中的应用

　　车床主要用于回转体零件的加工，在模具制造中，主要用于导套，导柱，推杆，顶杆，具有回转表面的凸模（型芯）、凹模（型腔）回转型面，以及内外螺纹等模具零件的粗加工或半精加工，也可以利用各种夹具来完成磨削、镗孔、铣削以及研磨等加工。掌握了车床的工作性能和操作方法，对于模具中具有回转表面零件的加工是有十分重要的意义的。

 知 识 链 接

> 1. 车削用量与合理选择。
> 2. 外圆柱（锥）面、端面、沟槽、外螺纹等的车削方法与工艺。
> 3. 内孔、内沟槽、内螺纹等的车削方法与工艺。
> 4. 内外成型面的车削方法与工艺。

活动二 模具零件车削任务过程与考核考评（学生自评、互评与指导教师评述结合）

　　该任务过程主要针对所选择的目标模具属于回转体类的导柱（套）等模具零件的车削加工。

项　目	内　容	标　准	学生自评	学生互评
轴类零件	导柱与圆柱（锥）形凸模车削	保证技术要求（按评分表）		
套内零件	导套与圆柱（锥）形凹模车削	保证技术要求（按评分表）		

续表

项　目	内　容	标　准	学生自评	学生互评
成型零件	外柱球结合与锥球结合球面零件车削	保证技术要求（按评分表）		
	内柱球结合与锥球结合球面零件车削	保证技术要求（按评分表）		
教师评述			指导教师： 　年　月　日	

习题 1.1

1. 你所使用的车床是什么型号？你在车床上见过什么样的零件？
2. 你所使用的数控车床采用的是什么数控系统？有哪些性能？
3. 什么样的模具零件可以在车床上进行加工？
4. 车床能和哪些夹具结合完成什么样的模具零件制造？
5. 编制属于回转体的模具零件的车削工艺。

项目二　铣床及其工艺装备在模具制造中的应用

项目描述：

1. 常用铣床的结构与工作原理。
2. 铣床上安装工件的方法。
3. 常用铣刀的种类、用途与安装。
4. 铣床在模具制造中的应用。

能力目标：

1. 能正确熟练地操作铣床。
2. 能选择使用铣床上常用的工装夹具，并能正确地安装工件。
3. 能选择并正确地安装和校正铣刀。
4. 能按技术要求完成各类型模具零件的铣削加工。

场景设计：

1. 铣削加工训练现场。
2. 铣床及常用的工、夹、量具。
3. 常用铣刀与铣削加工模具零件。

任务一 铣床的结构与工作原理

👉 **活动一 铣床结构**

铣床根据主轴的位置不同可分为卧式万能铣床和立式铣床两种；根据控制方式的不同，分为普通铣床（图 1-15）和数控铣床（图 1-16）两种。特别是数控铣床，在计算机的控制之下，可以运用数控程序实现机床的二又二分之一轴、三轴、五轴联动等方式的自动控制（图 1-17），也可以与多种 CAD/CAM 软件链接，完成复杂机械零件的数控加工。

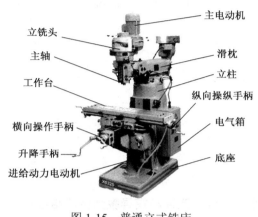

图 1-15 普通立式铣床

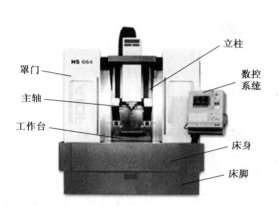

图 1-16 高速数控铣床

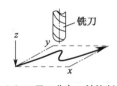

（a）二又二分之一轴控制

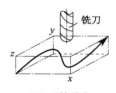

（b）三轴联动

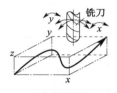

（c）五轴联动

图 1-17 数控机床的控制方式

 📚 **知识链接**

1. 立式铣床的组成与各部分作用。
2. 卧式铣床的组成与各部分作用。
3. 数控铣床的组成与各部分作用。

👉 **活动二 铣床的工作原理**

铣床是以铣刀旋转为主运动，工作台沿 x、y、z 方向作进给运动的切削加工机床。在机械加工机床中，铣床是功能最为强大的切削加工机床之一，主要是因其进给运动形式多样，它的工作台可以实现横向、纵向、升降以及绕某些坐标轴做旋转运动（图 1-18 和图 1-19），特别适用于空间表面的切削加工，如各种平面、沟槽、孔及孔系、曲面的加工。在模具制造中铣床是应用最为广泛的机床之一。

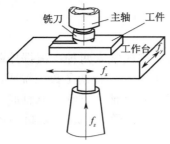

图 1-18 立式铣床铣削运动

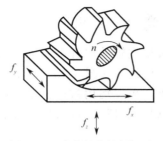

图 1-19 卧式铣床铣削运动

 知识链接

1. 铣床的安全操作规程。
2. 铣削平面的运动分配。
3. 铣削沟槽的运动分配。
4. 铣削螺旋槽的运动分配。
5. 铣削成型面的运动分配。

活动三 铣床操作任务过程与考核考评（学生自评、互评与指导教师评述结合）

项　　目	内　　容	标　　准	学生自评	学生互评
铣床结构	立式、卧式铣床各部分名称及用途	正确指出立式和卧式铣床各部分名称与用途		
徒手操作	徒手操作铣床进给机构	规范准确进行铣床横、纵及升降操作与刻度盘使用		
	铣床变速操作	规范安全进行铣床主轴以及进给变速操作		
	自动进给操作	规范安全进行铣床横、纵自动进给运动的切换、变速与操作		
教师评述			指导教师： 年　月　日	

任务二　铣床常用夹具与零件的安装

活动一 模具加工中常用的铣床夹具见表1-3。

表 1-3　模具加工中常用的铣床夹具

夹　　具	用　　途
分度头	其结构与工作原理如图1-20所示。作为铣床的标准附件，主要用于各种不同角度的等分和非等分表面的加工、等分孔系加工、等分沟槽和不同导程的螺旋槽的连续分度加工等，如图1-21所示
回转工作盘	分为手动和自动两种，如图1-22（a）、（b）所示，其工作原理与分度头相同，主要用于方向不同的表面的铣削加工，也可以用于径向或平面孔系的等分或不等分加工，还可以用于加工中、小型的模具型孔、型腔，以及凸模和型芯等模具零件，如图1-22（c）所示

续表

夹　具	用　途
精密平口钳	如图1-23所示，主要用于各种水平面、垂直面、斜面和斜孔工件的安装和铣削加工，如滑块斜面及斜导孔加工等
万能夹具	用于各种形状不规则的工件的安装和进行精度要求较高的小型工件的铣削和曲面加工
V形铁	用于具有外圆表面和斜面、斜孔等零件的定位和加工，如图1-24所示
螺旋压板机构	用于大型、中型、重型和形状不规则工件在铣床工作台面上的直接安装与加工，如图1-25所示

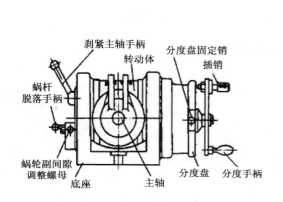

（a）分度头的结构　　　　　　　　　　　　（b）分度头的传动原理

图 1-20　分度头的结构与工作原理

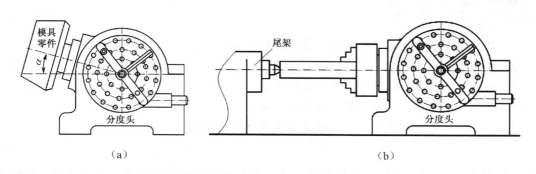

（a）　　　　　　　　　　　　　　　　　　（b）

图 1-21　利用分度头装夹模具零件

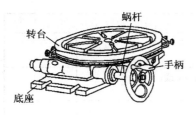　　

（a）手动回转工作台　　　　（b）手动、自动回转工作台　　　（c）在回转工作台安装工件

图 1-22　回转工作台的应用

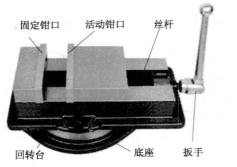

固定钳口　活动钳口　丝杆

回转台　　　　　底座　　扳手

（a）平口钳结构

（b）立铣头铣斜面

图 1-23　铣床用精密平口钳

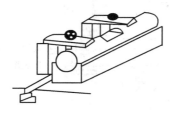

图 1-24　V 形架安装工件

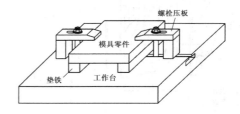

螺栓压板

模具零件

垫铁　　工作台

图 1-25　螺栓压板机构的应用

 知 识 链 接

1. 在精密平口钳上进行工件安装及找正的方法。
2. 在 V 形铁上进行工件安装及找正的方法。
3. 在分度头上进行工件安装及找正的方法。
4. 在回转工作台上进行安装及找正的方法。
5. 使用螺旋压板在工作台上进行工件安装及找正的方法。

活动二　铣床上进行夹具与工件安装操作任务过程与考核考评（学生自评、互评与指导教师评述结合）

项　　　目	内　　容	标　　准	学 生 自 评	学 生 互 评
夹具找正	平口钳的安装与找正	熟练正确进行钳口与 x 或 y 轴的平行度与垂直度找正		
	V 形铁的安装与找正	熟练正确进行 V 形铁中心平面与 y 或 x 轴的垂直度找正		
	分度头的安装与找正	熟练正确进行分度头的安装与位置（轴线与角度）找正		
	回转工作台的安装与找正	熟练正确进行工作台安装与中心位置找正		

项　目	内　容	标　准	学生自评	学生互评
工件安装	平面型工件的安装	准确使用压板进行平面形工件的安装与找正		
	圆柱形工件的安装	准确进行圆柱形工件的安装与找正		
	圆弧铣削工件安装	准确在回转工作台上进行圆弧工件中心位置找正		
教师评述			指导教师： 　　年　月　日	

任务三　常用铣刀刀具及作用、选择与安装

活动一　铣刀的种类和应用

1. 常用铣刀的种类与用途，详见表 1-4

表 1-4　常用铣刀的种类与用途

铣刀名称		用　途
端铣刀		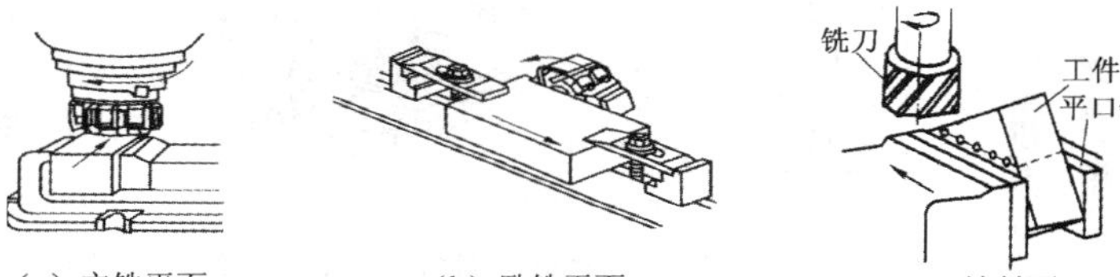 （a）立铣平面　　　　（b）卧铣平面　　　　（c）铣斜面 主要用于尺寸和面积较大的模具零件水平、垂直平面和斜面的铣削加工
立铣刀		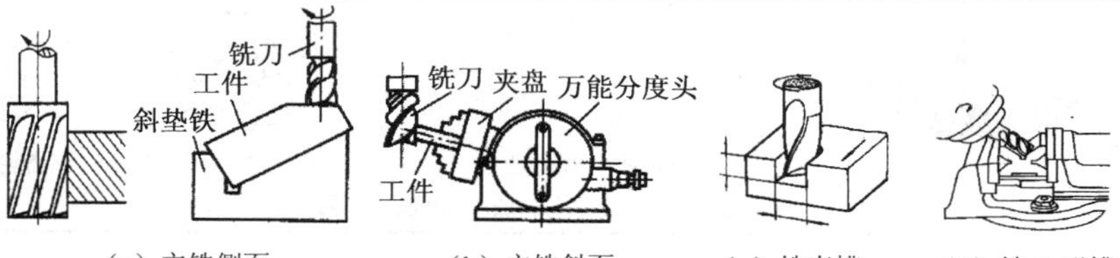 （a）立铣侧面　　（b）立铣斜面　　（c）铣直槽　　（d）铣 V 形槽 主要用于垂直面、狭长平面、直槽，以及模具零件的型孔和平底型腔等的加工
平面周铣刀		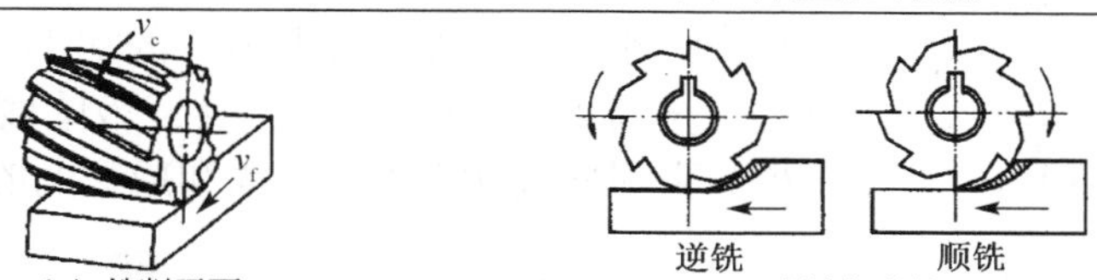 （a）铣削平面　　　　逆铣　　顺铣 （b）顺铣与逆铣 使用铣刀的圆周上的切削刃完成平面铣削，根据其切削速度方向与进给方法不同分为顺铣和逆铣两种方式。可铣削加工模板平面
三面刃铣刀		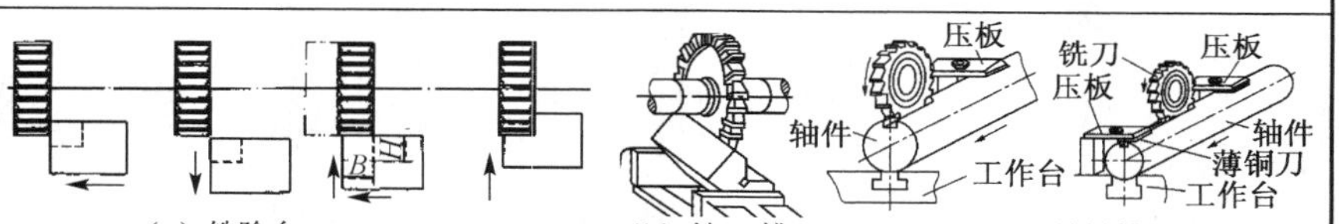 （a）铣阶台　　　　（b）铣 V 槽　　　　（c）铣键槽 用于沟槽、侧平面、阶台等零件的铣削加工

续表

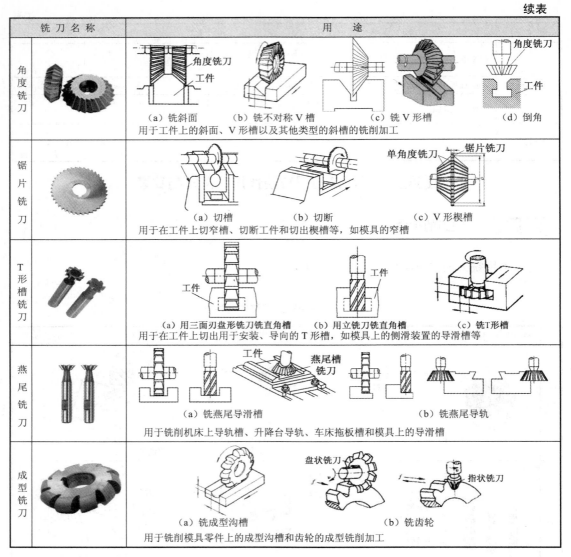

铣 刀 名 称	用 途
角度铣刀	（a）铣斜面　（b）铣不对称V槽　（c）铣V形槽　（d）倒角 用于工件上的斜面、V形槽以及其他类型的斜槽的铣削加工
锯片铣刀	（a）切槽　（b）切断　（c）V形楔槽 用于在工件上切出窄槽、切断工件和切出楔槽等，如模具的窄槽
T形槽铣刀	（a）用三面刃盘形铣刀铣直角槽　（b）用立铣刀铣直角槽　（c）铣T形槽 用于在工件上切出用于安装、导向的T形槽，如模具上的侧滑装置的导滑槽等
燕尾铣刀	（a）铣燕尾导滑槽　（b）铣燕尾导轨 用于铣削机床上导轨槽、升降台导轨、车床拖板槽和模具上的导滑槽
成型铣刀	（a）铣成型沟槽　（b）铣齿轮 用于铣削模具零件上的成型沟槽和齿轮的成型铣削加工

2. 模具加工常用的铣刀

在模具制造中，常用立式铣床完成完成模具零件的加工，因此立铣刀是模具制造中最常用的铣刀，从刃形结构上分为平刀和球刀两种，从刀刃的数量分为单刃、双刃、三刃、四刃和多刃，主要用于模具上那些尺寸较大的平面和成型面的加工，如图1-26所示。

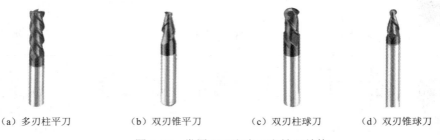

（a）多刃柱平刀　　　（b）双刃锥平刀　　　（c）双刃柱球刀　　　（d）双刃锥球刀

图1-26　常用双刃和多刃立铣刀结构

（1）平刀分为柱形和锥形两种，如图 1-26（a）、（b）所示，其中柱形平刀主要用于模具零件上的平面、阶台面、外轮廓以及垂直面型孔、尖角平底型腔的加工。

（2）曲面铣刀（球刀）

球头铣刀：也分为柱形和锥形两种，如图 1-26（c）、（d）所示。

① 柱形球头铣刀。用于各类型底面和侧壁间有圆弧过渡的凸模、凹模型面的半精加工和仿形加工。在对模具的型腔和型孔铣削中，应注意其铣刀半径的合理选择，一般要求铣刀的半径应适当小于型孔或型腔的圆角半径，如图 1-26（c）所示。

② 锥形球头铣刀。用于形状复杂的凸模、凹模型面以及具有较小圆弧和一定深度的型面的加工。在进行型腔的铣削时，除了注意柱形球头铣刀的半径选择外，还必须注意铣刀球头半径和铣刀斜角的合理选择，为防止过切现象的发生而造成模具型腔的报废，要求锥形球头铣刀的球头半径和斜角适当小于模具型腔的圆角半径和侧面斜度，如图 1-26（d）所示。

（3）其他模具专用铣刀

① 单刃指形铣刀：在模具制造中使用最为广泛、制造最为方便的一种铣刀。其结构特点和用途见表 1-5。

表 1-5 单刃指形铣刀的结构和用途

铣刀			
应用	用于平底、侧垂面型腔铣削	用于底曲、侧垂面型腔铣削	用于平底、侧斜面型腔铣削
铣刀			
应用	用于底曲、斜侧型腔铣削	用于凸圆弧型腔铣削	用于饰纹及文字加工（雕刻）

② 双刃及多刃指形铣刀：其强度刚性较好，切削效率和铣削精度高，主要用于斜直面型腔、沟槽侧面以及斜面等的精铣和清角加工。一般选择标准型，如图 1-27 所示。

③ 球形铣刀：如图 1-28 所示，一般用于型腔模曲面的精加工，平面、曲面之间的过渡圆角的清角加工。

图 1-27 多刃指形铣刀

图 1-28 球形铣刀

3. 常用立铣刀在模具加工中的应用，如图 1-29 所示

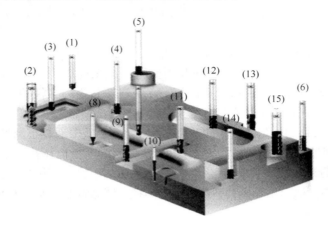

（1）外圆角铣刀—铣外圆角；（2）锥平刀—铣平底斜壁沟槽；（3）凸球刀—铣内凹环形沟槽；
（4）鼓球铣刀—铣平底弧面侧壁；（5）双刃铣刀—铣内孔；（6）、（14）柱平刀—铣阶台；
（7）球铣刀—铣凹曲面；（8）锥球刀—铣内凹封闭曲面；（9）清角铣刀—槽底清角；
（10）锥平刀—铣平底斜面窄沟槽；（11）柱球铣刀—铣凸曲面；（12）柱平铣刀—铣平底封闭沟槽；
（13）锥平铣刀—铣斜壁缺口；（15）柱平铣刀—铣直壁缺口

图 1-29　常用立铣刀在模具加工中的应用

👉 **活动二**　**铣刀的选择**

1. 铣刀的半径选择：铣刀的半径应与被铣削的型腔或型孔半径相吻合，铣刀半径应小于或等于型腔圆角半径，即 $r < R$。否则将产生过切现象，造成零件报废，如图 1-30 所示。

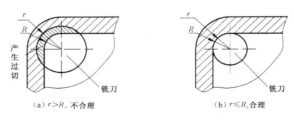

（a）$r > R$，不合理　　　　（b）$r \leqslant R$，合理

图 1-30　铣刀半径选择

2. 曲面铣削时，铣刀的端部球面半径应适当小于被加工型腔的曲面半径，即 $r < R$，如图 1-31 所示。

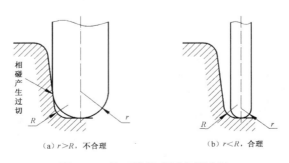

（a）$r > R$，不合理　　　　（b）$r < R$，合理

图 1-31　铣刀端部球面半径选择

3. 铣刀的斜度应适当小于型孔或型腔的斜度，如型腔的脱模斜度，即 $\beta < \alpha$，如图 1-32 所示。

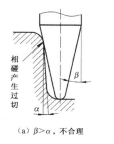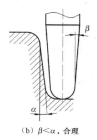

(a) $\beta > \alpha$，不合理   (b) $\beta < \alpha$，合理

图 1-32　铣刀斜度选择

 知识链接

1. 常用铣刀的种类、结构特点以及用途。
2. 在立式铣床上进行端铣刀的安装与找正。
3. 在立式铣床上进行立铣刀、沟槽铣刀的安装与找正。
4. 在立式铣床上进行球铣刀的安装与找正。

活动三 铣刀的安装与找正操作任务与考核考评（学生自评、互评与指导教师评述结合）

项　目	内　容	标　准	学生自评	学生互评
立式铣床安装铣刀	端铣刀安装	正确定位并紧固铣刀 找正铣刀轴线与工件加工表面位置		
	立铣刀沟槽铣刀安装			
	球铣刀安装			
卧式铣床安装铣刀	圆周铣刀安装	正确定位并紧固铣刀 找正铣刀轴线与工件加工表面位置		
	角度铣刀安装			
	三面刃铣刀安装			
安装机夹式铣刀	机夹式可转位铣刀安装	正确进行刀片的更换、定位与固定 准确进行刀尖位置调整与修磨		
教师评述			指导教师：　　　年　月　日	

任务四　铣床在模具制造中的应用

活动一 铣床在模具制造中的应用

在模具零件中，由于其大多数零件均需要进行平面加工、孔系加工、沟槽加工、曲面以及成型表面加工，而铣床是最适合这些零件的表面加工的，因此铣床是模具制造过程中应用最为广泛、最为重要的加工设备。在模具制造中，铣床可以很方便地加工出各种平面（水平面、垂直面、斜面等），利用其进给运动形式和方向较多的特点，很方便地实现各种曲面的加工，如模具中的凸模（型芯）、凹模（型腔）等零件的加工。利用成型铣刀不仅可以完成成型面加工以及各种沟槽的加工（直槽、V形槽、T形槽、螺旋槽等），还可以很方便地进行钻孔、铰孔、攻丝以及镗孔等加工，很容易地完成圆柱（锥）孔及其孔系的镗削加工等，如图1-33～图1-39所示。

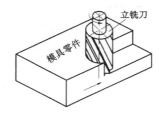

图1-33　平面铣削加工

图1-34　型孔或型腔铣削加工

图1-35　凸模或型芯铣削加工

图1-36　斜面铣削加工

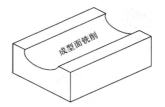

图1-37　成型面铣削加工

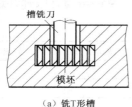

（a）铣T形槽

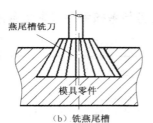

（b）铣燕尾槽

图1-38　导滑槽铣削

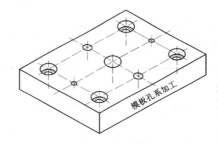

图1-39　模板孔系在铣床上的加工

 知识链接

1. 铣削加工方法、特点与选择（顺铣、逆铣、对称铣削与不对称铣削等）。
2. 铣削加工时切削用量与切削液的合理选择。
3. 平面铣削时（水平面、垂直面、阶台面、斜面）的加工与测量方法。
4. 沟槽铣削时（直槽、T形槽、V形槽、燕尾槽等）的加工与测量方法。
5. 分度铣削时（花键槽与螺旋槽）的加工与测量方法。
6. 成型面铣削时（成型沟槽、内外圆弧面等）的加工与测量方法。

☞ 活动二　**模具零件铣削加工任务与考核考评（学生自评、互评与指导教师评述结合）**

该任务过程主要针对目标模具中属于非回转体类的模具零件（如模板等）的铣削加工。

项 目	内 容	标 准	学 生 自 评	学 生 互 评
平面铣削	水平面铣削	平面平直、平行、垂直以及准确的角度 尺寸与表面粗糙度达到图样要求		
	垂直面铣削			
	斜面铣削			
沟槽铣削	直槽铣削	沟槽平直且相互平行 V形槽与燕尾槽角度准确与槽面对称 尺寸与表面粗糙度达到图样要求		
	T形槽铣削			
	V形槽铣削			
	燕尾槽铣削			
分度铣削	键槽铣削	键槽平直、槽面对称、尺寸准确		
	花键铣削	健齿分度准确，健齿尺寸合格		
	螺旋槽铣削	除上述要求以外，要求槽型准确 螺旋角准确，槽面连续光滑		
成型面铣削	凸模铣削	要求型面轮廓准确，曲率半径准确，位置精 度、尺寸精度、表面粗糙度达到图样要求		
	凹模型孔铣削			
镗孔与孔系加工	钻孔加工	孔位准确，尺寸与粗糙度达到图样要求		
	镗孔加工			
教师评述			指导教师： 年 月 日	

习题 1.2

1. 你所使用的铣床是什么型号？都有哪些功能？
2. 铣床上常用哪些夹具？各自能进行什么样零件的加工？
3. 什么样的模具零件可以在铣床上进行加工？
4. 如何在铣床上完成凸模（型芯）、凹模（型腔）的铣削加工？请编制目标模具中适合铣削加工的模具零件的铣削加工工艺。
5. 你所使用的数控铣床采用的是什么样的数控系统？有哪些功能？
6. 如何在铣床上进行镗孔加工？

项目三　镗床及其工艺装备在模具制造中的应用

项目描述：

1. 常用镗床的结构与工作原理。
2. 镗床上安装工件的方法。
3. 常用镗刀的种类、结构特点、用途与安装方法。
4. 镗床在模具制造中的应用。

能力目标：

1. 能正确熟练地操作镗床。

2. 能选择使用镗床上常用的工装夹具，并能正确地安装工件。

3. 能选择并正确地安装和校正镗刀。

4. 能按技术要求完成模具零件孔及孔系的镗削加工。

 场景设计：

1. 镗削加工训练现场。

2. 镗床及常用的工装。

3. 常用镗刀与镗削加工模具零件。

任务一 镗床的结构与工作原理

活动一 镗床结构

镗床按其结构形式分为卧式镗床［图 1-40（a）］和立式镗床［图 1-40（b）］两类，主轴处于水平方向的是卧式镗床，主轴处于竖直方向的是立式镗床。按控制方式分为普通镗床和数控镗床。在模具制造中，主要使用的是立式镗床和坐标镗床。

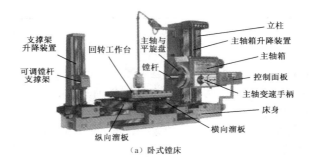

（a）卧式镗床

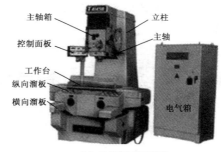

（b）立式单轴坐标镗床

图 1-40 镗床的结构

知识链接

1. 镗床的安全操作规程。

2. 卧式镗床的组成及各部分作用。

3. 立式镗床的组成及各部分作用。

4. 坐标镗床的各部分组成及作用。

👉 活动二 **镗床的工作原理**

镗床主要是应用镗刀在主轴及平旋盘的带动下的旋转运动作为主运动，以及镗床主轴沿其轴线方向的直线运动，或工作台的纵向、横向和回转运动作为进给运动来完成孔及孔系、平面等零件的加工的金属切削机床（图 1-41）。主要用它们来完成模板孔系（导套、导柱安装孔、凸模、凹模固定孔等）的精密加工。

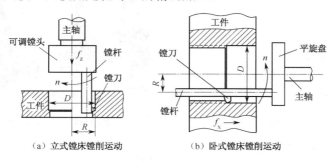

（a）立式镗床镗削运动　　　　　（b）卧式镗床镗削运动

图 1-41　镗床镗削工作原理

👉 活动三 **镗床操作任务过程与考核考评（学生自评、互评与指导教师评述结合）**

项　目	内　　容	标　　准	学 生 自 评	学 生 互 评
镗床结构	立式、卧式镗床各部分名称及用途	正确指出立式和卧式镗床各部分名称与用途		
徒手操作	徒手操作镗床进给机构	规范准确进行镗床横、纵及主轴箱升降操作与刻度盘使用		
	镗床变速操作	规范安全进行镗床主轴以及进给变速操作		
	自动进给操作	规范安全进行镗床横、纵自动进给运动的切换、变速与操作		
教师评述			指导教师： 　　　年　　月　　日	

任务二　镗床常用刀具

👉 活动一 **常用镗刀的结构**

镗孔刀具可分为焊接式镗孔刀（图 1-42）、组合式镗孔刀（图 1-43）、机夹式镗孔刀（图 1-44）、可调式镗孔刀（图 1-45）几种。

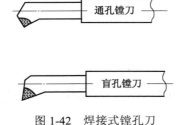

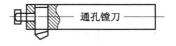

图 1-42　焊接式镗孔刀　　　　　　　　图 1-43　组合式镗孔刀

这里应特别注意，机夹式微调镗孔刀在模具以及其他机械零件的孔加工中的使用越来越广泛，其主要原因是能十分方便准确地调整镗孔刀的切削半径。焊接式和组合式镗孔刀使用起来经济性比较好。

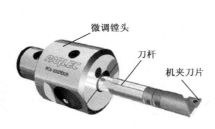

图 1-44　机夹式镗孔刀

图 1-45　可调式镗孔刀

 知 识 链 接

1. 各类型镗孔刀的结构特点及其合理选择。
2. 各类型镗刀安装与对刀调整方法。

活动二 镗孔刀安装任务过程与考核考评（学生自评、互评与指导教师评述结合）

项　目	内　容	标　准	学生自评	学生互评
立式镗床安装镗刀	镗孔刀切削半径修调	准确修调镗孔刀的切削半径 迅速准确找正镗刀轴线与主轴轴线之间的平行度或同轴度 正确定位和固定镗刀		
	镗刀轴线与主轴轴线的平行度或同轴度检调			
	镗孔刀的定位与固定			
卧式镗床安装镗刀	镗孔刀切削半径修调			
	悬臂镗刀安装与找正			
	镗杆与主轴轴线的平行度与垂直度检测			
安装可调镗刀	可调镗刀的安装与调整			
教师评述			指导教师： 　年　月　日	

任务三　工件在镗床上的安装与加工

活动一 工件的安装方法

1. 工件在镗床工作台上直接安装加工

对于大型、中型工件，可以直接安装在镗床的工作台或者回转工作台上进行镗孔加工。其安装方法与在铣床上安装工件的原理相同。

2. 对于小型模具零件的镗孔加工

可以利用相应的夹具，如精密平口钳、万能夹具以及螺旋压板等，来完成孔及孔系的加工。

3. 在坐标镗床上对工件的找正

对圆形工件，找正的目的是必须使工件上镗孔的轴线与镗床主轴中心重合；对于矩形工件，找正的目的是必须使工件的侧基准面与镗床主轴轴线对齐，并与工作台坐标方向平行，以此来保证工件上镗孔或孔系的相互位置精度。工件原点的形式包括孔轴心线以及工件上两垂直基准面的相交线（点）等。找正工件坐标原点的具体方法见表1-6。

表 1-6　工件在坐标镗床上的找正

项　目	原 理 简 图	方 法 说 明
外圆柱面找正		将千分表装在镗床主轴锥孔内，慢速转动主轴并移动工件，外圆轴线与镗床主轴中心重合
内孔找正		与外圆找正方法相似
用开口端面规找正矩形工件侧面基准位置		将千分表装在主轴上，将开口端面规吸附在工件被测的侧基准面上，再用千分表在180°两个方向上测量开口规的槽口面，边测量边调整，直到在两个方向上读数相同，再将工件往相应方向移动10mm即可。在此之前，必须先找正侧基准面与工作台坐标方向平行
用块规找正矩形工件侧基准面		千分表靠在工件基准面上，转动主轴得一极值读数，再将主轴转过180°让千分表靠在与基准面紧贴的块规端面上，又得一极值读数，取二者之差的1/2，即为工作台需要移动的距离
用专用基准槽块找正矩形工件侧基准面		将千分表在相差180°方向上找正专用槽块槽口两侧面的中心位置，当两个方向千分表的读数相同时，则表明工件侧基准面与镗床主轴中心重合

**知识链接**

1. 回转体零件中心的找正方法。
2. 加工孔系时，孔位的找正与中心距地测控方法。
3. 其他类型工件在镗床上的安装找正法。

👉 **活动二** 镗床上工件安装操作任务过程与考核考评（学生自评、互评与指导教师评述结合）

项　目	内　容	标　准	学生自评	学生互评
中心找正	被加工孔轴线与进给运动方向的平行度或垂直度	平面平直、平行、垂直以及准确的角度		
	被加工孔轴线与镗床轴线的平行度	尺寸与表面粗糙度达到图样要求		
基准面找正	工件水平基准面与镗杆轴线的垂直度	工件水平基准面与镗杆轴线垂直		
	侧基准面与 x、y 轴方向的平行度	熟练使用百分表找正侧基准面与 x、y 轴方向的平行度		
	工件坐标原点	使镗杆轴线分别与工件两侧基准面重合		
教师评述			指导教师： 　　年　　月　　日	

任务四　镗床在模具制造中的应用

👉 **活动一** 镗床在模具制造中的应用

　　镗床在机械加工中，主要进行同一平面内大、中型孔及孔系和不同平面上的孔系的镗削加工，在模具生产中主要用于模具模板类工件的孔及孔系的切削加工，如导套和导柱孔、冲压模具的圆形孔、斜孔等。在镗床上进行孔及孔系加工，具有位置精度高（如位置度、平行度以及中心距的一致性等），表面质量好的优点。特别是使用坐标镗床镗孔时，可以获得更高的加工精度，如图 1-46 所示。

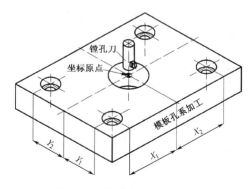

图 1-46　镗床加工孔系原理

👉 **活动二** **工件镗孔加工的工艺过程**

对于模具中的模板类零件的孔系加工，最常用的是立式坐标镗床。其在模板上进行镗孔加工主要包括以下工艺过程。

1. 模板的安装

模板零件在加工前应放在恒温室内保持一定的温度，以防止模板受温度变化而产生变形。

2. 模板的预加工

在坐标镗床上进行镗孔加工前，模板必须经过磨削加工，使其基准面的平面度和垂直度误差小于 0.02mm。

3. 利用基准重合原则选择并确定工件加工的定位基准

目的是使工件的定位基准与设计基准重合。

4. 确定坐标原点

选择相互垂直的两基准线（面）的交点（线）或者利用光学显微镜找正模板上的线来确定坐标原点的位置，也可以用中心找正器找正已加工孔的中心作为坐标原点位置。

5. 各镗孔表面的坐标值的转换与计算

为保证所加工孔的位置精度，必须要对工件已确定的坐标原点以及需要进行镗孔加工的表面进行位置坐标值的正确转换与计算，使被加工孔的轴线与镗床主轴轴线重合。

6. 正确选择和刃磨镗孔刀（图 1-47）

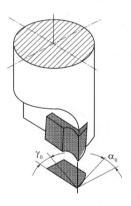

图 1-47　镗刀的几何角度

硬质合金镗削铸铁：前角为 $\gamma_0 = 5°$，主副后角为 $\alpha_0 = 6°$。
高速钢或硬质合金镗削钢材：前角为 $\gamma_0 = 12°$，后角为 $\alpha_0 = 6°$。
高速钢镗削轻合金：前角为 $\gamma_0 = 25°$，后角为 $\alpha_0 = 8°$。
硬质合金镗削轻合金：前角为 $\gamma_0 = 20°$，后脚为 $\alpha_0 = 8° \sim 10°$。

7. 镗削用量的合理选择

镗孔前，必须根据工件材料、刀具材料以及加工性质来合理确定切削用量，具体情况请查阅相关工艺手册。

8. 根据零件的结构形状和加工表面的具体位置合理选择辅助工具

应根据平行孔系、回转孔系的不同工艺结构，灵活选择使用回转工作台、倾斜工作台、量块、镗刀头、千分表等辅助工具。

9. 镗孔加工

按技术要求准确调整坐标值对零件进行镗孔加工。

知 识 链 接

1. 镗孔加工时的切削用量与切削液的选择。
2. 镗孔加工时，模具零件定位基准的选择与正确安装。
3. 孔及孔系零件的尺寸、形状、位置测量工具的选择与正确使用。

活动三 **模具零件镗孔加工任务与考核考评（学生自评、互评与指导教师评述结合）**

该任务过程主要针对目标模具中的模板孔系的镗削加工。

项　　目	内　容	标　　准	学生自评	学生互评
平面孔系	导套导柱孔与其他平面孔系加工	正确安装、找正工件 单孔与孔系的尺寸精度、粗糙度、位置和中心距满足要求 正确测量控制加工质量		
斜导孔加工	在模板上和滑块上进行斜导孔加工	正确安装并控制斜孔的斜度 使用斜孔加工方法进行斜孔加工		
教师评述			指导教师： 　　年　　月　　日	

习题 1.3

1. 镗床的工作原理是什么？镗床能完成什么样的模具零件的加工？
2. 坐标镗床的工作原理如何？如何在坐标镗床上安装和找正工件？
3. 如何在镗床上完成斜孔工件的镗削加工？
4. 编制目标模具中模板孔系镗孔加工的工艺过程。

项目四　磨床及其工艺装备在模具制造中的应用

 项目描述：

1. 常用磨床的结构与工作原理。
2. 磨床上进行工件安装的方法。
3. 砂轮的选择、安装与修整。
4. 磨床在模具制造中的应用。

 能力目标：

1. 能正确熟练地操作平面、外圆及内圆磨床。
2. 能合理选择使用磨床上常用的工装夹具，并能正确地安装工件。
3. 能正确选择砂轮，并能正确安装与修整。

4. 能按技术要求完成模具零件平面、外圆、内孔等的磨削加工。

 场景设计：

1. 磨削加工训练现场。
2. 磨床及常用的工装及测量工具。
3. 常用砂轮与磨削加工模具零件。

任务一　磨床的结构与工作原理

👉 **活动一**　平面磨床

1. 平面磨床（图 1-48）

平面磨床以砂轮高速旋转为主运动，以砂轮架的间歇进给运动和工件随工作台的往复运动作为进给运动来完成工件的磨削加工。它主要进行工件水平面、垂直面、斜面的磨削加工，如图 1-49（a）、（b）所示，也可以通过对砂轮进行成型修整来完成形状比较简单的曲面等成型面的磨削，如图 1-50（a）所示。

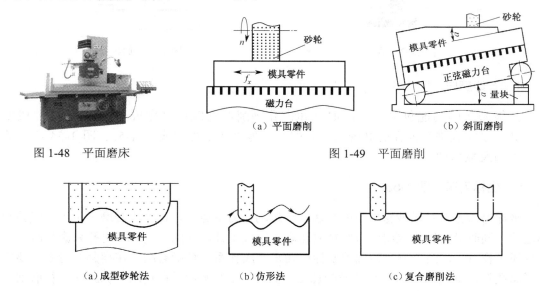

图 1-48　平面磨床

（a）平面磨削　　　　（b）斜面磨削

图 1-49　平面磨削

（a）成型砂轮法　　（b）仿形法　　（c）复合磨削法

图 1-50　平面磨床成型面磨削

2. 外圆磨床（图 1-51）

外圆磨床以砂轮高速旋转为主运动，进给运动的形式主要包括砂轮架的间歇进给运动、工件随磨头做低速旋转运动，以及随工作台的往复运动；主要用于磨削如导柱之类外圆柱面和外圆锥面，如图 1-52 所示，以及外成型面等外回转表面，如图 1-50（a）所示。

图 1-51　外圆磨床

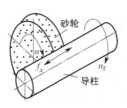

图 1-52　磨外圆

3．内圆磨床（图 1-53）

内圆磨床以砂轮高速旋转为主运动，进给运动的形式主要包括砂轮架的间歇进给运动、工件随磨头作低速旋转运动，以及随工作台的往复运动；主要用于磨削如导套之类内外柱面、内圆锥面以及内成型面等内回转表面的磨削，如图 1-54 所示。

圆 1-53　内圆磨床

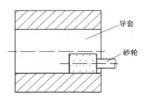

图 1-54　磨内孔

4．万能磨床（图 1-55）

万能磨床的功能包含了外圆磨削和内孔磨削，它既可以完成外圆锥（柱）、成型面，又可以完成进行内孔的磨削加工。即在万能磨床上能完成图 1-52、图 1-54 所示的内、外圆及成型面磨削。

5．坐标磨床（图 1-56）

坐标磨床主要是以砂轮自身的高速旋转运动作为主运动，以磨头绕磨床主轴轴线的型芯运动，同时沿其轴线方向的直线往复运动来完成工件内孔的磨削；当对孔系磨削时，工作台还可作 x、y 两个方向精确的坐标运动来完成孔系的精确磨削。在模具制造中主要用于平面孔系、斜孔和曲面型孔的磨削加工。如图 1-57 所示，在使用坐标磨床进行磨削之前必须对零件进行精确的找正，具体方法见表 1-7。

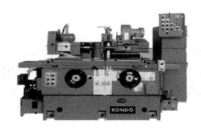

图 1-55　万能磨床

图 1-56　坐标磨床

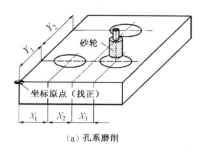
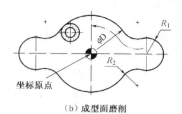

（a）孔系磨削　　　　　　　　　　　　（b）成型面磨削

图 1-57　坐标磨床工作原理

6. 光学曲线磨床［图 1-58（a）］

　　光学曲线磨床是应用光学投影系统的放大原理，在光源照射下，将工件和砂轮的影像通过物镜和棱镜，投射到光屏上，将工件磨削时的曲线轮廓放大 50 倍后，与预先放置在光屏上的工件放大图进行比较，手工操作砂轮架根据零件的轮廓作横、纵两个方向的仿形运动，使砂轮的切削运动轨迹与光屏上的放大图轮廓重合，分段磨削，即可精确地磨削出工件的曲线轮廓。在模具制造中，光学曲线磨床主要用于一些较小而形状和尺寸要求十分精确的凸模、凹模拼块以及精确样板的磨削加工，如图 1-58（b）所示。

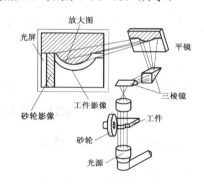

（a）光学曲线磨床　　　　　　　　（b）光学曲线磨床的工作原理

图 1-58　光学曲线磨床

7. 数控磨床（图 1-59）

　　如图 1-59 所示为数控外圆磨床，利用相应的 CAD/CAM 软件以及相应的机床数控系统，控制磨床根据被磨削零件的曲线轮廓，协调机床的进给运动装置作出相应的磨削加工路径或复杂的磨削运动轨迹，或者将砂轮修正成为与工件轮廓相符的形状来完成零件的成型磨削加工。其主要的加工方法包括成型砂轮磨削法、轮廓仿形磨削法和复合磨削法等，如图 1-59所示。

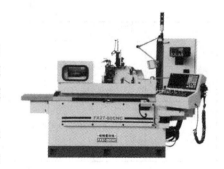

图 1-59　数控外圆磨床

知识链接

1. 磨床安全文明生产规程。
2. 平面磨床的结构组成与各部分作用。
3. 外圆磨床的结构组成与各部分作用。
4. 内圆磨床的结构组成与各部分作用。
5. 万能磨床的结构组成与各部分作用。

活动二 磨床操作任务过程与考核考评（学生自评、互评与指导教师评述结合）

项　目	内　容	标　准	学生自评	学生互评
磨床结构	平面磨床各部分名称及用途	正确指出平面和万能磨床各部分名称与用途		
	万能磨床各部分名称及用途			
徒手操作	徒手操作磨床进给机构	规范准确进行磨床横、纵及砂轮架移动操作与刻度盘使用		
	磨床变速操作	规范安全进行磨床进给变速操作		
	工作台往复循环操作	规范安全进行磨床工作台的限位与往复循环操作		
	万能磨床工件进给旋转变速操作	能根据工件磨削直径的大小合理选择进给旋转速度		
教师评述		指导教师： 　　　　年　　月　　日		

任务二　磨床常用夹具与零件安装

活动一 磨床常用夹具与零件安装

　　在使用前，必须使用量块、千分表、开口端面规等找正工具找正工件的基准面，确定坐标原点（如 X、Y 两个方向的基准面位置，圆弧中心位置等）后，方能进行磨削。坐标磨床上基准位置的找正见表1-7。

表 1-7　坐标磨床上基准位置的找正

名　称	特　点	使 用 方 法
用千分表找正基准位置	工件侧面基准与主轴中心重合	将千分表装在主轴上，将工件被测的侧基准面在180°方向上两次测量的千分表读数的差值的1/2作为工件调整移动的距离，这样重复测量，直到两次测量读数相同，表明工件的侧基准面与磨床主轴中心重合
用开口端面规找正基准位置	工件侧面基准与主轴中心重合	将千分表装在主轴上，将开口端面规吸附在工件被测的侧基准面上，再用千分表在180°两个方向上测量开口规的槽口面，边测量边调整，直到在两个方向上读数相同，再将工件往相应方向移动10mm即可
用中心显微镜找正基准面	工件侧基准面或孔的轴线位置与主轴中心重合	将显微镜装在机床主轴上，保证两者中心重合后，使用显微镜的十字中心线和同心圆来找正工件侧基准面或孔的轴线位置与主轴中心重合（图1-60）

续表

名　称	特　点	使　用　方　法
用L形端面规找正基准面	工件侧面基准与主轴中心重合	当工件的侧基准面的垂直度精度较低或工件被测棱边不清晰时，将L形端面规靠在工件的被测基准面上，移动工件，使L形端面规的标线对准中心显微镜的十字线即可
用心轴、千分表找正	孔的中心距或中心位置	在不能直接测量孔位或中心距时，使用心轴结合千分表来精确测量找正

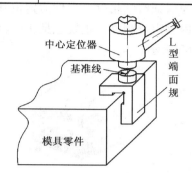

图 1-60　用中心定位器找正零件的基准

1. 精密平口钳（图 1-61）

精密平口钳主要用于形状比较简单、规则的小型工件的安装加工，如模具上的小型镶块等。

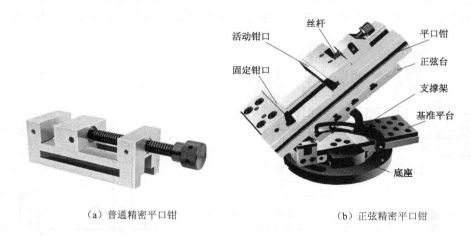

（a）普通精密平口钳　　　　　　　　（b）正弦精密平口钳

图 1-61　精密平口钳

2. 电磁吸盘

电磁吸盘用在平面磨床、万能磨床上，对小型以平面作为基准面的工件进行吸附磨削，如图 1-49 所示。主要用于模具零件的水平面、垂直面和斜面的加工。

3．砂轮头架与尾座

砂轮头架与尾座用来在外圆、内圆和万能磨床上，进行工件的装夹和磨削。一般装夹方式包括使用卡盘夹持安装、两顶安装等。

4．正弦夹具

正弦夹具主要用来对需要进行斜面精确磨削的工件进行装夹或结合其他工具对砂轮进行斜面修整。在磨削工件时，为保证磨削精度，工件的定位基准面应预先磨平，以此来保证工件的垂直度和工件在夹具内的定位精度；主要包括正弦精密平口钳、正弦磁力台以及其他改进型正弦夹具，如图 1-62 所示。

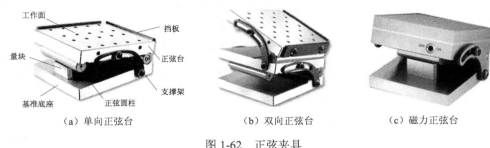

（a）单向正弦台　　　　　　　　（b）双向正弦台　　　　　　　　（c）磁力正弦台

图 1-62　正弦夹具

5．正弦分度夹具

正弦分度夹具主要用于磨削凸模、型芯具有同一或不同轴线的不同圆弧面、平面及其等分槽等零件表面，如图 1-63（a）所示。其使用和计算方法如图 1-63（b）所示。

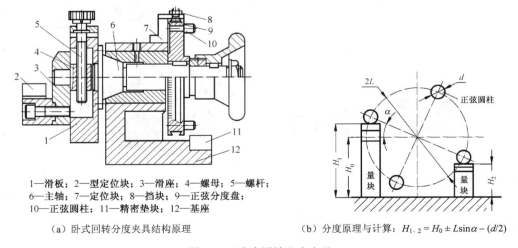

1—滑板；2—型定位块；3—滑座；4—螺母；5—螺杆；
6—主轴；7—定位块；8—挡块；9—正弦分度盘；
10—正弦圆柱；11—精密垫块；12—基座

（a）卧式回转分度夹具结构原理　　　　（b）分度原理与计算：$H_{1,2} = H_0 \pm L\sin\alpha - (d/2)$

图 1-63　卧式回转分度夹具

6．冲子成型器（图 1-64）

冲子成型器主要用于模具小型零件加工，按其作用原理分为单向和双向冲子成型器两种，主要用于小型的圆形和非圆形凸模以及其他小型模具零件的磨削加工。

（a）可调式

（b）悬臂式

图 1-64　冲子成型器

7. 万能夹具（图 1-65）

万能夹具作为成型磨床的主要部件，主要由分度部分、回转部分、十字溜板部分以及工件装夹部分组成，结合精密平口钳、小型磁力台等工件夹具可以将复杂的型面分解成若干直线、圆弧进行磨削加工，完成各种尺寸和形状的凸模、凹模等模具零件的精密磨削。磨削前必须对模具零件根据具体的形体结构和技术要求，选择合理的方法进行安装和找正。万能夹具对工件的装夹示意图见表 1-8。

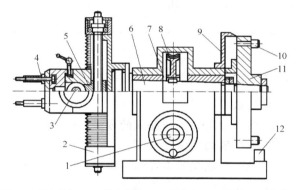

1—蜗杆；2—纵向滑板；3—横向螺杆；4—定位套；5—螺母；6—主轴；7—衬套；
8—蜗轮；9—角度游标；10—正弦圆柱；11—正弦分度盘；12—基准块

图 1-65　万能夹具

表 1-8　万能夹具对工件的装夹示意图

方　　法	工作原理图	说　　明
精密平口钳装夹	平口钳　固定盘　等高垫柱　（a） （b）	不能磨削封闭轮廓 （a）装夹长度小于 80mm （b）适于装夹细长工件
小型磁力台装夹	模具零件　磁力台	工件以平面定位，不能磨削封闭轮廓

续表

方　法	工作原理图	说　　明
螺钉结合 垫柱装夹	模具零件	工件上必须预先加工好装夹螺孔，垫柱长度不能过长。可以磨削封闭轮廓，如凸模、型芯等
球面支撑装夹	模具零件 球面支架	可以磨削较大的封闭轮廓，如凸模、型芯等
磨大圆弧附件	回转中心 支架　　支承组件	可以扩大磨削圆弧的范围

知识链接

1. 工件加工时定位基准的选择原则。
2. 使用精密平口钳、电磁吸盘进行工件安装的方法与检测。
3. 使用正弦夹具进行工件安装的方法与检测。
4. 在外圆磨床上使用卡盘、两顶安装工件的方法与检测。
5. 在分度夹具上进行工件安装的方法与检测。

活动二 模具零件在磨床上的安装操作任务与考核考评（学生自评、互评与指导教师评述结合）

项　目	内　容	标　准	学生自评	学生互评
平面磨床安装工件	用精密平口钳、电磁吸盘安装工件	正确使用百分表和其他测量工具准确进行平行度、垂直度等检测		
	在正弦夹具上安装工件	正确使用两块、百分表准确进行安装时的斜（锥）角等检测		
万能磨床安装工件	使用卡盘安装工件 使用两顶安装工件	使用百分表等量具进行平行度、同轴度等的检测		
教师评述			指导教师： 　　年　月　日	

任务三 砂轮的选用与修整

👉 **活动一** 砂轮的选用

1．按工件材料选用

刚玉砂轮：主要成分是 Al_2O_3，其对合金钢和淬火钢具有很好的磨削性能。

碳化物砂轮：主要成分是 SiC，主要用于硬质合金、人造宝石、陶瓷等硬质材料的磨削。

金刚石砂轮：主要用于精磨硬质合金、宝石等硬质材料。

常用砂轮磨料的代号、性能及用途详见表 1-9。

表 1-9 常用砂轮磨料的代号、性能及应用

系　列	磨粒名称	代号	特性	适用范围
氧化物系 Al_2O_3	棕色刚玉	A	硬度较高、韧性较好	磨削碳钢、合金钢、可锻铸铁、硬青铜
	白色刚玉	WA		磨削淬硬钢、高速钢及成型磨
碳化物系 SiC	黑色碳化硅	C	硬度高、韧性差、导热性较好	磨削铸铁、黄铜、铝及非金属等
	绿色碳化硅	GC		磨削硬质合金、玻璃、玉石、陶瓷等
高硬磨料系 CBN	人造金刚石	SD	硬度很高	磨削硬质合金、宝石、玻璃、硅片等
	立方氮化硼	CBN		磨削高温合金、不锈钢、高速钢等

2．砂轮形状选择

（1）常用砂轮的形状、代号与用途，详见表 1-10。

表 1-10 常用砂轮的形状代号及主要用途

砂 轮 种 类		形状代号	主 要 用 途
平形砂轮		P	磨外圆、内孔、平面及刃磨刀具等
双斜边砂轮		PSX	成型面、磨齿轮及螺纹等
双面凹砂轮		PSA	磨外圆、刃磨刀具、无心磨的磨轮和导轮
双面凹带锥砂轮		PSZA	磨外圆、台肩等
薄片砂轮		PB	切断、磨槽等
筒形砂轮		N	主轴端磨平面、内孔等
碗形砂轮		BW	磨机床导轨、平面、刃磨刀具
碟形1号砂轮		D	刃磨带齿刀具

（2）成型砂轮截面形状

由于模具上有许多用普通形状的砂轮不能磨削加工斜面和成型面，特别是型腔模具的型芯、型腔的成型表，因此，需要使用砂轮修整工具对普通砂轮按加工要求进行斜面和成型面的修整。成型砂轮截面形状如图1-66所示。

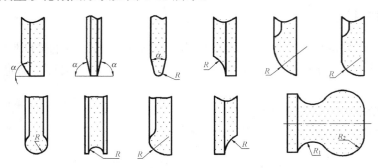

图1-66　成型砂轮截面形状

3．砂轮硬度选择

① 一般磨削时，大都采用中等硬度和中等组织的砂轮。

② 磨削硬度低、韧性大的工件，或砂轮与工件面积较大时，或粗磨时，应选择硬度较低和组织疏松的砂轮。

③ 精密磨削和成型磨削时，应选择硬度较高和紧密组织的砂轮。

活动二　常用砂轮工具与砂轮的修整

1．角度（斜面）修整

利用砂轮的角度修整工具，根据工件磨削工件斜面的角度要求，对砂轮进行角度修整。最为常用的是砂轮的正弦修整工具，其工作原理如下。

（1）卧式砂轮角度修整工具（图1-67）。

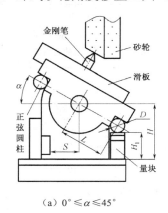
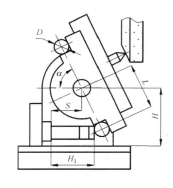

（a）$0° \leqslant \alpha \leqslant 45°$　　　　　　　　（b）$45° \leqslant \alpha \leqslant 90°$

图1-67　卧式砂轮角度修整工具

① 当磨削角度在 $0° \leqslant \alpha \leqslant 45°$ 时，垫入块规的尺寸为
$$H_1 = H - (D/2) \pm \sin\alpha$$
② 当磨削角度在 $45° \leqslant \alpha \leqslant 90°$ 时，垫入块规的尺寸为
$$H_1 = S + L\cos\alpha - D/2$$
（2）立式砂轮角度修整工具。

① 当磨削角度在 $0° \leqslant \alpha \leqslant 45°$ 时，垫入块规的尺寸为
$$H_1 = L\sin(45° - \alpha)$$
② 当磨削角度在 $45° \leqslant \alpha \leqslant 90°$ 时，垫入块规的尺寸为
$$H_1 = L\sin(\alpha - 45°)$$

2. 圆弧与曲面修整

圆弧与曲面修整就是对砂轮成型表面各种不同半径的圆弧进行合理修整。常用的修整工具如下。

（1）砂轮立式圆弧修整工具：用于修整各种不同半径的凹、凸圆弧，如图 1-68 所示。

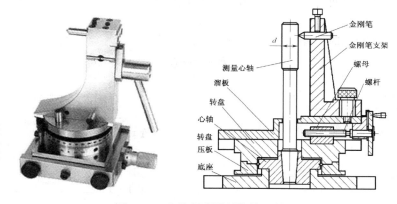

图 1-68　砂轮立式圆弧修整工具

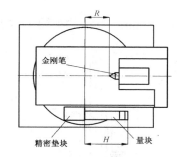 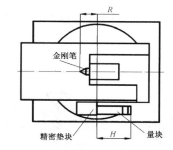

图 1-69　砂轮立式圆弧修整工具修整凸圆弧　　图 1-70　砂轮立式圆弧修整工具修整凹圆弧

① 当修磨凸圆弧时（图 1-69），垫入量块高度为
$$H = P - (R + d/2)$$
其中 P 为金刚笔刚顶住样棒时量块的尺寸。

② 当修磨凹圆弧时（图 1-70），垫入量块高度为
$$H = P + (R + d/2)$$

其中 P 为金刚笔刚顶住样棒时量块的尺寸。

（2）砂轮卧式圆弧修整工具：使用时先按计算尺寸在底面和金刚石刀尖之间垫上一组量块，来调整和修整圆弧半径，如图 1-71 所示。

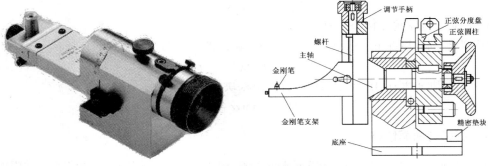

图 1-71　砂轮卧式圆弧修整工具

采用砂轮卧式修整工具修整圆弧垫入量块的计算公式如下。

① 当修磨凸圆弧时（图 1-72），垫入量块高度为

$$H = P + R$$

② 当修磨凹圆弧时（图 1-73），垫入量块高度为

$$H = P - R$$

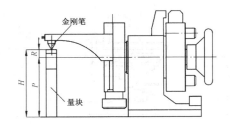 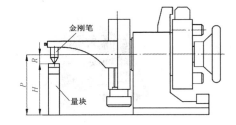

图 1-72　砂轮卧式圆弧修整工具修整凸圆弧　　　　图 1-73　砂轮卧式圆弧修整工具修整凹圆弧

（3）摆动砂轮圆弧修整工具：修整半径一般为 0.5～45mm。其结构如图 1-74 所示。

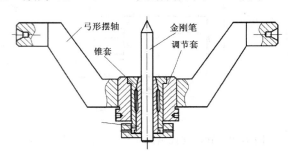

图 1-74　摆动式圆弧修整工具

摆动式圆弧修整工具圆弧修整时垫入量块高度计算。

① 当修磨凸圆弧时（图 1-75）垫入量块高度为

$$H = R - A$$

② 当修磨凹圆弧时（图 1-76）垫入量块高度为

$$H = R + A$$

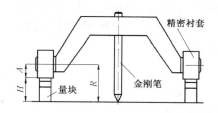

图 1-75　摆动式圆弧修整工具修整凸圆弧

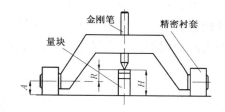

图 1-76　摆动式圆弧修整工具修整凹圆弧

（4）大圆弧修整工具：大圆弧修整工具结构如图 1-77 所示。

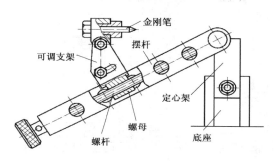

图 1-77　大圆弧修整工具

大圆弧修整工具修整圆弧时的尺寸计算如下。

① 当修磨凸圆弧时（图 1-78）垫入量块高度为

$$H = R + d/2$$

② 当修磨凹圆弧时（图 1-79）垫入量块高度为

$$H = R - d/2$$

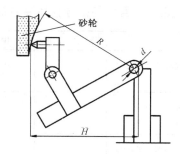

图 1-78　大圆弧修整工具修整凸圆弧

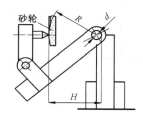

图 1-79　大圆弧修整工具修整凹圆弧

 知识链接

1. 根据工件材料、结构与加工表面形状选择砂轮磨料种类、粒度、硬度、形状。
2. 砂轮的平衡与安装方法。
3. 砂轮修整器在磨床上的安装与调整。
4. 在磨床上进行斜角、凸、凹圆弧修整的操作方法及注意事项。

👉 **活动三** 砂轮的安装

由于砂轮工作时的转速很高，而砂轮的质地又较脆，因此，必须正确地安装砂轮，以免砂轮碎裂飞出，造成严重的设备事故和人身伤害。安装砂轮时，应根据砂轮形状、尺寸的不同而采用不同的安装方法，常用的安装方法如图1-80所示。

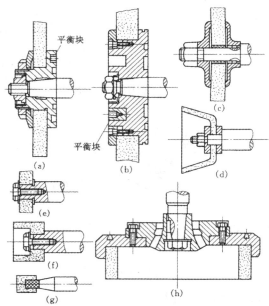

（a）、（b）用台阶法兰盘安装砂轮；（c）用平面法兰盘安装砂轮；（d）用螺母垫圈安装砂轮；
（e）、（f）内圆磨削用砂轮的安装；（g）内圆磨削用粘接法安装砂轮；（h）筒形砂轮的安装

图1-80 砂轮的常用安装方法

👉 **活动四** 砂轮的安装与修整操作与考核考评（学生自评、互评与指导教师评述结合）

项　　目	内　　容	标　　准	学 生 自 评	学 生 互 评
砂轮安装	砂轮安装前的平衡	正确使用平衡架或偏摆仪对砂轮进行严格平衡		
	砂轮在磨床上的安装	砂轮在主轴上的准确定位 砂轮在主轴上的可靠固定		
砂轮修整	砂轮平整度与宽度修整	正确使用金刚笔和厚度修整器修整砂轮工作圆周与宽度		
砂轮修整	砂轮角度修整	正确计算和调整砂轮角度修整器 正确使用砂轮角度修整器，准确修砂轮角度		
	砂轮凸圆弧修整	合理选择砂轮圆弧修整器 正确计算和调整砂轮圆弧修整器 准确修整砂轮各段圆弧		
	砂轮凹圆弧修整			
教师评述			指导教师： 　　年　　月　　日	

任务四　模具零件的磨削加工

👉 **活动一** 磨床的常用磨削方法

1．平面磨削的磨削方法

平面磨削的磨削方法包括圆周磨法和端面磨法两种，如图 1-81 所示。

（1）圆周磨削法：使用砂轮的圆周实施工件的平面、阶台面、端面等的磨削，如图 1-81（a）所示。

（2）端面磨削法：使用砂轮的端面实施工件的平面、阶台面、端面等的磨削，如图 1-81（b）所示。

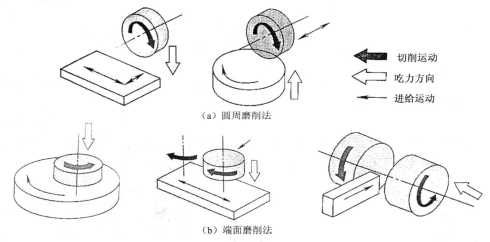

图 1-81　平面的磨削方法

2．外圆磨削方法

外圆磨削方法包括纵磨法、横磨法、复合磨削法，如图 1-82 所示。

（1）纵磨法：使用工作台对工件作往复直线运动的磨削方法，如图 1-82（a）所示。

（2）横磨法：使用宽砂轮进行横向切入的磨削方法，如图 1-82（b）所示。

（3）复合磨削法：使用纵磨法和横磨法相结合对工件进行磨削的方法。

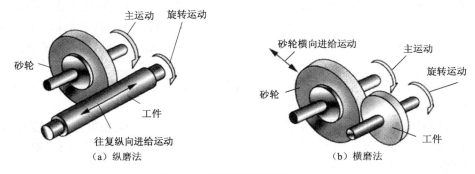

图 1-82　外圆的磨削方法

3．内圆磨床的磨削

（1）夹持磨削法：将工件夹持在工作头的卡盘上，以砂轮高速旋转为主运动、工件旋转和砂轮作切深的磨削方法，如图 1-83 所示。此法是最常用的内孔磨削方法，也称为通用磨削法。

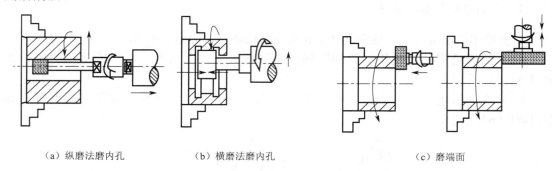

（a）纵磨法磨内孔　　　　（b）横磨法磨内孔　　　　　　（c）磨端面

图 1-83　夹持磨削法

（2）定轴磨削法：砂轮固定在心轴上，高速旋转为主运动，工件旋转并作轴向往复运动作为进给运动的内孔磨削方法，如图 1-84 所示。

（3）行星磨削法：工件不动，砂轮绕自身轴线作高速旋转为主运动，同时绕工件轴线作行星运动、往复直线运动和径向切深运动作为进给运动的内孔磨削方法，如图 1-85 所示。用于磨削大型或形状不对称的不适合旋转加工工件磨削。

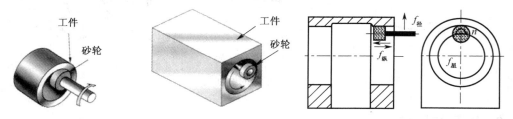

图 1-84　定轴磨削法　　　　　　　　　　　图 1-85　行星磨削法

4．坐标磨床的工件磨削方法

（1）坐标磨床的工作原理，如图 1-86 所示。

坐标磨床进行孔的精密坐标磨削的原理有通用磨削法和行星磨削法两种，如图 1-87 所示。与内圆磨床原理相同，只是主轴的工作方向为竖直方向。其磨头箱的作用如下：

① 完成行星圆周运动——由磨轮行星主轴回转完成，用以保证磨削孔的圆度和圆柱度精度。

② 垂直往复直线运动——由磨头主轴套筒上下往复运动完成，用以保证磨削孔的直线度精度。

③ 径向进给运动——由进给机构完成，直接影响加工孔的精度与粗糙度要求。

④ 锥度磨削运动——有锥度磨削机构与进给机构联动完成，直接影响锥度的调节范围和磨削孔的锥度精度。

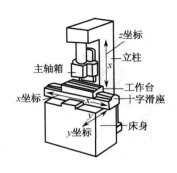

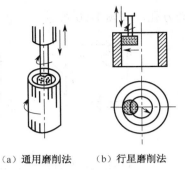

（a）通用磨削法 （b）行星磨削法

图 1-86 坐标磨床的结构原理 　　图 1-87 坐标磨床的磨削原理

（2）坐标磨削的方法，如图 1-87 所示。

① 坐标磨床的磨削方式主要包括以下三种：

a．进给式磨削——利用砂轮的圆周完成磨削；

b．切入式磨削——利用砂轮的端面进行磨削；

c．插入式磨削——利用砂轮往复运动的同时，围绕磨削孔的轴线作行星运动来完成被加工孔的磨削。

② 主要表面的坐标磨削方法。

a．圆孔磨削，如图 1-88 所示孔。

主要包括：直孔、小孔（图 1-87（a））锥孔的磨削（图 1-87（b））和盲孔磨削。

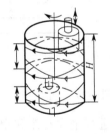

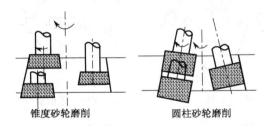

锥度砂轮磨削　　　圆柱砂轮磨削

（a）直孔磨削 　　　　　　　（b）圆锥孔磨削

图 1-88 圆孔磨削

b．平面磨削，如图 1-89 所示。

主要包括：端面磨削、隔肩磨削、利用磨槽附件进行侧平面磨削。

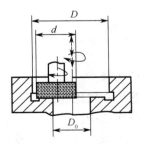

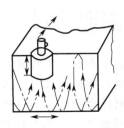

（a）磨隔肩 　　　　　　　　（b）磨侧面

图 1-89 平面磨削

c．磨方孔，如图 1-90 所示。

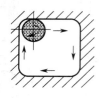  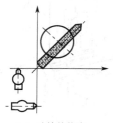

（a）圆柱砂轮磨方孔　　　（b）磨过渡圆角　　　（c）砂轮的修磨

图 1-90　磨方孔

d．圆弧磨削方法：主要有回转行星磨削法（与内圆柱面和外圆柱面的行星磨削原理相同，但应根据圆弧的位置、长度设定磨削范围）及利用回转台和复式工作台的联合磨削法，如图 1-91 所示。

e．槽的磨削：包括键槽、圆弧槽和腰形槽的磨削，如图 1-92 所示。

f．球面磨削：如图 1-93 所示。

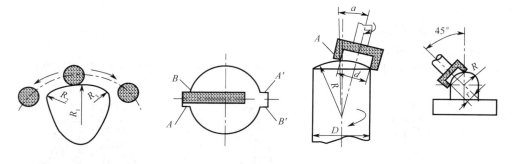

图 1-91　圆弧磨削　　　　　图 1-92　键槽磨削　　　　　图 1-93　球面磨削

坐标磨床除了能完成上述模具零件上的表面加工外，和可以进行平面孔系和空间孔系及坐标磨削等。

 **活动二**　模具零件的磨削加工训练

运用前面已学知识和技能，完成目标模具中需要进行磨削加工的模具零件（如模板、凸模、凹模、型芯、型腔等）的磨削加工。

知识链接

1．磨削平面时，工件的正确安装以及磨削用量的合理选择。

2．磨削外圆和内孔时，工件的正确安装以及磨削用量的合理选择。

3．磨削成型面时，工件的正确安装以及磨削用量的合理选择。

4．磨削加工时，零件尺寸精度、直线度、平面度、轮廓度、平行度、垂直度、倾斜度、同轴度、对称度的检测工具的选择与测量方法。

模具零件磨削加工任务与考核考评（学生自评、互评与指导教师评述结合）

项　　目	内　　容	标　　准	学生自评	学生互评
平面磨削	水平面磨削	正确安装、准确找正工件 合理选择磨削方法与磨削用量 精确检验磨削质量		
	垂直面磨削			
	斜面磨削			
圆柱面磨削	外圆柱面磨削	正确安装、磨削和测量导柱圆形凸模等模具零件		
	内孔磨削	正确安装、磨削和测量导套、圆形凹模等模具零件		
成型面磨削	成型凸模磨削	准确修整砂轮圆弧 正确安装、磨削和测量凸模		
	成型凹模磨削	准确修整砂轮圆弧 正确安装、磨削和测量凹模		
教师评述			指导教师： 　　　年　　月　　日	

习题 1.4

1. 平面磨床能完成哪些零件的磨削加工？
2. 如何在磨床上完成圆形凸模和凹模型孔的磨削加工？
3. 万能磨床的结构特点有哪些？能进行哪些模具零件的加工？
4. 磨床上常采用的砂轮修整工具有哪些？各自的工作原理是什么？
5. 如何在磨床上完成斜面工件的精密磨削加工？斜面磨削的方法有哪些？
6. 工件曲面的磨削加工方法有哪些？
7. 在坐标磨床上如何完成工件的安装和找正？
8. 编制目标模具中需要进行加工的孔系和型面的坐标磨削加工工艺。

项目五　电火花机床及其工艺装备在模具制造中的应用

项目描述：

1. 常用电火花机床的结构与工作原理。
2. 电火花机床上进行电极、工件安装找正的方法。
3. 电极材料的选择与电极的设计与制造。
4. 电火花机床上进行零件加工的方法。

能力目标：

1. 能正确熟练地操作电火花机床。
2. 能合理选择使用电火花机床上常用的工装夹具，并能正确地安装电极和工件。
3. 能正确选择电极材料，并能正确设计和加工电极。
4. 能按技术要求使用电火花机床完成型孔、型腔等成型加工。

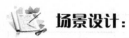

场景设计：

1. 电火花加工训练现场。
2. 电火花成型机床及常用的工装。
3. 型孔、型腔等模具零件。

任务一　电火花机床的结构与工作原理

 活动一 电火花机床的结构（图1-94）

知识链接

1. 电火花机床的机构组成与各部分作用。
2. 电火花机床操作说明书。
3. 电火花机床安全及文明生产操作规程。

活动二 数控电火花机床的工作原理（图1-95）

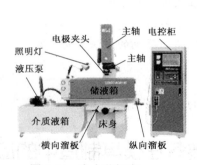

图1-94　电火花机床

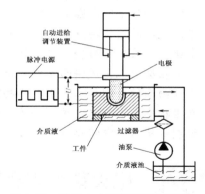

图1-95　数控电火花机床工作原理

1. 电火花加工原理

电火花机床在加工时，是在液体绝缘介质中，通过机床的自动进给调整装置，使工具电极与工件之间保持一定的放电间隙，然后在工具与工件电极之间施加强脉冲电压，击穿绝缘的介质层，形成能量高度集中的脉冲放电，使工件与工具电极的金属表面因产生的高温（10 000~12 000℃）被熔化甚至被气化，同时产生爆冲效应，使被蚀除的金属颗粒抛出加工区域，在工件上形成微小凹坑。然后绝缘介质恢复绝缘，等待下一次脉冲放电，这样周期往复，形成对工件的电火花加工，将电极的形状"复制"在工件上。

2. 电火花加工的过程

工件与电极的安装与找正→绝缘介质的合理选择→脉冲电源与脉冲参数的选择→介质电离击穿→脉冲放电→热膨胀→电蚀物抛出→消电离→等待下一次脉冲放电。

活动三 电火花加工的工艺特点及其在模具制造中的应用

1．电火花加工特点

（1）可以加工用切削方法难以加工甚至无法加工的高熔点、高硬度、高强度、高韧性的材料以及形状复杂的工件。

（2）电极材料不必比工件材料硬，只要求导电性能好，加工中放电稳定且损耗小。

（3）工件与工具电极之间无直接接触，无宏观作用力，电极和工件不受刚度限制，十分有利于小孔和窄缝的加工。

（4）直接利用电能和热能加工，整个加工过程很容易实现自动控制和自动加工。

2．电火花加工在模具制造中的应用

根据电火花加工的特点，电火花特别适用于淬火钢、硬质合金和各种合金等材料的成型加工，这样就解决了材料淬火后除磨削以外就不能再进行切削加工的困难，也解决了各种难加工材料的成型加工问题。同时，电火花也特别适合模具中一些细小孔洞和狭小沟槽的加工。

从模具零件的结构来说，电火花既可以加工各种形状复杂的型孔和型腔，也可以很方便地应用于凸模以及其他形状复杂的结构零件的加工。

活动四 电火花机床操作任务与考核考评（学生自评、互评与指导教师评述结合）

项　目	内　容	标　准	学生自评	学生互评
认识电火花机床	电火花机床组成与各部分作用	正确认识电火花机床各部分名称与作用		
电火花机床徒手操作	徒手进行机床工作台定位操作	手动完成电火花机床工作台的横纵定位操作		
		进行电火花机床主轴定位操作		
	进行电火花机床接电操作	脉冲电源接电操作		
		工具电极、工件接电操作		
		介质液循环系统接电操作		
教师评述		指导教师： 　　　年　　月　　日		

任务二　电极与工件的安装与找正

活动一 认识电极安装工具

（1）电极套筒——用于圆形电极的安装，如图 1-96 所示。

（2）钻夹头——用于安装 1～13mm 的圆形电极，如图 1-97 所示。

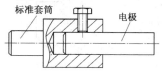

图 1-96　标准套筒安装电极

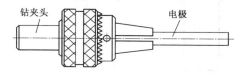

图 1-97　钻夹头安装电极

（3）电极柄——用于较大的圆形和非圆形电极的安装，如图1-98所示。

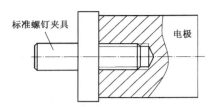

图1-98　标准螺钉夹具安装电极

（4）U形夹头——用于安装组合片状电极和方形电极。

（5）转位式与重复定位电极夹具——用于安装和调整具有方向性要求的电极，如图1-99、图1-100所示。

（6）平动头——主要用于采用单电极平动法加工型腔时的电极安装。

（7）组合及大型电极安装工具——一般采用机械式连接或者采用粘接技术进行大型和组合式电极的安装，如图1-101～图1-104所示。

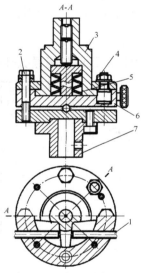

1—角度调整螺钉；2—水平调整螺钉；3—夹具体；

4—压板螺钉；5—碟形弹簧；6—外壳；7—电极安装套

图1-99　角度调整电极安装工具

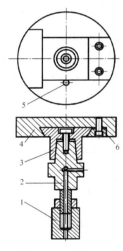

1—电极；2—锥形接头；3—燕尾滑块；

4—安装板；5—定位销；6—压板

图1-100　燕尾式重复定位夹具

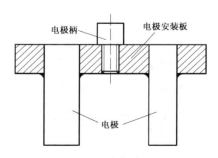

图1-101　组合电极安装

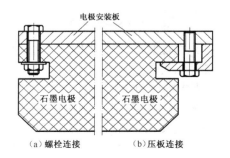

（a）螺栓连接　　　（b）压板连接

图1-102　石墨电极安装

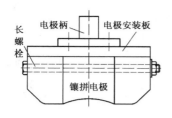

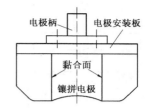

图 1-103　拼合电极螺栓连接安装　　　　　　　图 1-104　拼合电极黏合安装

 活动二　**模坯的准备、安装与找正**

1. 模坯准备

锻造→退火→铣（刨）六面→磨削基准面→钳工划线→型孔或型腔的预加工→模具其他表面的切削加工→淬火＋回火→磨削基准面→退磁处理→脉冲参数及放电间隙选择→型孔或型腔的电火花加工。

知识链接

> 模坯进行车、铣、磨以及钳工加工等的加工工艺与加工方法。

2. 工件的安装与电极位置的找正

工件一般使用压板螺栓直接安装在工作台上进行找正，找正时必须注意加工型孔或型腔的位置精度的正确性，必须使工具和工件电极具有正确的加工位置和准确的放电间隙。

3. 工件与电极位置的找正

（1）采用百分表或角尺来找正电极与工作台之间的垂直度。

（2）采用划线的方法来找正电极与工件之间的位置精度。

（3）采用量块来找正电极。

常用找正方法如图 1-105～图 1-110 所示。

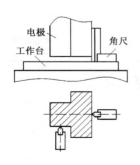

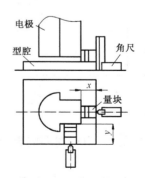

图 1-105　角尺垂直度找正　　　　　　　图 1-106　量块位置度找正

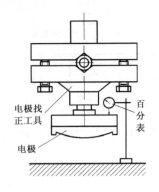

图 1-107　百分表水平位置找正

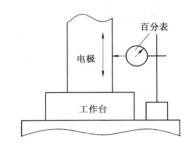

图 1-108　百分表垂直度找正

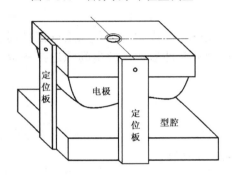

图 1-109　定位板找正型腔电极位置

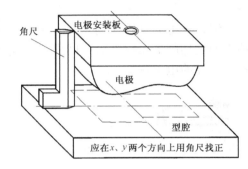

图 1-110　划线找正型腔电极位置

👉 **活动三**　**电极与工件安装找正操作任务与考核考评（学生自评、互评与指导教师评述结合）**

项　目	内　容	标　准	学生自评	学生互评
电极夹具	常用电极安装工具	熟悉电极安装工具及作用		
		能正确安装、找正电极安装工具		
工件安装	模坯工件的准备	按照工艺要求加工模坯零件		
	工件安装	按要求准确安装、找正模坯工件		
	进行电火花机床接电操作	脉冲电源接电操作		
		正、负极性选择与接电操作		
		介质液选择与循环系统接电操作		
教师评述			指导教师： 　　年　　月　　日	

任务三　电极设计和电规准的选择与转换

👉 **活动一**　**电极材料的选择**

1．电极材料的性能要求

电极材料必须具有导电性良好，损耗小，制造容易，加工稳定性好，效率高，材料来源丰富，价格便宜等特点。

2．电材料的选用

纯铜——适于加工中、小型形状复杂、加工精度和表面质量要求较高的模具饰纹和型腔模具。

石墨——特别适用在大脉宽、大电流的情况下进行型腔加工。

黄铜——最适合在中小规准情况下加工形状简单的模具型孔，或进行通孔加工。

铸铁——主要用于冷冲模具的型孔加工。

钢电极——适合于"钢打钢"的冷冲模具型孔加工。

铜钨合金和银钨合金——特别适用于工具钢、硬质合金等模具加工以及特殊异形孔槽的加工。性能虽好，但价格昂贵。

活动二 电极尺寸和形状的设计

电极设计时，必须处理好电极的形状，以及尺寸与型孔形状、放电间隙和配合间隙之间的关系。

1．型孔加工时的电极设计

（1）电极截面尺寸：计算下列三种情况的凸模尺寸和电极尺寸。

① 当配合间隙与放电间隙相等（$Z = 2\delta$）时，电极尺寸按凸模尺寸进行设计制造。

② 当配合间隙大于放电间隙（$Z > 2\delta$）时，电极尺寸应根据凸模尺寸均匀扩大 $a = Z/2 - \delta$，如图 1-111（a）所示。

③ 当配合间隙小于放电间隙（$Z < 2\delta$）时：电极尺寸应根据凸模尺寸均匀缩小 $a = \delta - z/2$，如图 1-111（b）所示。

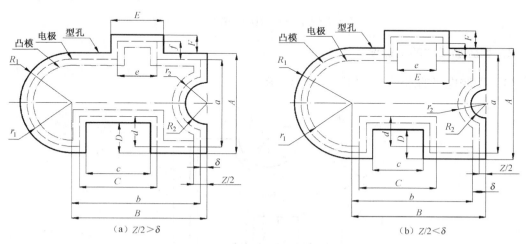

（a）$Z/2 > \delta$　　　　　　　　　（b）$Z/2 < \delta$

图 1-111　型孔加工电极设计

（2）电极长度尺寸设计如图 1-112 所示。

（3）电极的公差：电极截面尺寸的公差一般取模具刃口相应公差的 1/2～2/3。电极在长度方向的尺寸一般没有公差要求。

（4）其他要求：电极侧面的平行度公差应控制在 0.01/100mm 以下，电极的表面粗糙度应小于型孔的表面粗糙度。

	（1） $Z/2 > \delta$	（2） $Z/2 < \delta$
补偿值	$a_1 = Z/2 - \delta$	$a_1 = \delta - Z/2$
型腔尺寸	电极尺寸 = 凸模尺寸 $\pm Ka_1$	
A	$a = (A - Z) - 2a_1$	
B	$b = (B - Z/2) - a_1$	
C	$c = (C + Z) + 2a_1$	
D	$e = (E - Z) - 2a_1$	
E	$d = D$	
F	$f = F$	
R_1	$r_1 = (R_1 - Z/2) - a_1$	
R_2	$r_2 = (R_2 + Z/2) + a_1$	

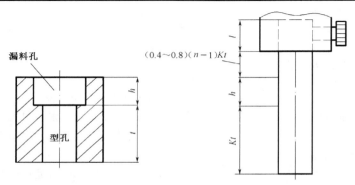

图 1-112　电极长度尺寸设计

$$L = Kt + h + 1 + (0.4 \sim 0.8)(n - 1)Kt$$

2．型腔加工时的电极设计

（1）型腔电极的水平尺寸如图 1-113 所示。

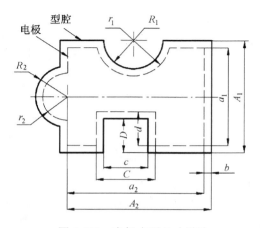

图 1-113　电极水平尺寸设计

$$a = A \pm kb$$

其中，$b = \delta + H_{max} - h_{max}$

a——电极水平方向尺寸。

b——电极单边缩放量。

k——电极与型腔尺寸标注的关系系数，双边尺寸 $k = 2$（如长度、宽度尺寸等），单边尺寸 $k = 1$（如半径等）。

δ——粗规准加工的单边放电间隙。

H_{max}——粗规准加工时表面微观不平度最大值。

h_{max}——精规准加工时表面微观不平度最大值。

±——当型腔结构突出部分凸出时，对应电极凹入，尺寸放大，k 取"+"。当型腔结构突出部分凹入时，对应电极凸出，尺寸缩小，k 取"−"。

② 型腔加工时电极高度尺寸设计如图 1-114 所示。

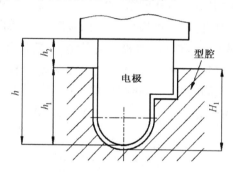

图 1-114　电极高度尺寸设计

$$h = H + C_1 H_1 + C_2 S - \delta_j$$

其中，H —— 电极垂直尺寸。

h_1 —— 电极垂直方向的有效工作尺寸。

H_1 —— 型腔垂直尺寸。

C_1 —— 粗规准加工时，电极端面损耗率。

C_2 —— 中、精规准加工电极端面的相对损耗率，一般取 20%～25%。

S —— 中、精规准加工时端面的总进给量。

δ_j —— 最后一级精规准加工时的端面放电间隙。

h_2 —— 避免电极固定板与模块相撞的保险尺寸，一般取 5～20mm。

☞ **活动三** **电极设计任务与考核考评（学生自评、互评与指导教师评述结合）**

项　　目	内　　容	标　　准	学 生 自 评	学 生 互 评
型孔加工电极设计	根据型孔形状、尺寸与冲裁间隙大小设计电极	电极截面形状与尺寸设计		
		电极长度设计		
型腔加工电极设计	根据型腔形状与尺寸设计电极	电极截面形状与尺寸设计		
		电极长度方向的形状与尺寸设计		
教师评述			指导教师： 　年　月　日	

任务四　电火花的加工方法选择

活动一　加工方法选择

1. 型孔加工方法的选择

（1）直接配合法：直接使用加长凸模作为电极来进行型孔加工。

（2）修配凸模法：将电极和凸模分别制造，将凸模留出一定的修配余量，电火花加工好型孔后，然后根据配合间隙的大小均匀地修去凸模的预留修配量，达到凸模和凹模的配合间隙要求。

（3）间接配合法：将电极材料和凸模粘接在一起进行机械加工，电火花加工时，根据配合间隙的大小选择脉冲参数，以获得准确的配合间隙。

在确定电极尺寸时，必须协调好冲压间隙 $Z/2$ 和放电间隙 δ 之间的关系（图1-115）。

① 当冲裁间隙等于放电间隙时：电极尺寸等于凸模尺寸，如图1-87（a）所示，$d = D$。

② 当冲裁间隙大于放电间隙时：电极尺寸应在凸模尺寸的基础上单边均匀扩大 $a = (Z/2) - \delta$，如图1-87（b）所示，$d = D + 2a = D + 2[(Z/2) - \delta]$。

③ 当冲裁间隙小于放电间隙时：电极尺寸应在凸模尺寸的基础上单边均匀缩小 $a = \delta - (Z/2)$，如图1-87（c）所示，$d = D - 2a = D - 2[\delta - (Z/2)]$。

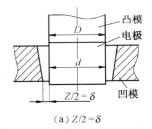
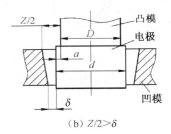
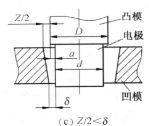

（a）$Z/2 = \delta$　　　　　　（b）$Z/2 > \delta$　　　　　　（c）$Z/2 < \delta$

图1-115　电火花加工时冲裁间隙与放电间隙之间的关系

（4）二次电极法：首先使用一次电极分别加工出凹模型孔（或凸模）和二次电极；再使用二次电极加工出凸模或凹模型孔，通过控制每一次加工时的放电间隙，来获得十分准确的配合间隙，具体过程如图1-116所示。

二次电极加工时冲裁间隙 $Z/2$ 与放电间隙 δ 之间的关系如下。

一次电极尺寸：d'

凹模尺寸：$D = d' + 2\delta_1$

二次电极尺寸：$D' = d' + 2\delta_2$

凸模尺寸：$d = D' - 2\delta_3 = (d' + 2\delta_2) - 2\delta_3$

冲压间隙：$Z/2 = (D - d)/2 = \delta_1 - \delta_2 + \delta_3$

2. 电火花型孔加工方法选择

电火花型孔加工方法的选择见表1-11。

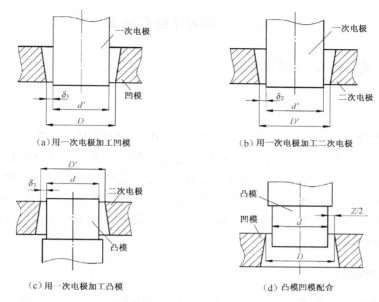

图 1-116　二次电极法型孔加工

表 1-11　不同配合间隙冲模型孔电火花加工方法的选择

单边配合间隙（mm）	直接配合法	间接配合法	修配凸模法	二次电极法
0～0.005	×	×	×	○
0.005～0.014	×	×	□	○
0.015～0.1	○	○	□	□
0.1～0.2	□	□	□	□
0.2 以上	□	□	○	×

表中：×—不宜采用　　□—可以采用　　○—适宜采用

活动二　凹模型孔加工的电规准的转换

　　首先按照要求选定粗加工的电规准；当使用阶台电极进给到刃口时，转化为中规准；当阶台加工进入刃口 1～2mm 时，再转为精规准，使用末挡规准修穿型孔。注意，在进行规准转换时，由于间隙逐渐减小，应注意电蚀物的排除条件，这时应适当加大介质液的压力和流动速度，如图 1-117 所示。

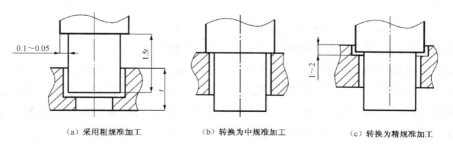

图 1-117　阶台电极型孔加工电规准的转换

任务五 电火花型腔加工

活动一 电火花型腔加工的方法

1．单电极法

单电极法就是使用一个电极完成型腔的粗、中、精规准加工，主要用于加工形状简单，精度要求不高的型腔。加工前，应对模坯进行预加工，去掉大部分余量，在侧面留下 0.1～0.5mm 的单边余量，底面留下 0.2～0.7mm 余量。最常用的是单电极平动法。所谓单电极平动法，就是在加工时，先采用低损耗规准完成型腔的粗加工，然后启动平动头，按选定的平动量作平面圆周运动，按中、精规准的要求和顺序，逐级转换电规准和适当加大平动量来完成型腔加工。

2．多电极更换法

多电极更换法就是使用多个电极在确定的唯一安装位置下，依次更换加工同一型腔的加工法。在设计电极时，必须按各电极所对应的粗、中、精规准的放电间隙确定电极尺寸，以满足所加工型腔的形状和尺寸要求。

3．分解电极法

分解电极法就是根据型腔的结构形状，将电极分解成主型腔电极和副型腔电极分别制造。先用主型腔电极完成型腔主要部分的加工，再用副型腔电极采用不同的电规准加工型腔中的尖角、窄缝等部位。加工时，必须注意主型腔电极和副型腔电极的定位精度。此法适合于加工形状比较复杂或具有尖角、窄缝的型腔。

活动二 电火花型腔加工的电规准选择与转换

1．型孔加工时脉冲宽度

粗规准：脉冲宽度 $t_i = 200～600\mu s$。
中规准：脉冲宽度 $t_i = 20～60\mu s$。
精规准：脉冲宽度 $t_i = 2～6\mu s$。

2．型腔加工

粗规准：脉冲宽度 $t_i > 500\mu s$，电流峰值 $i = 10～20A$。
中规准：脉冲宽度 $t_i = 20～400\mu s$，电流峰值 $i < 10A$。
精规准：脉冲宽度 $t_i \leqslant 20\mu s$，电流峰值 $i < 2A$，脉冲频率 $f > 20kHz$。

加工规准的转换挡数，应根据型腔加工的具体情况而定。对于尺寸小，形状简单的型腔，电规准的转换挡数应适当少一些；对于尺寸和深度较大，形状复杂的型腔，电规准的转换挡数应适当多一些。一般粗规准选定一挡；中规准加工时，选择 2～4 挡；精规准加工时，选择 2～4 挡。

活动三 电火花型孔、型腔加工任务与考核考评（学生自评、互评与指导教师评述结合）

项　目	内　容	标　准	学生自评	学生互评
型孔加工	电火花通孔成型加工	型孔加工方法的合理选择		
		电规准的合理选择与转换		
型腔加工	电火花型腔成型加工	型腔加工方法的合理选择		
		电规准的合理选择与转换		
教师评述			指导教师： 年　月　日	

习题 1.5

1. 你所使用的电火花机床的工作原理是什么？
2. 电火花型孔加工的方法有哪些？如何根据具体情况进行选择？
3. 电火花型腔加工有哪些方法？
4. 型孔加工时，如何设计和制造电极？
5. 型腔加工时，如何设计和制造电极？
6. 请设计目标冲压模具和塑料注模具中型腔的型孔、型腔电火花加工时的电极。

项目六　数控线切割机床及其工艺装备在模具制造中的应用

 项目描述：

1. 常用电火花线切割机床的结构与工作原理。
2. 电火花机床上进行电极、工件安装找正的方法。
3. 电极材料的选择与电极的设计与制造。
4. 电火花机床上进行零件加工的方法。

能力目标：

1. 能正确熟练地操作电火花机床。
2. 能合理选择使用电火花机床上常用的工装夹具，并能正确地安装电极和工件。
3. 能正确选择电极材料，并能正确设计和加工电极。
4. 能按技术要求使用电火花机床完成型孔、型腔等成型加工。

 场景设计：

1. 电火花加工训练现场。
2. 电火花成型机床及常用的工装。

任务一　数控线切割机床的结构与工作原理

活动一　数控线切割机床的结构（图1-118）

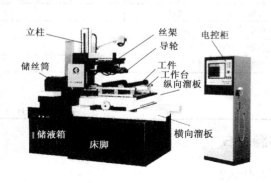
（a）快走丝线切割机床

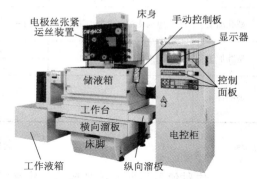
（b）慢走丝线切割机床

图 1-118　模具加工中常用的线切割机床

知识链接

数控线切割机床的组成与各部分作用。

活动二　数控线切割机床的工作原理（图1-119）

其基本原理与电火花机床一样，也是通过电极与工件之间的脉冲放电所产生的电腐蚀作用，对工件进行加工的。其工作过程是：根据工件的形状和尺寸，按规定的格式编写程序，通过线切割的数控装置，将输入的程序转化为脉冲型信号，控制伺服系统使机床进给系统产生相应切割运动轨迹，来完成工件的切割加工。

1. 快走丝线切割机床的工作原理（图1-119（a））

（1）线电极运行速度较快（300～700m/min）。

（2）可双向往复运行，即电极丝可重复使用，直到电极丝损耗到一定程度或断丝为止。

（3）常用线电极为：钼丝（$\phi 0.1 \sim \phi 0.2$mm）。

（4）工作液通常为：乳化液或皂化液。

（5）由于电极丝的损耗和电极丝运动过程中换向的影响，其加工精度要比慢走丝差，表面粗糙度要高；

（6）尺寸精度：0.015～0.02mm；

（7）表面粗糙度 Ra：1.25～2.5μm。

（8）一般尺寸精度最高可达到0.01mm，表面粗糙度 Ra 为0.63～1.25μm。

2. 慢走丝线切割机床的工作原理　（图1-119（b））

（1）线电极运行速度较低（0.5～15m/min）。

（2）线电极只能单向运动，不能重复使用，这样可避免电极损耗对加工精度的影响。

（3）丝电极有：紫铜、黄铜、钨、钼和各种合金，直径一般为 0.1～0.35mm。慢走丝线切割多采用黄铜和紫铜丝作为电极材料。

（4）工作液：去离子水、煤油。

（5）尺寸精度：±0.001mm。

（6）表面粗糙度：Ra 0.3μm。

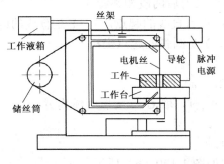

（a）快走丝线切割机床工作原理

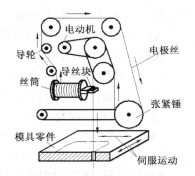

（b）慢走丝线切割机床工作原理

图 1-119 数控线切割机床的工作原理

知识链接

1. 数控线切割机床操作说明书。
2. 数控线切割机床安全及文明生产操作规程。

活动三 线切割机床操作任务及考核考评（学生自评、互评与指导教师评述结合）

项 目	内 容	标 准	学生自评	学生互评
认识电火花机床	线切割机床组成与各部分作用	正确认识线切割机床各部分名称与作用		
线切割机床徒手操作	徒手进行机床工作台定位操作	手动完成线切割机床工作台的横纵定位操作		
	线切割机床穿丝操作	正确进行线切割机床的穿丝操作		
	进行电火花线切割机床接电与运行操作	脉冲电源及电控柜接电操作		
		机床动力系统接电操作		
		正、负极性选择操作		
教师评述			指导教师： 年　月　日	

任务二　数控线切割机床的编程原理与程序编制

活动一 3B 格式编程

注意：编程所用的长度单位均为微米。

1. 程序格式

Nxxx　B X　B Y　B J　G　Z

2. 代码含义

B——分隔号：用来分隔 X、Y、J 数据以及前后两段相邻程序。

X、Y——坐标值：直线切割时，坐标原点为直线的起点，X、Y 是直线的终点坐标。圆弧切割时，坐标原点为圆弧中心，X、Y 是圆弧的起点坐标。

G——计数方向：可分为 G_X、G_Y。

直线切割时定位计数方向确定如图 1-120（a）所示：

当直线的终点坐标（Xe，Ye），$|Xe| < |Ye|$ 时，取 G_Y（阴影区域内）；

$|Xe| > |Ye|$ 时，取 G_X（阴影区域外）；

$|Xe| = |Ye|$ 时，取 G_X 或 G_Y（45°线上）。

圆弧切割时圆弧切割式的计数方向确定如图 1-120（b）所示：

当圆弧的终点坐标（Xe，Ye），$|Xe| < |Ye|$ 时，取 G_X（阴影区域内）；

$|Xe| > |Ye|$ 时，取 G_Y（阴影区域外）；

$|Xe| = |Ye|$ 时，取 G_X 或 G_Y（45°线上）。

J——计数长度：为被加工的直线或圆弧的切割轨迹在计数方向的坐标轴上的投影长度的总和。单位是 μm，一般用 6 位数字表达，不足 6 位，应在数字的左侧添零补足 6 位。其具体方法如图 1-121～图 1-124 所示。

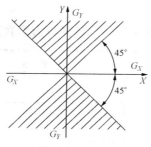
（a）直线切割的计数方向

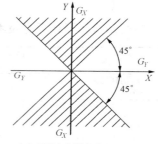
（b）圆线切割的计数方向

图 1-120　线切割编程的计数方向

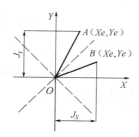

图 1-121　斜线切割的计数长度

直线切割，如图 1-121 所示：

直线 OA 的计数方向为 G_Y，计数长度为 $J = J_Y$，切割指令为 L_1；

直线 OB 的计数方向为 G_X，计数长度为 $J = J_X$，切割指令为 L_1。

跨两个象限圆弧切割，如图 1-122 所示：

$A \rightarrow B$ 切割时的计数方向为 G_X，计数长度为 $J = J_{X1} + J_{X2}$，切割指令为 NR_2；

$B \rightarrow A$ 切割时的计数方向为 G_Y，计数长度为 $J = J_Y$，切割指令为 SR_3。

跨四个象限圆弧切割，如图 1-123 所示：

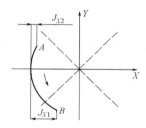

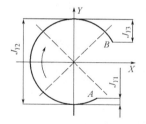

图 1-122　逆时针圆弧切割计数长度　　　　图 1-123　顺时针圆弧切割计数长度

$A \rightarrow B$ 切割时的计数方向为 G_Y，计数长度为 $J = J_{Y1} + J_{Y2} + J_{Y3}$，切割指令为 SR_4；
$B \rightarrow A$ 切割时的计数方向为 G_X，计数长度为 $J = J_{X1} + J_{X2}$，切割指令为 NR_1。

Z——切割指令，用来指明直线或圆弧的形状和在平面坐标系中所处的象限。

直线切割时的切割指令有 L_1、L_2、L_3、L_4，如图 1-124（a）所示。

圆弧切割时的切割指令有：顺圆切割时 SR_1、SR_2、SR_3、SR_4，逆圆切割时 NR_1、NR_2、NR_3、NR_4，如图 1-124（b）所示。

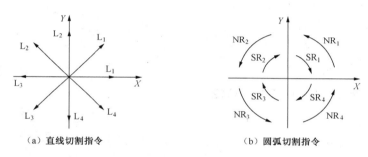

（a）直线切割指令　　　　　　　　　（b）圆弧切割指令

图 1-124　线切割指令

活动二　ISO 代码编程

为了便于国际交流，ISO 代码编程是数控线切割编程的必然趋势。现将有关 ISO 代码编程的 G 代码和程序格式介绍如下。

1. 快速定位指令（G00）

程序式：G00X___ Y___（X、Y 为快速移动目标点的坐标）
如：G00X1000Y1500。

2. 直线插补指令（G01）

程序式：G01X___Y___（X、Y 为直线的终点的坐标）
如：G01X6000Y2000。

3. 圆弧插补指令（G02/G03）

顺时针圆弧插补指令 G02。
程序式：G02 X___ Y___ I___ J___

逆时针圆弧插补指令 G03。

程序式：G03 X Y I J

说明：X、Y 为圆弧的终点坐标值。I 为圆弧的起点到圆心在 X 轴方向带正号的距离，J 为圆弧的起点到圆心在 Y 轴方向带正号的距离。I、J 坐标向量为 0 时，可省略该项。

4．G90、G91、G92 指令

G90 是绝对坐标编程。

G91 是相对坐标编程。

G92 是坐标系设置指令，指定加工工件坐标系的坐标原点。

5．镜像及其交换指令（G05、G06、G07、G08、G09、G10、G11、G12）

G05 为 Y 轴镜像指令，即 X＝－X。

G06 为 X 轴镜像指令，即 Y＝－Y。

G07 为 X、Y 轴交换指令，即 X＝Y，Y＝X。

G08 为 X 轴镜像、Y 轴镜像指令，即 X＝－X，Y＝－Y。

G09 为 Y 轴镜像，X、Y 轴交换指令，即 G09＝G05＋G07。

G10 为 X 轴镜像，X、Y 轴交换指令，即 G10＝G06＋G07。

G11 为 X 轴镜像，Y 轴镜像，X、Y 轴交换指令，即 G11＝G05＋G06＋G07。

G12 为消除镜像指令。

6．半径补偿指令（G40、G41、G42）

G41 为半径左补偿指令。

G42 为半径右补偿指令。

G40 为取消半径补偿指令。

7．锥度加工指令（G50、G51、G52）

顺时针加工锥度时：G51 锥度左偏加工，加工出来的锥度工件上大下小；G52 锥度右偏加工，加工出来的锥度工件上小下大。

逆时针加工锥度时：G51 锥度左偏加工，加工出来的锥度工件上小下大；G52 锥度右偏加工，加工出来的锥度工件上大下小。

G50 为取消锥度加工指令。

👉 **活动三** 4B 格式编程

1．4B 程序格式

4B 程序格式见表 1-12。

表 1-12　4B 程序格式

B	X	B	Y	B	J	B	R	G	D 或 DD	Z
分隔号	X 坐标值	分隔号	坐标值	分隔号	计数长度	分隔号	圆弧半径	计数方向	曲线形式	切割指令

表中：R—圆弧半径；D—凸曲线；DD—凹曲线

2．编程注意事项

编程注意事项见表 1-13。

表 1-13　计算线切割加工时的补偿值

	将半径增大	将半径减小
补偿值的"+"或"-"	正补偿（+）	负补偿（-）
凸模加工	凸曲线取正补偿	凹曲线取负补偿
凹模型孔加工	凸曲线取负补偿	凹曲线取正补偿

任务三　编程案例

如图 1-125 所示凸模零件，使用 0.14mm 的钼丝切割，选择单边放电间隙为 0.01mm，试编制该凸模的线切割加工程序。

活动一　工艺过程分析

按平均尺寸绘制凸模刃口轮廓图，建立如图 1-125 所示的坐标系，用 CAD 查询出 $A \sim J$ 点的节点坐标，设置 O 点为穿丝点，按照 $A \rightarrow B \rightarrow C \rightarrow D \rightarrow E \rightarrow F \rightarrow G \rightarrow H \rightarrow I \rightarrow J$ 顺序切割。

活动二　计算凸模间隙补偿量

$R = d/2 + \delta$（d——电极丝直径；δ——单边放电间隙）

$= 0.14/2 + 0.01 = 0.08$mm

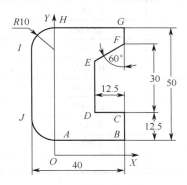

图 1-125　凸模切割编程实例

活动三　切割程序编制

1．ISO 编程

```
（MJ03.09/08/08.28:08:48）
T84 T86 G90 X0 Y0;
G42D80;
G01X0        Y8000;
G01X30000    Y8000;
G01X30000    Y20500;
```

```
G01X17500     Y20500;
G01X17500     Y43283;
G01X30000     Y50500;
G01X30000     Y58000;
G01X0         Y58000
G03X-10000    Y48000    I0      J-10000;
G01X-10000    Y33000;
G01 X-10000   Y18000;
G03X0         Y8000     I10000    J0;
G40;
G01X0  Y0;
T85 T87 M02;
```

2. 3B 格式编程

BX	BY	BJ	G	Z
B0	B7920	B7920	Gy	L2
B30800	B0	B30800	Gx	L1
B0	B12660	B12660	Gy	L2
B12500	B0	B12500	Gx	L3
B0	B22657	B22657	Gy	L2
B12500	B0	B12500	Gx	L1
B0	B7626	B7626	Gy	L2
B30080	B0	B30080	Gx	L3
B0	B10080	B10080	Gy	NR2
B0	B15000	B15000	Gy	L4
B0	B15000	B15000	Gy	L4
B10080	B0	B10080	Gx	NR3
B0	B7920	B7920	Gy	L4
DD				

3. 4B 格式编程

BX	BY	BJ	BR	G	D 或 DD	Z
B0	B8000	B8000	8000	Gy	DD	L2
B30000	B0	B30000	0	Gx		L1
B0	B12500	B12500		Gy		L2
B12500	B0	B12500		Gx		L3
B0	B11783	B22783		Gy		L2
B12500	B7217	B12500		Gx		L1
B0	B7500	B7500		Gy		L2
B30000	B0	B30000		Gx		L3
B0	B10000	B10000	B10000	Gy	D	NR2

续表

BX	BY	BJ	BR	G	D 或 DD	Z
B0	B15000	B15000		Gy		L4
B0	B15000	B15000		Gy		L4
B10000	B0	B10000	B10000	Gx	D	NR3
B0	B8000	B8000	B8000	Gy	DD	L4
DD						

 知识链接

1. ISO 格式编程原理与代码指令。
2. 3B 格式编程原理与代码指令。
3. 4B 格式编程原理与代码指令。
4. 线切割加工工艺。

活动四　线切割编程任务及考核考评（学生自评、互评与指导教师评述结合）

选择能用线切割加工的凸模和凹模零件进行线切割编程。

项　目	内　容	标　准	学 生 自 评	学 生 互 评
ISO 编程	选择同一须进行线切割加工的零件，使用三种方式编程	工艺分析合理，节点计算正确		
3B 编程		正确选择指令与代码		
4B 编程		程序正确合理		
教师评述			指导教师： 年　月　日	

任务四　编程练习

如图 1-126 所示凸凹模零件，使用 0.14mm 的钼丝切割，选择单边放电间隙为 0.01mm，试编制该凸模的线切割加工程序。

活动一　工艺过程分析

（1）绘制零件轮廓如图 1-126 所示。
（2）确定编程坐标系，并在图中绘制出坐标系（自己根据切割原则和习惯设置）。
（3）确定切割起点和穿丝孔位置。
（4）确定切割路径。

活动二　计算凸模间隙补偿量

（1）外形切割的补偿量：$R = d/2 + \delta$（d 为电极丝直径；δ 为单边放电间隙）。
（2）内孔切割的补偿量：$R = d/2 - \delta$

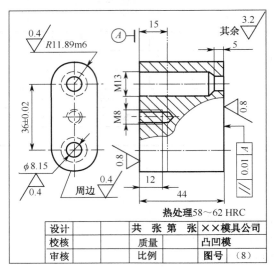

图 1-126　凸凹模

👉 **活动三**　进行线切割编程

1. 使用 ISO 格式完成线切割编程

（1）冲孔凹模的 ISO 格式编程。

（2）落料凸模的 ISO 格式编程。

2. 使用 3B 格式完成线切割编程

（1）冲孔凹模的 3B 格式编程。

切割路径	B X	B Y	B J	G	Z

（2）落料凸模的 3B 格式编程。

切割路径	BX	BY	BJ	G	Z

活动四 进行程序检查、校验和修改。

活动五 线切割编程任务及考核考评（学生自评、互评与指导教师评述结合）

选择目标模具中需用线切割加工的凸模和凹模零件进行线切割编程。

项　目	内　容	标　准	学生自评	学生互评
ISO 编程	选择同一需进行线切割加工零件，使用三种方式比较编程	工艺分析合理，节点计算正确		
3B 编程		正确选择指令与代码		
4B 编程		程序正确合理		
教师评述			指导教师： 年　月　日	

任务五　工件在线切割机床上的安装与找正

活动一 线切割加工的工艺流程与工件的安装与找正（图 1-127）

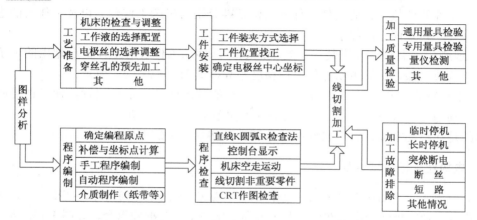

图 1-127　线切割加工的工艺流程

☞ **活动二** 工件的准备与在线切割机床上的安装

1．模坯准备

锻造→退火→铣（刨）六面→磨削基准面→钳工划线→钻穿丝孔或型孔、型腔型面的预加工→模具其他表面的切削加工→淬火＋回火→磨削基准面→退磁处理→线切割编程→型孔或型腔的线切割加工。

2．工件的安装与检测

（1）工件的安装如图 1-128 所示。

悬臂支撑式——用于加工要求不高，悬臂较短的工件装夹，如图 1-128（a）所示；

两端支撑式——通用性强，适合大、中、小型工件装夹，如图 1-128（b）所示；

桥式支撑——装夹方便，适用于大、中、小型工件的安装，如图 1-128（c）所示；

板式支撑——装夹精度高，适合批量生产，但通用性较差，如图 1-128（d）所示。

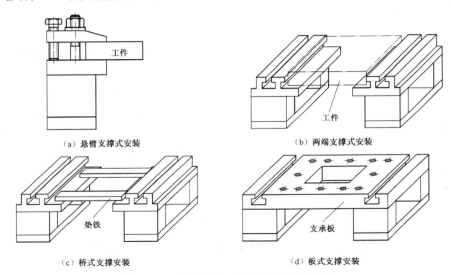

（a）悬臂支撑式安装　　　　　　　（b）两端支撑式安装

（c）桥式支撑安装　　　　　　　（d）板式支撑安装

图 1-128　线切割加工时工件的安装方法

（2）工件的调整：目的是使工件的定位基准分别与机床工作台面以及工作台的进给方向保持平行。其具体方法如下。

① 划线找正调整，利用装在上丝架的划针，移动工作台对工件上已划出的十字线进行找正和调整，该方法简单易操作，但精度不高，如图 1-129（a）所示。

② 用百分表找正调整，在高度方向使工件的基准面处于水平位置，使工件的两个侧基准面分别与工作台进给的 X、Y 方向平行，如图 1-129（b）所示。

目的是在线切割前，将电极丝准确地调整到切割加工的起始位置上。

3．电极丝坐标位置调整

（1）目测法：利用钳工所划的十字中心线，从 X、Y 两个方向目测，在横、纵两个方向移动工作台，使电极丝的中心在横纵两个方向分别与十字基准线重合，如图 1-130 所示。

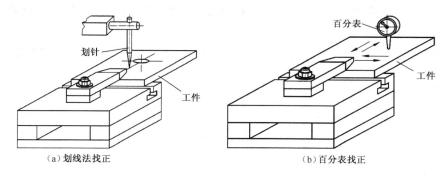

图 1-129　模具零件在电火花机床上的找正

（2）火花法：利用电极丝在一定间隙下发生放电的火花，来调整电极丝的位置，如图 1-131 所示。

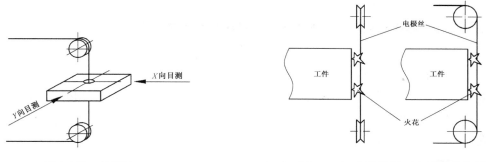

图 1-130　目测法 　　　　　　　　图 1-131　火花法找正电极丝的位置

（3）电阻法：利用电极丝在放电瞬间的电流变化，和横纵拖板的刻度来调整电极丝的位置。其电极丝坐标位置的计算方法为

$$X = (|X_1| + |X_2|)/2, \quad Y = (|Y_1| + |Y_2|)/2$$

（4）中心显微镜法：利用中心显微镜的十字标线，将电极丝调整到起始位置。

（5）自动对中法：启动数控线切割机床的自动对中功能，电极丝在计算机和数控编程指令的自动控制下被自动准确地调整到切割起始位置，如图 1-132 所示。

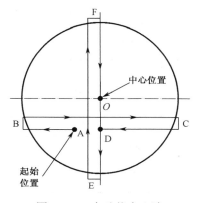

图 1-132　自动找中心法

☞ **活动三** 工件在线切割机床上进行安装任务及考核考评（学生自评、互评与指导教师评述结合）

项　目	内　容	标　准	学生自评	学生互评
凸模安装	凸模类零件安装	正确找正定位凸模零件		
		合理固定凸模零件		
模板安装	模板类两件安装	正确找正定位模板零件基准		
		正确找正穿丝孔的中心位置		
		选择合适的方法合理固定模板零件		
教师评述			指导教师： 年　　月　　日	

任务六　模具零件的线切割加工

☞ **活动一** 数控线切割机床的性能及其在模具制造中的应用

加工冲裁模具的凸模、凹模、固定板和卸料板等。

加工塑料模具型腔及镶件。

加工粉末冶金模具、拉丝模具、波纹板成型模具、热挤压模具、冷拔模具等。

加工模具中的细小孔槽和细小窄缝等。

加工成型刀具和样板。

☞ **活动二** 使用线切割机床加工模具零件

 知识链接

1. 线切割加工时，电参数的选择原则与方法。
2. 线切割工件加工的工艺过程。

☞ **活动三** 模具零件线切割加工任务与考核考评（学生自评、互评与指导教师评述结合）

　　主要针对选定模具的凸模、凹模、凸凹模以及凸模、凹模、凸凹模固定板及其他零件加工工艺。

项　目	内　容	标　准	学生自评	学生互评
凸模加工	凸模线切割加工	合理编制订工艺路线与加工工艺		
		正确合理编制加工程序		
凹模加工	凹模线切割加工	安全熟练操作机床		
		检测控制零件质量		
教师评述			指导教师： 年　　月　　日	

习题 1.6

1. 你所使用的数控线切割机床的工作原理是什么？
2. 如何使用 3B、4B 和 ISO 代码进行线切割编程？
3. 如何确定 3B、4B 格式编程时的计数长度和切割指令？
4. 编制型孔和各种凸模、凹模固定板线切割加工的加工程序。

第2单元

常用数控系统功能简介与 MasterCAM 在模具制造中的应用

项目一 常用数控车数控系统功能简介

项目描述：

1. FANUC、SIEMEN、华中数控车、铣及加工中心系统编程代码的含义。
2. FANUC、SIEMEN、华中数控车、铣及加工中心系统的编程方法。

能力目标：

1. 理解并熟悉 FANUC、SIEMEN、华中数控车、铣及加工中心系统编程代码的含义。
2. 掌握 FANUC、SIEMEN 数控车、铣及加工中心系统的编程方法。
3. 掌握常用需要车削、铣削的模具零件的数控车削、铣削的编程方法。

场景设计：

1. CAM 模拟训练和数控车、铣及加工中心实训现场。
2. 数控车床、铣床及加工中心及常用的工装及量具。
3. 常用需车削、铣削加工的模具零件。

本章主要介绍在模具制造过程中常用的车床、铣床、加工中心数控系统的功能与编程基础。

任务一 FANUC 0i 系统数控车床编程指令

☞ **活动一** G指令及功能（表2-1）

表2-1　日本 FANUC 系统 G 代码及功能

G 代码	组　别	功　能
G00	01	快速定位
G01		直线插补

续表

G 代码	组 别	功 能
G02	01	圆弧插补（顺时针）
G03		圆弧插补（逆时针）
G04	00	延时
G20	04	英制输入
G21		米制输入
G27	00	参考点返回检查
G28		返回参考点
G29		由参考点返回
G31		跳跃机能
G32	01	螺纹切削
G36	00	X 轴自动刀偏设定
G37		Y 轴自动刀偏设定
G40	07	刀具补偿取消
G41		左刀补
G42		右刀补
G50	00	工件坐标系设定
G54	03	工件坐标系 1
G55		工件坐标系 2
G56		工件坐标系 3
G57		工件坐标系 4
G58		工件坐标系 5
G59		工件坐标系 6
G65	00	宏指令简单调用
G66	12	宏指令模态调用
G67		宏指令模态调用取消
G90	01	内/外径车削单一固定循环
G94		端面车削单一固定循环
G92		螺纹车削单一固定循环
G96	02	恒线速 ON
G97		恒线速 OFF
G98	03	每分钟进给
G99		每转进给
G71	00	内/外径车削复合循环
G72		端面车削复合循环
G73		封闭轮廓车削复合循环
G74		端面深孔加工循环
G75		外圆、内孔切槽循环
G76		螺纹车削复合循环

👉 **活动二** F、T、S指令及其含义

1．F指令：表示进给速度，由字母F后面的若干数字表示。

G98——表示每分钟进给，mm/min。

G99——表示每转进给，mm/r。

2．T指令（刀具功能）：表示换刀功能，由字母T后面的4位数字表示。其中前两位为刀具号，后两位为刀具补偿号。

3．S指令（主轴功能）：表示主轴的转速，由字母S后面的数字表示。

👉 **活动三** 常用编程格式

1．绝对和增量编程（表2-2）

表2-2　日本FANUC系统直线插补程序格式

编程形式	程序格式	说　明
绝对编程	G01X　　Z　　F	各轴移动到终点的坐标值进行编程
增量编程	G01U　　W　　F	各轴移动量直接编程

2．直径和半径编程（表2-3）

表2-3　日本FANUC系统直径或半径编程程序格式

编程形式	程序格式	说　明
绝对编程	G01X　　Z　　F	用车削直径进行编程
增量编程	G01U　　W　　F	用半径进行编程

3．螺纹切削循环

程序格式：X（U）_____Y（W）____ F_____

X、Y——绝对指令编程时的终点坐标。

U、W——相对指令编程时螺纹终点相对循环起点的移动距离。

F——螺纹导程。

4．复合循环切削指令（G70、G71、G72、G73）

详见表2-4。

（1）外径粗加工循环G71指令和端面粗加工G72循环指令。

（2）封闭轮廓循环G73指令。

程序格式：G73U（Δi）W（Δ_k）R（d）

G73P（ns）Q（nf）U（Δu）W（Δw）F（f）S（s）T（t）

表 2-4　日本 FANUC 系统循环编程程序格式

外径粗加工循环 G71 指令	端面粗加工 G72 循环
程序格式： G71U（△d）R（e） G71P（ns）Q（nf）U（△u）W（△w）F（f）S（s）T（t）	程序格式： G72U（△d）R（e） G72P（ns）Q（nf）U（△u）W（△w）F（f）S（s）T（t）
△d——切削深度，无符号，由半径指定 e——退刀量，模态指令 ns——精加工形状的第一个程序段顺序号 nf——精加工形状的最后一个程序段顺序号 △u——X轴方向精加工余量的距离及方向（直径/半径指定） △w——Z轴方向精加工余量的距离及方向（直径/半径指定） F，S，T——在 G71 指令循环中，顺序号 ns～nf 之间程序段中，F，S，T 功能都无效，全部忽略，仅在有 G71 指令的程序段中 F，S，T 有效	

$\triangle i$——X 轴方向退刀距离及方向（半径指定），为模态指定，也可以由参数设定。

$\triangle k$——Z 轴方向退刀距离及方向（半径指定），为模态指定，也可以由参数设定。

d——分割次数，等于粗车次数，为模态设定，也可以由参数设定。

ns——构成精加工形状的第一个程序段顺序号。

nf——构成精加工形状的最后一个程序段顺序号。

$\triangle u$——X 轴方向的精加工余量（半径指定）。

$\triangle w$——Z 轴方向的精加工余量。

任务二　德国 SIEMENS802S 系统

活动一　德国 SIEMENS802S 系统 G 代码（表 2-5）

表 2-5　德国 SIEMENS802S 系统 G 代码及功能

G 代 码	功　能
G90，G91	绝对/增量尺寸
G71，G70	米制/英制尺寸
G22，G23	半径/直径尺寸
G158	可编程零点偏置
G54～G57，G500，G53	可设定零点偏置
轴 运 动	
G00	快速直线运动
G01	快速直线插补
G02/G03	进给圆弧插补
G05	中间点圆弧插补
G33	定距螺纹加工
G75	接近固定点
G74	返回参考点
F	进给率

续表

G 代 码	功 能
G09，G60，G64	准确停止/连续路径加工
G601/G602	在准确停止时的段转换
G04	暂停
M02	程序结束
主 轴 运 动	
S	主轴转速
M03/M04	旋转方向
G25，G26	主轴速度限制
SPOS	主轴定位
特 殊 功 能	
G96/G97	恒速切削
CHF/RND	直线/圆弧倒角
刀具及刀具偏置	
T	刀具
D	刀具偏置
G41，G42	刀具半径补偿选择
G450，G451	转角处加工
G40	取消刀具半径补偿
M	辅助功能

 活动二　**固定循环**

（1）深孔钻削　LCYC83。

（2）凹槽切削　LCYC93。

（3）凹凸切削　LCYC94。

（4）坯料切削　LCYC95。

（5）螺纹切削　LCYC97。

任务三　数控车削编程与操作实例

知 识 链 接

1．数控车削加工工艺知识。

（1）零件图的工艺分析。

（2）零件的装夹方案选择。

（3）确定加工顺序与刀具路径。

（4）选择加工所用刀具类型以及刀具参数。

（5）切削用量的合理选择。

（6）工艺文件的填写。

2．FANUC 0i 系统的编程与使用说明书。

3．SIEMENS802S 系统的编程与使用说明书。

活动一 完成轴芯零件数控编程及数控车削加工（图2-1）

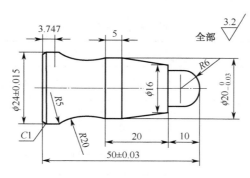

图2-1 轴芯

1. 阅读零件图，进行工艺分析，填写表2-6工艺卡片。

表2-6 轴芯车削数控加工工艺卡

单位名称		产品代号		零件名称			
				轴芯			
工序号	程序编号		夹具名称		使用设备		车间
工序号	工步内容		刀具号	刀具规格	主轴转速	进给速度	背吃刀量	备注

2. 用FANUC 0i 和 SIEMENS802S 两种系统编写该零件数控车削程序（表2-7)）。

表2-7 轴芯车削程序卡

数控车削程序卡	编程原点	零件右端面与轴线交点		编写日期	
	零件名称	轴 芯	零件编号	工件材料	45#或 AI
	车床型号		夹具名称	三爪卡盘	实训车间	模具中心
程序编号					
数控系统	FANUC		SIEMENS802S	程序功能简要说明	
序号		程序			
...	...		...		...

3. 利用现有数控系统及数控车床完成轴芯零件的数控车削加工。

4. 轴芯零件编程与加工质量测评（表 2-8）。

表 2-8 轴芯零件质量检测评分表

序号	项目	测评内容/技术要求	测评标准	配分	自检结果	互检结果	得分
班级：		学号：		姓名：		得分：	
1	程序	程序的正确与合理性	工艺、路径、指令、参数正确合理。错误 1 处扣 2 分，扣完为止	40			
2	外圆	$\phi 24 \pm 0.015$	超差 0.01 扣 2 分	8			
		$\phi 20_{-0.03}^{0}$	超差 0.01 扣 2 分	8			
		$\phi 16$	超差不得分	5			
3	长度	50 ± 0.03	超差 0.01 扣 2 分	8			
		5、20、10	超差不得分	6/3			
4	圆弧	$R6$		5			
		$R18$	超差不得分	5			
		$R5$		5			
5	粗糙度	$Ra3.2/10$ 处	每处每降一级扣 1 分	10			
6	安全文明生产	视违章情节扣 1~20 分	扣分不超过 20 分				
教师评价						指导教师：年 月 日	

活动二 **完成轴套零件数控编程及数控车削加工（图 2-2）**

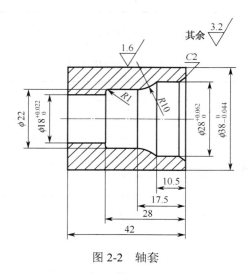

图 2-2　轴套

1. 阅读零件图，进行工艺分析，填写表 2-9 工艺卡片。

表 2-9   轴套车削数控加工工艺卡

单位名称			产品代号		零件名称			
					轴套			
工序号	程序编号		夹具名称			使用设备		车间
								模具中心
工序号	工步内容		刀具号	刀具规格	主轴转速	进给速度	背吃刀量	备注

2. 用 FANUC 0i 和 SIEMENS802S 两种系统编写该零件数控车削程序（表 2-10）。

表 2-10   轴套车削程序卡

数控车削程序卡	编程原点	零件右端面与轴线交点		编写日期	
	零件名称	轴套	零件编号	工件材料	45#或 AI
	车床型号		夹具名称 三爪卡盘	实训车间	模具中心
程序编号					
数控系统	FANUC 0i		SIEMENS802S	程序功能简要说明	
序号		程 序			
...	...	...	...	...	

3. 利用现有数控系统及数控车床完成轴芯零件的数控车削加工。

4. 轴套零件编程与加工质量测评（表 2-11）。

表 2-11　轴套零件质量检测评分表

序号	项目	测评内容/技术要求	测评标准	配分	自检结果	互检结果	得分
班级：　　　　学号：　　　　姓名：　　　　得分：							
1	程序	程序的正确与合理性	工艺、路径、指令、参数正确合理。错误1处扣2分，扣完为止	40			
2	外圆	$\phi38_{-0.044}^{0}$	超差 0.01 扣 2 分	8			
3	内孔	$\phi28_{0}^{+0.062}$	超差 0.01 扣 2 分	8			
		$\phi18_{0}^{+0.022}$	超差 0.01 扣 2 分	8			
		$\phi22$	超差不得分	5			
4	长度	10.5/17.5/28/42	超差不得分	8			
4	圆弧	$R10$	超差不得分	5			
		$R1$		5			
5	粗糙度	$Ra1.6$	降一级扣 1 分	5			
		$Ra3.2/8$ 处	每处每降一级扣 1 分	8			
6	安全文明生产	视违章情节扣 1～20 分	扣分不超过 20 分				
教师评价				指导教师：　　　年　月　日			

项目二　常用铣床数控系统功能简介

任务一　国产华中 HNC—21M/22M 数控系统

活动一　国产华中数控系统编程代码及功能（表2-12）。

表 2-12　国产华中数控系统 G 代码及功能

G 代 码	组 别	功 能	后续地址字
G00	01	□快速定位	X，Y，Z，A，B，C，U，V，W
G01		直线插补	
G02		顺圆插补	X，Y，Z，U，V，W，I，J，K，R
G03		逆圆插补	
G04	00	暂停	X
G07		虚轴指定	X，Y，Z，A，B，C，U，V，W
G09		准停校验	
G11	07	□单段允许	
G12		单段禁止	
G17	02	X（U）、Y（V）平面选择	X，Y，U，V
G18		Z（W）、X（U）平面选择	X，Z，U，W
G19		Y（V）、Z（W）平面选择	Y，Z，V，W
G20	08	英制输入	

续表

G 代 码	组 别	功 能	后续地址字
G21		毫米输入	
G22		脉冲当量	
G24	03	镜像开	X, Y, Z, A, B, C, U, V, W
G25		□镜像关	
G28	00	返回到参考点	X, Y, Z, A, B, C, U, V, W
G29		由参考点返回	
G33	01	螺纹切削	X, Y, Z, A, B, C, U, V, W, F, Q
G40	09	刀具半径补偿取消	
G41		左刀补	D
G42		右刀补	D
G43	10	刀具长度正向补偿	H
G44		刀具长度负向补偿	H
G49		刀具长度补偿取消	
G50	04	缩放关	
G51		缩放开	X, Y, Z, P
G52	00	局部坐标设定	X, Y, Z, A, B, C, U, V, W
G53		直接机床坐标系编程	
G54	11	选择工件坐标系1	
G55		选择工件坐标系2	
G56		选择工件坐标系3	
G57		选择工件坐标系4	
G58		选择工件坐标系5	
G59		选择工件坐标系6	
G60	00	单方向定位	X, Y, Z, A, B, C, U, V, W
G61	12	精度停止校验方式	
G64		连续方式	
G65	00	子程序调用	P, L
G68	05	旋转变换	X, Y, Z, R
G69		旋转取消	
G73	06	深孔钻削循环	
G74		逆攻丝循环	X, Y, Z, P, Q, R
G76		精镗循环	
G80		固定循环取消	
G81		定心钻循环	
G82		钻孔循环	
G83		□深孔钻削循环	
G84		攻丝循环	
G85		镗孔循环	
G86		镗孔循环	
G87		反镗孔循环	

续表

G 代 码	组 别	功 能	后续地址字
G88		镗孔循环	
G89		镗孔循环	
G90	13	□绝对编程	
G91		增量编程	
G92	11	工件坐标系设定	X, Y, Z, A, B, C, U, V, W
G94	14	□每分钟进给	
G95		每转进给	
G98	15	固定循环返回到起点	
G99		□固定循环返回到 R 点	

注意：（1）00 组中的 G 代码是非模态代码，其他组的 G 代码是模态代码。

（2）□标记为默认值。

☞ **活动二** M 代码及功能（表 2-13）。

表 2-13　国产华中数控系统 M 代码及功能

M 代 码	模 态	功 能	M 代 码	模 态	功 能
M02		程序结束	M03		主轴正转启动
M30		程序结束并返回程序起点	M04		主轴反转启动
M98	非模态	调用子程序	□M05	模态	主轴停止转动
M99		子程序结束	M07		切削液开
M06		换刀	□M09		切削液关

☞ **活动三** 主轴功能 S、进给功能 F 和刀具功能 T（详见使用说明书）

☞ **活动四** 华中数控系统编程

1．有关规定

（1）上一程序段的终点为下一程序段的起点。

（2）上一程序段出现模态值，下一程序句如果不变可以省略，X、Y、Z 坐标不变可以省略。

（3）程序执行顺序与程序号无关，其只按程序段（句）书写的先后顺序执行。

（4）在同一程序段中，程序执行与 M、S、T、G、X、Y、Z 的书写顺序无关，而按系统自身设定的顺序执行。编程时为了便于查验和检查，一般按 N、G、X、Y、Z、F、M、S、T 的顺序书写。

2．刀补的使用

（1）只有在相应平面内按直线运动才能建立和取消刀具补偿，即 G40、G41、G42 必须与 G00、G01 组合才能建立或取消刀补。

（2）使用刀补后，刀具的移动轨迹与编程轨迹不一致，但加工出来的轮廓与希望的工件轮廓一致。

（3）按工件轮廓编程时，必须周全考虑刀补，以防止过切和欠切现象发生。

（4）在每一程序段中，刀具移动到终点的位置，不仅与终点坐标有关，还必须考虑下一程序段刀具的移动方向，所以编程时必须避免过小的夹角和过大的运动轨迹。

（5）必须防止出现多个无轴运动指令，否则，可能会出现过切和欠切现象。

（6）可以用同一把刀具，调用不同的刀补值，使用相同的程序实现粗、精加工。

3．子程序的调用

（1）编写子程序应使用模块式编程，使每一个子程序都自成体系，具有某一局部的加工功能。都应单独设置 G20、G21、G22、G90、G91、S、T、F、G41、G42、G40 等，避免相互干扰。

（2）编程时，一般应先编写主程序，再编写子程序，程序编完后，应仔细检查和校验，对于不妥之处应及时修改。

（3）在调用子程序时使用刀补，刀补的建立和取消必须在子程序中完成；如果在主程序中建立刀补，就不能在子程序中建立在主程序中取消，也不能在主程序中建立在子程序中取消。

（4）在子程序中也可以使用相对编程，连续多次调用，实现 X、Y 或 Z 轴的进给，以实现连续进给加工。

4．其他注意事项

（1）使用 G00 趋近工件时，不能相撞或切入，切入时应使用 G01 指令。

（2）相对编程坐标值的校验：将所有 X、Y、Z 分别相加后值为零。

任务二　日本 FANUC0—MD 系统的数控铣编程

活动一　日本 FANUC0—MD 系统的 G 代码功能（表 2-14）

表 2-14　FANUC0—MD 系统的 G 代码及功能

功　能	G 代　码	编程格式
快速定位	G00	G00X__Y
直线插补	G01	G01XYZF
圆弧插补	G02/G03	G17{G02，G03}X__Y__{R 或 I_J__}F
		G18{G02，G03}X__Z__{R 或 I_J__}F
		G19{G02，G03}Y__Z__{R 或 I_J__}F
暂停	G04	G04{Z__或 P__}
刀具半径补偿	G40～G42	G17G43X
		G18Y__H
		G19G44Z

功　能	G 代 码	编 程 格 式
		G41：取消刀具半径补偿
		H：刀偏号
刀具长度补偿	G43，G44，G49	G17G44G49
		G18H
		G19G42
		G49：取消刀具长度补偿
		H：刀偏号
固定循环	G73，G74，G80～G89	（G73，G74，G81～G89）X_Y_Z_P_Q_R_F_K
		G80：取消固定循环
绝对/相对指令	G90，G91	G90……绝对指令值，G91……相对指令值
工件坐标系设定	G92	G92X__Y__Z
返回初始点/返回 R 点	G98，G99	G98 返回初始点，G99 返回 R 点

活动二　FANUC0—MD 系统的固定循环功能（表 2-15）

表 2-15　FANUC0—MD 系统的固定循环功能

G 代码	钻孔操作（-Z 方向）	孔低位置操作	退刀操作（+Z 方向）	应　用
G73	间隙进给	—	快速进给	高速深孔钻循环
G74		暂停—主轴正转	切削进给	反攻丝
G76		主轴准确停止	快速进给	精镗
G80	切削进给	—		取消固定循环
G81		—		钻孔、匆孔
G82		暂停	快速进给	钻孔、阶梯镗孔
G83	间隙进给	—		深孔钻循环
G84		暂停—主轴反转	切削进给	攻丝
G85		—		镗削
G86	切削进给	主轴停转	快速进给	
G87		主轴正转		背切削
G88		暂停—主轴停止	手动	镗削
G89		暂停	切削进给	

活动三　FANUC0—MD 系统的数控铣编程

1. FANUC0—MD 系统的 G 代码功能（表 2-16）

表 2-16　FANUC0—MD 系统固定循环格式

指 定 内 容	地　　址	说　　　　明
孔加工方式	G73，G74，G76，G80～G89	前述
加工数据	X、Y	用增量或绝对编程指定孔位，轨迹及进给速度与 G00 相同
	Z	用增量指定从 R 点到孔底的距离，用绝对值指定孔底位置，进给速度在动作 3 时由 F 指定，动作速度在动作 5 时根据加工方式变为快速进给或由 F 指定
	R	用增量值指定初始平面到 R 点的距离，或用绝对值指定 R 点的位置，进给速度在动作 2 和动作 6 时，均变为快速进给
	Q	指定 G73、G83 每次切入量，或 G76 中的偏移量
	P	指定孔底暂停时间，指定值与 G04 相同
	F	指定切削进给速度
循环次数	K	指定循环动作的重复次数，位置定时，默认为 1

2．FANUC0—MD 系统固定循环程序格式与加工方式

（1）高速啄式深孔钻循环（G73）

程序格式：G73X__Y__Z__R__Q__P__F__K__

加工方式：进给到孔底—快速退刀。

（2）攻左旋螺纹循环（G74）

程序格式：G74X__Y__Z__R__Q__P__F__K__

加工方式：进给到孔底—主轴暂停—正转—快速退刀。

（3）精镗孔循环（G76）

程序格式：G76X__Y__Z__R__Q__P__F__K__

加工方式：进给到孔底—主轴定位—停止—快速退刀。

（4）钻孔循环、电钻孔循环（G81）

程序格式：G81X__Y__Z__R__P__F__K__

加工方式：进给到孔底—快速退刀。

（5）钻孔循环、反镗孔循环（G82）

程序格式：G82X__Y__Z__R__P__F__K__

加工方式：进给到孔底—快速退刀。

（6）啄式钻孔循环（G83）

程序格式：G83X__Y__Z__R__Q__P__F__K__

加工方式：中间进给到孔底—快速退刀。

（7）攻丝循环（G84）

程序格式：G84X__Y__Z__R__P__F__K__

加工方式：进给到孔底—主轴反转—快速退刀。

（8）镗孔循环（G85）

程序格式：G85X__Y__Z__R__P__F__K__

加工方式：中间进给到孔底—快速退刀。

（9）镗孔循环（G86）

程序格式：G86X__Y__Z__R__P__F__K__

加工方式：进给到孔底—主轴停止—快速退刀。

（10）反镗孔循环（G87）

程序格式：G87X__Y__Z__R__P__F__K__

加工方式：进给到孔底—主轴正转—快速退刀。

（11）镗孔循环（G88）

程序格式：G88X__Y__Z__R__P__F__K__

加工方式：进给到孔底—暂停—主轴停止—快速退刀。

（12）镗孔循环（G89）

程序格式：G89X__Y__Z__R__P__F__K__

加工方式：进给到孔底—暂停—快速退刀。

（13）取消固定循环（G80）

程序格式：G80

任务三　数控铣削编程与操作实例

 知识链接

1. 数控铣削加工工艺知识。

（1）零件图的工艺分析。

（2）零件的装夹方案选择。

（3）确定加工顺序与刀具路径。

（4）选择加工所用刀具类型以及刀具参数。

（5）切削用量的合理选择。

（6）工艺文件的填写。

2. 华中 HNC—21M/22M 系统的编程与使用说明书。

3. FANUC0—MD 系统的编程与使用说明书。

（1）阅读零件图（图2-3），进行工艺分析，填写表2-17工艺卡片。

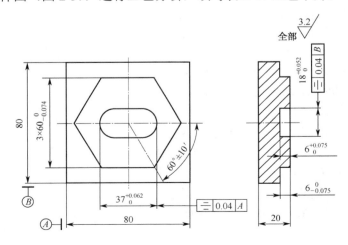

图2-3　铣削积块

表 2-17 积块数控铣削加工工艺卡

单位名称			产品代号		零件名称		
					积块		
工序号	程序编号		夹具名称		使用设备		车间
							模具中心
工序号	工步内容		刀具号	刀具规格	主轴转速	进给速度	背吃刀量	备注

（2）用 FANUC0—MD 和 HNC—21M/22M 两种系统编写该零件数控车削程序（表 2-18）。

表 2-18 积块铣削程序卡

数控铣削程序卡	编程原点	零件右端面与轴线交点		编写日期	
	零件名称	积块	零件编号	工件材料	45#或 AI
	铣床型号		夹具名称 三爪卡盘	实训车间	模具中心
程序编号					
数控系统	HNC—21M/22M		FANUC0—MD	程序功能简要说明	
序号	程序				
...	...		...	...	

（3）利用现有数控系统及数控铣床完成轴芯零件的数控车削加工。

（4）轴套零件编程与加工质量测评（表2-19）。

表2-19　积块零件质量检测评分表

序号	项目	测评内容/技术要求	测评标准	配分	自检结果	互检结果	得分
	班级：		学号：	姓名：		得分：	
1	程序	程序的正确与合理性	工艺、路径、指令、参数正确合理。错误1处扣2分，扣完为止	40			
2	外形	$3 \times 60_{-0.074}^{0}$　$Ra3.2$	超差不得分	18			
3	槽	$37_{0}^{+0.062}$　$Ra3.2$	超差不得分	6			
4		$18_{0}^{+0.052}$　$Ra3.2$	超差不得分	6			
5	角度	$6 \times 60° \pm 10'$	超差不得分	6			
6	阶台	$60_{-0.075}^{0}$　$Ra3.2$	超差不得分	6			
7	槽深	$6_{0}^{+0.075}$　$Ra3.2$	超差不得分	6			
8	形位公差	⟦ = ｜0.04｜A⟧	超差不得分	6			
9		⟦ = ｜0.04｜B⟧	超差不得分	6			
6	安全文明生产	视违章情节扣1～20分	扣分不超过20分				
教师评价						指导教师：　　年　月　日	

项目三　加工中心数控系统功能简介

任务一　加工中心的结构与工作原理

加工中心是使用 CAD/CAM 软件对零件进行三维造型，利用 CAM 软件进行后置处理，通过自动编程装置自动生成数控加工程序，即可对在一次安装中自动完成大部分或全部复杂零件表面的铣、钻、镗、攻螺纹等加工。在加工过程中可利用其自动换刀装置，直接在刀库与机床主轴之间完成各种刀具的自动交换，因此大大减少了换刀等辅助时间，具有很高的加工效率和实用性。在模具制造中常用于复杂型腔、型孔以及其他孔系的加工。加工中心是一种价格昂贵的设备，如图2-4所示。虽然其加工精度和加工效率很高，但必须在使用过程中充分考虑其经济性问题，才能有效提高使用加工中心的效费比。

图2-4　立式加工中心

任务二 加工中心数控系统及其编程基础（德国 SIEMENS802D 系统）

（1）德国 SIEMENS802D 系统加工中心 G 功能代码（表 2-20）。

表 2-20 德国 SIEMENS802D 系统加工中心 G 功能代码

G 代码	功 能	说 明
G0	快速移动	
G1	直线插补	在极坐标中：GIAP = __RP__F
G2	顺圆插补	适合于圆心和终点、半径和终点、张角和终点的编程
G3	逆圆插补	
CIP	中间点圆弧插补	CIPX__Y__Z__I1__K1__F__，其中 I1 和 K1 为中间点
G4	暂停	
G10	镜像取消	
G11	X 轴镜像	
G12	Y 轴镜像	模态指令
G13	Z 轴镜像	
G17	X/Y 平面选择	模态有效
G18	Z/X 平面选择	
G19	Y/Z 平面选择	
G20	调用标准子程序	
G21	调用参数子程序	
G22	定义标准子程序	
G23	定义参数子程序	
G24	子程序结束返回	
G25	主轴转速下限或工作区域下限	
G26	主轴转速上限或工作区域上限	
G40	取消刀具半径补偿	
G41	左边刀具半径补偿	模态有效
G42	右边刀具半径补偿	
G53	按程序短方式取消可设定零点偏置	
G54～G59	零点偏置	
G70	英制尺寸输入	
G71	米制尺寸输入	
G80	取消固定循环	
G81	钻削循环	
G82	钻削循环	
G83	深孔钻循环	模态有效
G84	攻丝循环	
G85	粗镗循环	
G86	精镗循环	

续表

G 代码	功 能	说 明
G87	精镗循环	
G88	精镗循环	
G89	精镗循环	
G90	绝对尺寸编程	
G91	增量编程	
G92	浮动零点即编程零点设定	
G450	圆弧过渡	
G451	等距线交点，刀具在工件转角处不切削	
G500	取消可设定零点偏置	

（2）德国 SIEMENS802D 系统加工中心 M 功能代码（表 2-21）。

表 2-21 德国 SIEMENS802D 系统加工中心 M 功能代码

M 代码	功 能	说 明
M00	程序暂停	按启动键加工继续执行
M02	程序结束	
M03	主轴顺时针旋转	
M04	主轴逆时针旋转	
M05	主轴停止	
M06	更换刀具	
M08	冷却液开	
M09	冷却液关	

（3）通过 MasterCAM 的应用完成相应零件的加工中心的编程与操作。

习 题 2.3

1. 简述你所采用的数控系统的编程原理。

2. 比较常用数控系统在功能上的相同点和不同点（包括程序代码、程序编制形式和格式）。

3. 编制模具工作零件的数控加工工艺和数控加工程序。

项目四　MasterCAM 在模具制造中的应用实例

 项目描述：

1. MasterCAM 建模与数控车削加工技术。

2. MasterCAM 建模与数控铣削加工技术。

能力目标：

1. 掌握 MasterCAM 建模与数控车削加工技术。
2. 掌握 MasterCAM 建模与数控铣削加工技术。

场景设计：

1. CAM 模拟训练和数控车、铣及加工中心实训现场。
2. 数控车床、铣床、加工中心及常用的工装及量具。

任务一 型芯 MasterCAM 数控车技术实例应用

零件图如图 2-5 所示。

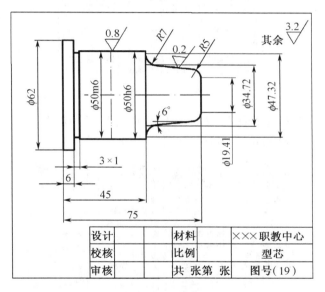

设计		材料	×××职教中心
校核		比例	型芯
审核		共 张第 张	图号(19)

图 2-5 零件图

👉 **活动一 型芯建模（2D 建模）**

选择菜单中的【档案】/【开启新档】命令新建文件。

单击顶部工具栏中的俯视构图面按钮。

单击顶部工具栏中的俯视图按钮。

单击【绘图】/【直线】/【连续线】，依次输入坐标（62，0），（62，6），（50，6），（50，45），（0，45），绘制连续线段，如图 2-6（a）所示。

单击【两点画线】，输入坐标（0，75），（19.41，75），绘制直线，如图 2-6（b）所示。

单击【回主功能表】/【绘图】/【圆弧】/【点半径圆】，输入半径 5，圆心坐标为（19.41，70），绘制 R5 圆角，如图 2-7 所示。

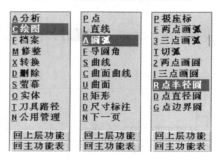

（a）直线绘制　　　　　　　　　　　　　　　　　　（b）绘制两点线

图 2-6　直线绘制及两点线绘制

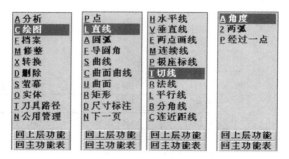

图 2-7　圆弧绘制

单击【回主功能表】/【绘图】/【直线】/【切线】/【角度】，单击上一步绘制好的 $R5$ 圆角，输入角度 174，线长 50，绘制切线，如图 2-8 所示。

图 2-8　绘制角度切线

单击【回主功能表】/【绘图】/【导圆角】/【圆角半径】，如图 2-9 所示，输入 7，单击图 2-10 中的线 1 和线 2，完成倒圆角。

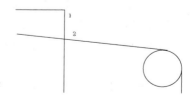

图 2-9　倒圆角　　　　　　　　　　　　　　　　　　图 2-10　草绘图

单击【回主功能表】/【修整】/【修剪延伸】/【单一物体】，如图 2-11 所示，依次单击图 2-11 中的 1，2 两个位置，完成修剪。

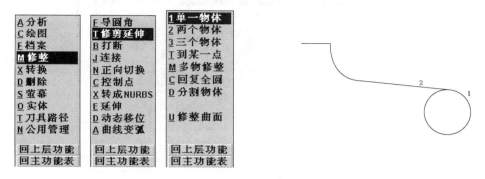

图 2-11　剪切操作

单击【绘图】/【直线】/【连续线】，依次输入坐标（50，6），（48，6），（48，6），（48，9），（50，9），得到图 2-12。

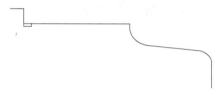

图 2-12　完成草绘

活动二　CAM 后置处理——设置机床类型与工件材料

选择菜单栏中的【刀具路径】/【工作设定】，在弹出的对话框中选择【边界的设定】选项卡，如图 2-13 所示。

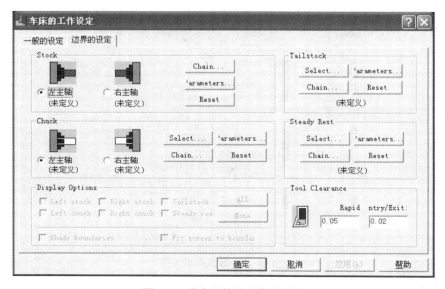

图 2-13　【边界的设定】选项卡

单击【Parameters】，得到图 2-14 所示对话框，设置参数如图中所示。

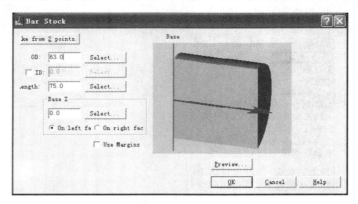

图 2-14　设置参数

活动三　**CAM 后置处理——规划外形粗车加工刀具路径**

在菜单栏中选择【刀具路径】/【粗车】/【串连】，按顺序选择加工轮廓，如图 2-15 所示。

图 2-15　加工轮廓

设置粗车刀具路径参数，如图 2-16 所示。

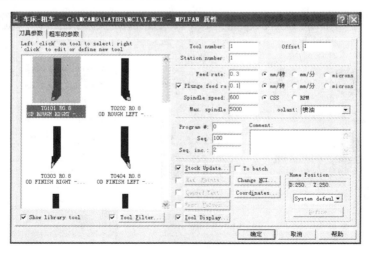

图 2-16　设置参数 1

切换到【粗车的参数】选项卡，参数设置如图 2-17 所示。

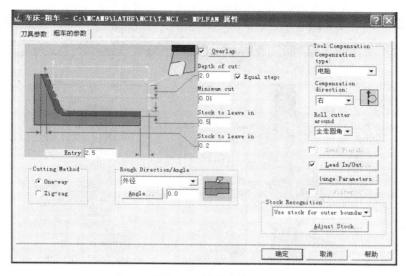

图 2-17　设置参数 2

☞ **活动四** **CAM 后置处理——规划外形精车加工路径**

在菜单栏中选择【刀具路径】/【精车】/【串连】，按顺序选择加工轮廓，如图 2-18 所示。

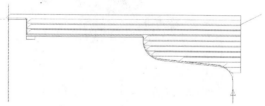

图 2-18　加工轮廓

设置精车刀具路径参数，如图 2-19 所示。

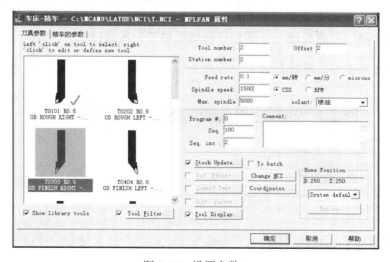

图 2-19　设置参数 1

切换到【精车的参数】选项卡，参数设置如图 2-20 所示。

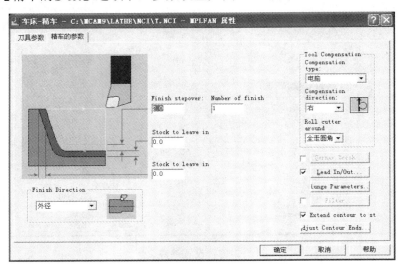

图 2-20　设置参数 2

模拟加工图形如图 2-21 所示。

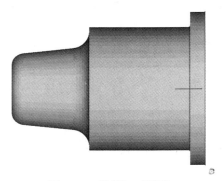

图 2-21　模拟加工图形

☞ **活动五** **CAM 后置处理——规划径向切槽加工刀具路径**

在菜单中选择【刀具路径】/【径向车削】命令，系统弹出如图 2-22 所示对话框，设置参数。

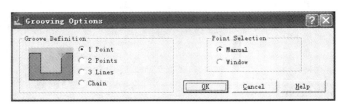

图 2-22　设置参数

在【刀具参数】选项卡中选刀，如图 2-23 所示，并设置切槽刀刀宽为 3mm，如图 2-24 所示。

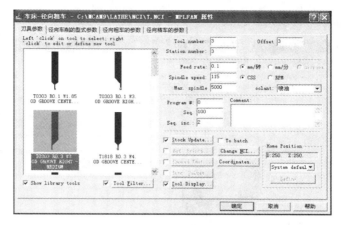

图 2-23　选刀

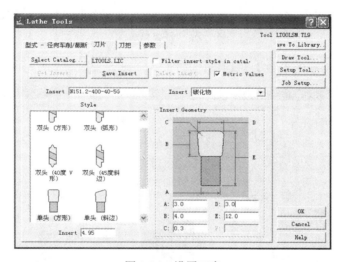

图 2-24　设置刀宽

切换到【径向车削的型式参数】选项卡，按图 2-25 设置参数。

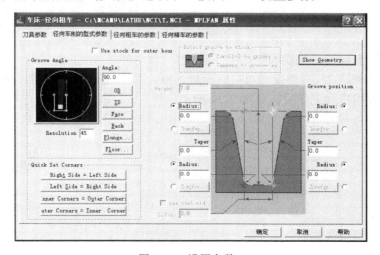

图 2-25　设置参数 1

切换到【径向粗车的参数】选项卡，按图 2-26 设置参数。

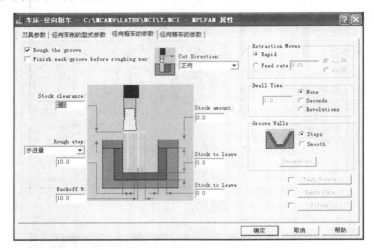

图 2-26　设置参数 2

切换到【径向精车的参数】对话框，按图 2-27 设置参数。

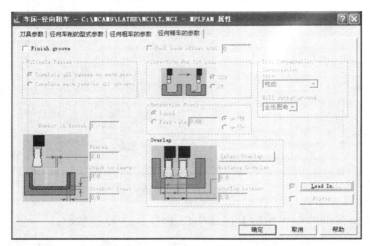

图 2-27　设置参数 3

单击【确定】按钮，完成操作。

单击【操作管理】，弹出图 2-28 所示对话框，单击【全选】按钮，再单击【实体验证】按钮，得到模拟加工结果，如图 2-29 所示。

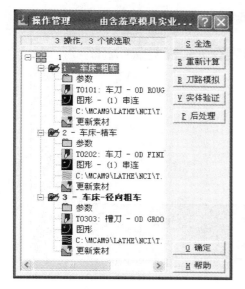

图 2-28　操作管理

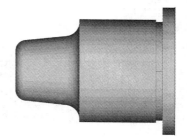

图 2-29　模拟加工结果

![活动六图标] **活动六**　CAM 后置处理——生成加工程序

1．返回图 2-28 所示【操作管理】对话框，单击【全选】按钮，再单击【后处理】按钮，弹出图 2-30 所示对话框，设置参数后单击【确定】按钮。

2．在弹出的如图 2-31 所示对话框中选择保存路径。

3．单击【保存】按钮，生成程序如图 2-32 所示。

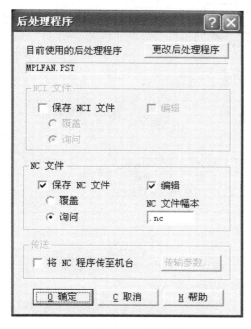

图 2-30　设置参数

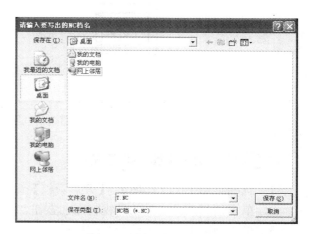

图 2-31　选择保存路径

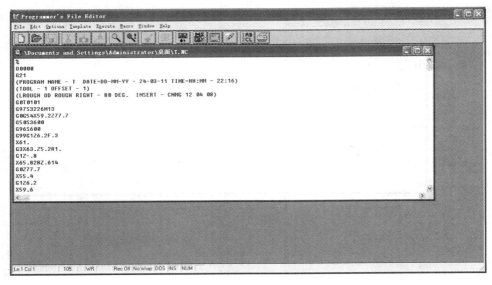

图 2-32 导出车削加工程序

任务二 滑块 MasterCAM 数控铣技术实例应用

零件图如图 2-33 所示。

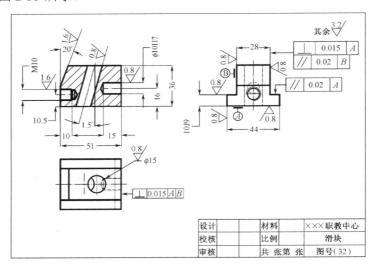

图 2-33 零件图

活动一 滑块建模（3D 建模）

1．选择菜单中的【档案】/【开启新档】命令新建文件。

2．单击顶部工具栏中的俯视构图面按钮。

3．单击顶部工具栏中的俯视图按钮。

4．单击【绘图】/【矩形】/【一点】，在图 2-34 所示对话框中输入长、宽，并把矩形中心点放在原点处。

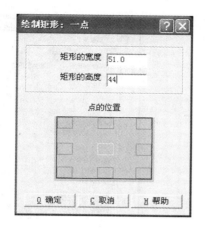

图 2-34　设置参数

5. 单击【回上层功能】/【一点】，按图 2-34 所示尺寸绘制矩形。

6. 单击顶部工具栏中的等角视图按钮，单击【回主功能表】/【实体】/【挤出】/【串连】，按如图 2-35 所示选择对象。

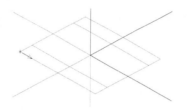

图 2-35　选择对象

7. 单击【执行】，弹出图 2-36 所示对话框，修改参数。单击【确定】按钮，得到如图 2-37 所示实体。

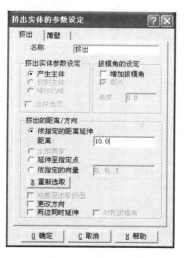

图 2-36　设置参数

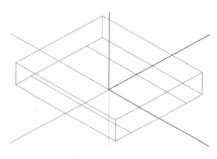

图 2-37　实体

8. 串连选择图 2-38 所示对象，按图 2-39 所示设置参数，得到如图 2-40 所示实体。

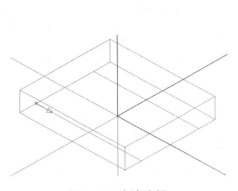

图 2-38　串连选择

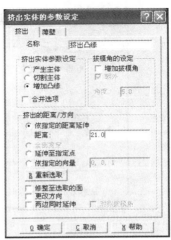

图 2-39　设置参数

9．单击构图深度按钮，将其改为 21，参照图 2-34 中的参数，在 $Z = 21$ 的平面内绘制一个 51×28 的矩形。

10．如图 2-41 所示串连选择该矩形，按图 2-42 所示设置参数，得到如图 2-43 所示实体。

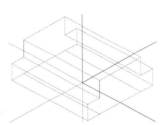

图 2-40　实体

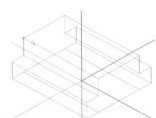

图 2-41　串连选择

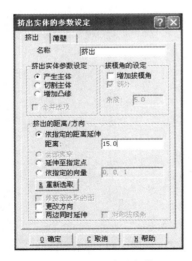

图 2-42　设置参数

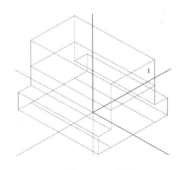

图 2-43　实体

11．单击【回主功能表】/【实体】/【下一页】/【牵引面】，选择图 2-43 中面 1 为编辑对象，单击执行按钮，如图 2-44 所示设置参数，得到如图 2-45 所示实体。

图 2-44　设置参数

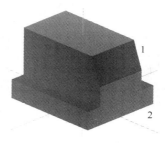

图 2-45　实体

12. 单击【回主功能表】/【实体】/【布林运算】/【结合】，选择图 2-45 中的实体 1 和 2，单击执行按钮，完成滑块实体绘制。

活动二　CAM 后置处理——设置毛坯尺寸和材料

单击【回主功能表】/【刀具路径】/【工作设定】，弹出如图 2-46 所示对话框，设置好毛坯参数后单击【确定】按钮。

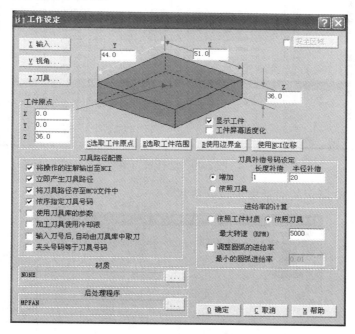

图 2-46　设置参数

活动三　CAM 后置处理——规划外形轮廓粗加工刀具路径

1. 单击【回主功能表】/【刀具路径】/【外形铣削】/【单体】，选择图 2-47 中的轮廓。

2. 单击执行，弹出如图 2-48 所示对话框，在空白区域单击鼠标右键，选择【从刀库中选择刀具】命令，弹出如图 2-49 所示对话框，选择 ϕ20mm 平底铣刀。

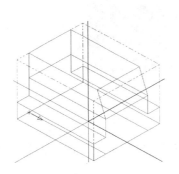

图 2-47　选择轮廓

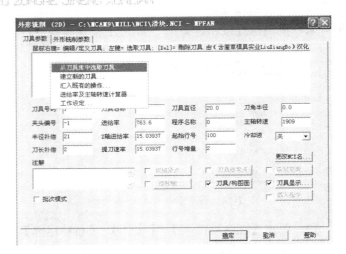

图 2-48　设置参数

图 2-49　选择铣刀

3．在如图 2-50 所示的对话框中设置参数。

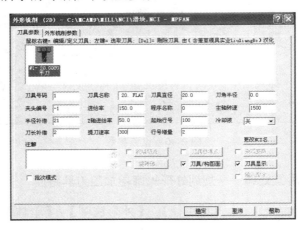

图 2-50　设置参数 1

4．单击【外形铣削参数】选项卡，弹出如图 2-51 所示对话框，设置参数。

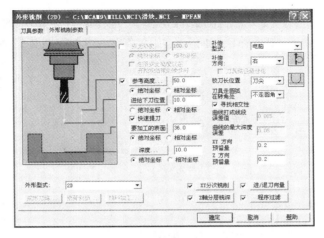

图 2-51　设置参数 2

5. 单击【XY 分次铣削】按钮，按图 2-52 所示设置参数。

6. 单击【Z 轴分层铣深】按钮，按图 2-53 所示设置参数。

图 2-52　设置参数 3　　　　　　　　　　图 2-53　设置参数 4

7. 单击【进/退刀向量】按钮，如图 2-54 所示设置参数。

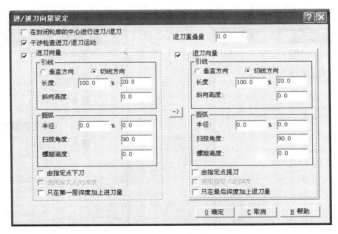

图 2-54　设置参数 5

8. 单击图 2-51 中的【确定】按钮，得到图 2-55 所示刀具路径。

9. 单击【刀具路径】/【外形铣削】/【单体】，选择如图 2-56 中的轮廓，参照以上操作建立刀路，注意图 2-57 中【补偿方向】选项的修改，得到如图 2-58 所示刀路。

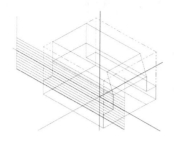

图 2-55　刀具路径

图 2-56　选择轮廓

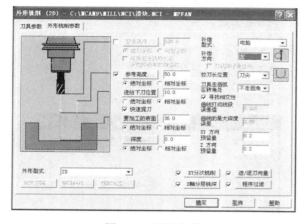

图 2-57　设置参数

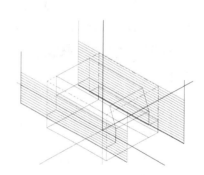

图 2-58　刀路

活动四　**CAM 后置处理——规划外形轮廓精加工刀具路径**

1. 单击【刀具路径】/【操作管理】，弹出如图 2-59 所示对话框，隐藏刀路 1 和刀路 2，并右击复制、粘贴刀路 1（图 2-60），获得刀路 3，如图 2-61 所示。

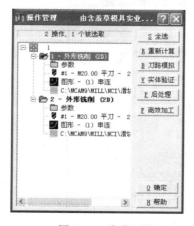

图 2-59　隐藏刀路

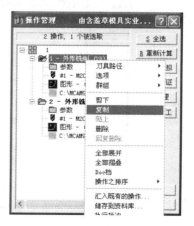

图 2-60　复制刀路

2．单击刀路 3 的【参数】，弹出图 2-62 所示对话框，修改参数，单击【确定】按钮，返回如图 2-61 所示对话框，单击【重新计算】按钮，生成精加工刀路，如图 2-63 所示。

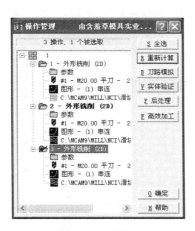

图 2-61　刀路 3

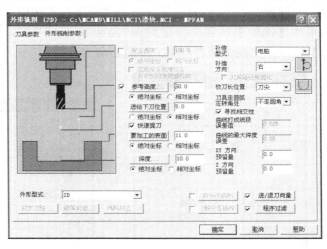

图 2-62　修改参数

3．参照以上步骤，复制刀路 2 并修改参数，得到精加工刀路 4，如图 2-64 所示。

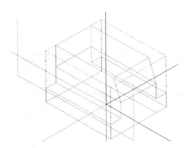

图 2-63　精加工刀路

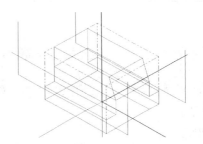

图 2-64　刀路 4

4．单击【刀具路径】/【操作管理】，弹出如图 2-65 所示对话框，单击【全选】按钮，再单击【实体验证】按钮，结果如图 2-66 所示。

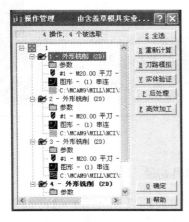

图 2-65　设置参数

图 2-66　结果

👉 **活动五** CAM 后置处理——生成外形铣削加工程序

返回图 2-65 所示对话框，单击【后处理】按钮，弹出图 2-67 所示对话框，设置参数后单击【确定】按钮，弹出如图 2-68 所示对话框，选择程序的保存路径后，单击【保存】按钮，生成并保存程序，如图 2-69 所示。

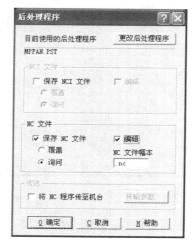

图 2-67 设置参数

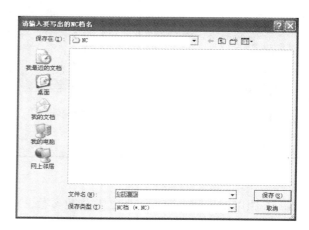

图 2-68 选择保存路径

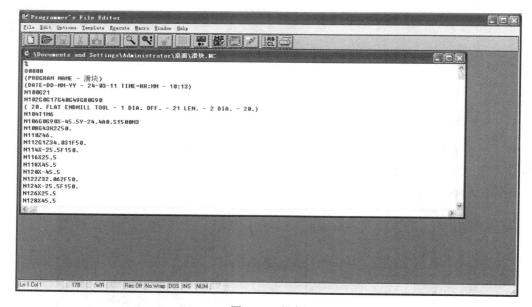

图 2-69 程序

👉 **活动六** CAM 后置处理——规划斜面粗铣刀具路径

1. 单击【回主功能表】/【刀具路径】/【曲面加工】/【粗加工】/【等高外形】/【实体】，选择图 2-70 中的面 1 作为编辑对象，单击【执行】按钮，弹出如图 2-71 所示对话框，选择 ϕ10mm 平刀。

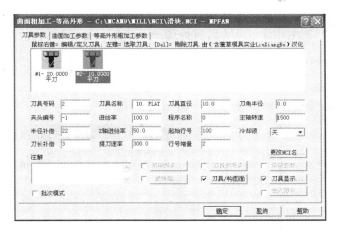

图 2-70　选择对象　　　　　　　　　图 2-71　选择平刀

2．单击【曲面加工参数】选项卡，弹出图 2-72 所示对话框，如图所示设置参数。

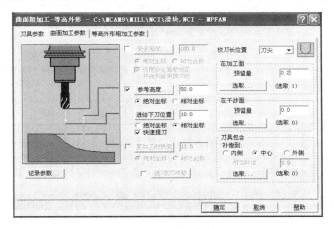

图 2-72　设置参数

3．单击【等高外形粗加工参数】，弹出图 2-73 所示对话框，如图所示设置参数，单击【确定】按钮，再单击主菜单中的【执行】生成刀路，如图 2-74 所示。

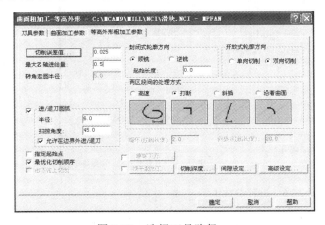

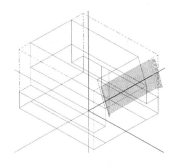

图 2-73　选择刀具路径　　　　　　　　　图 2-74　刀路

活动七 CAM 后置处理——规划斜面精铣刀具路径

1. 单击【回主功能表】/【刀具路径】/【曲面加工】/【精加工】/【等高外形】/【实体】，选择图 2-70 中的面 1 作为编辑对象，单击【执行】按钮，弹出如图 2-75 所示对话框，选择ϕ10mm 平刀用于斜面精加工。

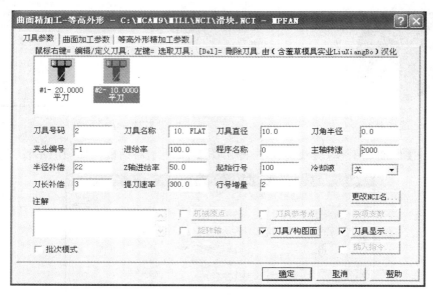

图 2-75　选择平刀

2. 单击【曲面加工参数】选项卡，弹出如图 2-76 所示对话框，如图所示设置参数。

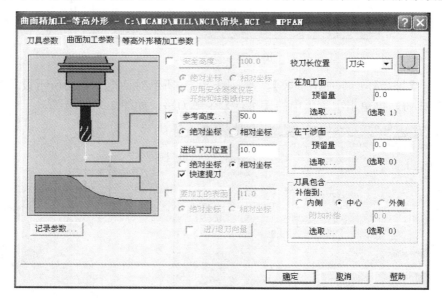

图 2-76　设置参数 1

3. 单击【等高外形精加工参数】选项卡，弹出如图 2-77 所示对话框，如图所示设置参数，单击【确定】按钮，再单击主菜单中的【执行】生成刀路，如图 2-78 所示。

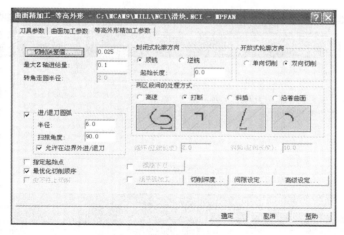

图 2-77　设置参数 2

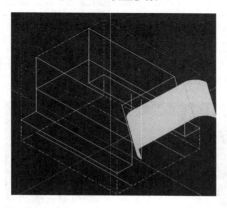

图 2-78　刀路

🖝 活动八　CAM 后置处理——生成斜面铣削加工程序

1．单击【操作管理】，弹出如图 2-79 所示对话框，选择刀路 5 和刀路 6，单击【后处理】按钮，生成程序，如图 2-80 所示。

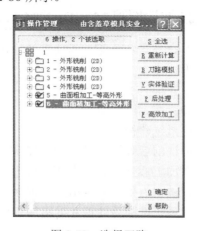

图 2-79　选择刀路

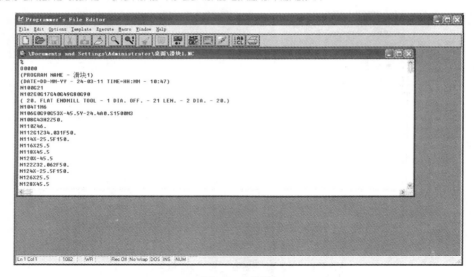

图 2-80　程序

2．返回如图 2-79 所示对话框，单击【全选】按钮，再单击【实体验证】按钮，得到结果如图 2-81 所示的滑块外形加工效果图。

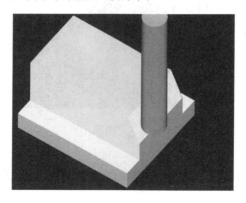

图 2-81　滑块外形加工效果图

任务三　透镜注射模型腔 MasterCAM 应用自主训练

使用 MsterCAM 完成如图 2-82 所示模具零件的建模与后处理，并导出数控加工程序。

任务一、完成定模型腔外形建模。

任务二、完成定模型腔孔系建模。

任务三、完成定模型腔模腔建模。

任务四、完成定模型腔浇注系统建模。

任务五、完成定模型腔外形铣削后处理并导出加工程序。

任务六、完成定模型腔孔系加工后处理并导出加工程序。

任务七、完成定模型腔模腔铣削后处理并导出加工程序。

任务八、完成定模型腔浇注系统铣削后处理并导出加工程序。

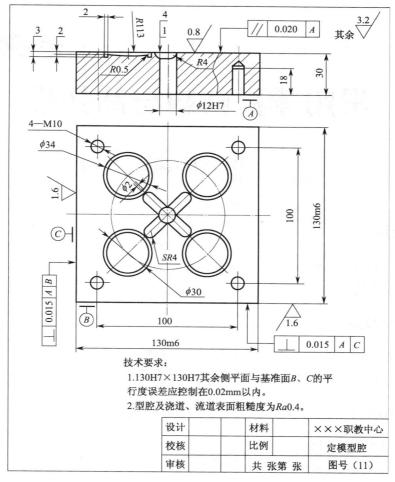

技术要求：

1.130H7×130H7其余侧平面与基准面B、C的平行度误差应控制在0.02mm以内。

2.型腔及浇道、流道表面粗糙度为Ra0.4。

设计		材料		×××职教中心
校核		比例		定模型腔
审核		共 张第 张		图号（11）

图 2-82 透镜注射模定模型腔

常用模具材料与热处理

项目一 认识模具材料

项目描述：

1. 冲压、塑料、热作模具材料的性能要求。
2. 模具材料选择。

能力目标：

1. 理解对冲压、塑料、热作模具材料的性能要求。
2. 懂得根据模具零件的性能要求，合理选择模具材料。

场景设计：

1. 模具拆装实训场地。
2. 拆开的冲压、注塑以及压铸、锻模。

任务一 理解冲压模具材料的性能要求

活动一 冷作模具材料的性能要求

（1）应具有较高的硬度、抗压强度、抗弯强度等，一般要求其工作零件的硬度在热处理后达到 60HRC 以上。

（2）具有较高的冲击韧度和疲劳强度。

（3）具有较高的耐磨性和抗胶合能力。

（4）具有较好的冷、热加工工艺性能。

活动二 热作模具材料应具备的性能

（1）应具有较高的强度和足够的冲击韧度。

（2）具有较高的高温强度以防止模具在工作过程中发生塌陷和开裂。

（3）具有良好的组织稳定性，以使模具在高温条件下具有良好的尺寸和形状稳定性。

（4）具有良好的耐蚀性和抗氧化性，以保证模具在工作过程中保持尺寸精度和粗糙度方面的性能要求。

（5）具有良好的热疲劳强度，使模具在温差变化较大的条件下，仍具有较高的使用寿命。

（6）具有较高的淬透性，使模具在工作过程中保持必要均匀的力学性能。

（7）具有良好的冷热加工工艺性能。

☞ **活动三** **塑料模具材料的性能要求**

（1）具有良好的研磨抛光性能，以保证制件具有良好的外观和脱模顺利。

（2）具有良好的硬度和耐磨性。表面硬度一般要求在 55HRC 以上。

（3）具有良好的耐腐蚀和抗氧化性能。

（4）表面具有足够的硬化层厚度，芯部具有一定的强度。

（5）具有良好的机械加工性能。

（6）具有良好的冷、热挤压加工性能，便于形状复杂的型腔的冷热挤压成型和保证成型质量。

☞ **活动四** **根据拆开的模具，指认主要零件，并叙述对它们的性能要求（学生自评、互评与指导教师评述结合）**

项　目	内　容	标　准	学 生 自 评	学 生 互 评
冲裁模具	凸模指认与性能描述	准确指认 能正确描述其性能要求		
	凹模指认与性能描述			
	导柱指认与性能描述			
	导套指认与性能描述			
注塑模具	型芯指认与性能描述			
	型腔指认与性能描述			
热锻模具	锻模上模指认与性能描述			
	锻模下模指认与性能描述			
教师评述			指导教师： 　　年　　月　　日	

任务二　常用的模具材料的性能与选用

☞ **活动一** **冷作模具钢的选择**

常用冷作模具钢的性能与选择详见表 3-1。

表 3-1　常用冷作模具钢的性能与选择

类　别	材 料 牌 号	性 能 特 点	应 用 范 围
低淬透性钢	T7、T8、T10、T12 Cr2、6Cr2	加工性能好，在硬化状态下具有较好的韧性和抗疲劳强度，但淬透性和耐磨性差	适于制造轻载模具和一般成型零件
抗冲击性钢	4CrW2Si 、5CrW2Si 60Si2Mn、 6CrW2Si 65Mn	抗冲击、疲劳强度很好，但耐磨性和抗压强度较差	适于制造各种冲剪工具、精冲模具、冷墩模具

续表

类　别	材料牌号	性能特点	应用范围
低变形性钢	9Mn2V、CrWMn	淬透性好，但韧性和耐磨性仍显不足	适于制造形状较复杂的模具
微变形性钢	Cr12、Cr12MoV	淬透性好，淬火变形小，耐磨性好	适于制造冷冲模具、中等载荷的冷挤压和冷墩模具
高韧性钢	6W6Mo5Cr4V 5CrW5Mo2v	具有高的强度和韧性等综合力学性能	适于制造各种重型模具
高强度钢	W18Cr4V W6Mo5Cr4V2	具有高的抗压强度、硬度、耐磨性和一定的韧性	适于制造重载、长寿命、拉深和冷挤压模具

👉 **活动二** **热作模具钢的选择**

常用热作模具钢的性能与选择详见表 3-2。

表 3-2　常用热作模具钢的性能与选择

类　别	常用牌号	用　途	备　注
低耐热高韧性模具钢	5CrNiMo、5CrMnMo 等	锤锻模具	
中、高耐热性高热强性、高耐磨性模具钢	4Cr5MoSiV 4Cr5W2SiV 等	机锻模具 热挤压模具 压铸模具	
低耐热、高韧性高耐热、高耐磨模具钢	8Cr3 3Cr2W8V 等	热冲裁模具	

👉 **活动三** **常用塑料模具材料的选择**

常用塑料模具钢的性能与选择详见表 3-3。

表 3-3　常用塑料模具钢的性能与选择

牌　号	用　途	备　注
20 钢	生产形状简单的挤压成型的模具	
20Cr	广泛使用的模具材料	
40Cr		
P20	适合于制造要求镜面抛光的注射模具和压缩模具等	
5CrSCa	适合制造型腔形状复杂、要求变形极小的大型注射模具和压缩模具	
3Cr2Mo3	用于制造型腔形状复杂的注射模具压缩模具等	
3Cr2NiWMoV	适合制造注射、压缩、压铸模具以及冷冲模具和级进模具	
2Cr13	适合制造具有一定抗腐蚀性能要求的模具	
4Cr13	适合制造具有一定强度、抗腐蚀和较大截面的模具	

🎓 **知识链接**

1. 冲压模具结构零件的性能与材料选择。
2. 塑料模具结构零件的性能与材料选择。

活动四 根据模具零件的要求选择模具材料（学生自评、互评与教师评述结合）

项　　目	内　　容	标　　准	常用材料牌号	学 生 自 评	学 生 互 评
冲裁模具	凸模、凹模、凸凹模	正确理解各模具零件性能要求，在保证工作性能的前提下，本着降低成本，便于加工的原则选择合理的材料			
	上下模座				
	导套导柱				
	凸模、凹模、凸凹模固定板				
	卸料板				
	卸料弹簧				
注塑模具	型芯、型腔				
	型芯型腔固定板				
	浇口套				
	顶杆				
热锻模具	三、下模				
	挂环、手柄等				
教师评述					

指导教师：
年　　月　　日

项目二　常用模具材料的热处理

项目描述：

1. 常用热处理方法与目的。
2. 热处理工序的安排。
3. 各类型模具工作零件的热处理要求与工艺方法。

能力目标：

1. 理解常用热处理方法与目的。
2. 熟悉热处理工序的安排。
3. 熟悉各类型、不同技术要求的模具零件的热处理要求与工艺方法。

场景设计：

1. 热处理工作现场。
2. 待热处理的模具零件及技术参数。
3. 热处理工装与硬度检测仪等。

任务一 热处理目的、方法和工序的安排

活动一 热处理方法与目的

1．预备热处理

（1）退火：在模具制造中，主要用于模具零件在锻造、铸造、焊接以及重要工序前后，降低硬度，改善切削加工性能，清除内应力，为以后的热处理工序作准备。

（2）正火：其热处理的目的与退火相同，但对于硬度较低的一些低碳和低碳合金钢可以通过正火及适当提高硬度，来改善其切削加工性能。

（3）调质：其热处理过程是淬火＋高温回火，其主要目的是消除淬火内应力，使材料获得良好的综合机械性能。

2．终热处理

（1）淬火：其主要目的是使材料获得马氏体组织以及良好的硬度和耐磨性，以提高零件的使用寿命，用于模具制造中凸模、凹模、导柱、导套以及其他要求硬度和耐磨性模具零件的制造。

（2）回火：零件在淬火后，由于淬火内应力的存在，很容易使零件产生变形和开裂，影响零件的质量，因此，零件在淬火后必须安排回火热处理，来消除淬火内应力及减小或消除零件的变形和开裂。

其可根据零件的使用性能要求不同分为以下三种。

① 高温回火（调质）：（500～650℃）使零件具有良好的综合机械性能。如机床主轴，模具的凸模、凹模固定板等的热处理。

② 中温回火：（350～500℃）使零件具有良好的韧性、冲击韧度和弹性极限，一般用于弹性零件的热处理，主要用于弹簧等要求具有良好弹性极限的零件的热处理。

③ 低温回火：（150～250℃）在消除淬火内应力、稳定组织、稳定形状和尺寸的情况下，使零件保持较高的硬度和耐磨性，以提高零件的使用寿命。在模具制造中，低温回火主要用于冲压模具的凸模、凹模、定距侧刃等要求具有较高强度、耐磨性工作零件淬火后的热处理。

（3）表面火焰淬火：主要目的是提高零件的表面硬度和耐磨性，同时使零件的心部具有良好的塑性和韧性。

（4）渗碳淬火：低碳钢或低碳合金钢等因含碳量低，而无法进行淬火热处理时，如果必须进行淬火热处理，在淬火前就必须通过渗碳来改变零件表层的含碳量。其热处理过程为：渗碳＋淬火＋低温回火。注意渗碳层的厚度一定要大于预留的加工余量。

（5）渗氮：零件在渗氮后可以提高零件的表层材料的强度、硬度、耐磨性、疲劳强度和耐腐蚀性能，在进行渗氮热处理时，工件变形很小，零件不必在渗氮后进行其

他热处理和加工。因为渗氮层很薄，其热处理必须安排在零件精加工后进行。

1. 热处理的工艺原理与工艺流程。
2. 退火热处理的工艺原理、应用与工艺过程。
3. 正火热处理的工艺原理、应用与工艺过程。
4. 淬火热处理的工艺原理、应用与工艺过程。
5. 回火热处理的工艺原理、应用与工艺过程。
6. 渗碳热处理的工艺原理、应用与工艺过程。

活动二　热处理工序的安排

热处理工序的安排详见表3-4。

表3-4　热处理工序的安排

热处理项目	热处理工序安排
退火	铸造、锻造、焊接之后，粗加工之前；对于去应力退火，应安排在重要工序前后
正火	铸造、锻造、焊接之后，粗加工之前
调质	粗加工之后，半精加工之前
淬火	半精加工之后，精加工之前
回火	零件在淬火热处理之后必须进行回火热处理
渗碳淬火	半精加工之后，精加工之前
渗氮	精加工之后，零件不必进行其他加工时
去应力退火	对于零件的尺寸和形位精度要求很高时，必须在每一个重要工序的前后安排去应力退火

任务二　常用模具工作零件材料与热处理要求

活动一　冷冲模具常用材料

1. 冲裁模具工作零件

冲裁模具工作零件的热处理要求详见表3-5。

表3-5　冲裁模具工作零件的热处理要求

零件名称及工作要求	材　料	硬　度　要　求
形状简单，小批量生产模具的凸模、凹模	T10A 9Mn2V	凸模 56～60HRC 凹模 58～62HRC
形状复杂，大批量生产模具的凸模、凹模	Cr12、Cr12MoV、Cr6WV YG15	凸模 58～62HRC 凹模 86HRC

2. 弯曲模具工作零件

弯曲模具工作零件的热处理要求详见表3-6。

表 3-6　弯曲模具工作零件的热处理要求

零件名称及工作要求	材　料	硬度要求
一般弯曲凸模、凹模	T8A、T10A	56～60HRC
形状复杂，要求耐磨的凸模、凹模	T10A、CrWMn	58～62HRC
加热弯曲的凸模、凹模	5CrNiMo、5CrMnMo	52～56HRC

3．拉深模具工作零件

拉深模具工作零件的热处理要求详见表 3-7。

表 3-7　拉深模具工作零件的热处理要求

零件名称及工作要求	材　料	硬度要求
一般拉深模具的凸模、凹模	T8A、T10A	
跳步拉深模具的凸模、凹模	T10A、CrWMn	58～62HRC
变薄拉深及要求高耐磨的凸模、凹模	Cr12、Cr12MoV、YG8 YG15	
双向拉深模具的凸模、凹模	钼钒铸铁	56～60HRC

4．挤压模具工作零件

挤压模具工作零件的热处理要求详见表 3-8。

表 3-8　挤压模具工作零件的热处理要求

零件名称及工作要求	材　料	硬度要求
冷挤压凸模、凹模	9SiCr、Cr12、GCr15、Cr12MoV、 W18Cr4V、W6Mo5Cr4V2	60～64HRC
热挤压凸模、凹模	W18Cr4V、W6Mo5Cr4V2、 6W6Mo5Cr4V2	60～64HRC

活动二　塑料模具零件的热处理要求

1．塑料模具成型零件

塑料模具成型零件的热处理要求详见表 3-9。

表 3-9　塑料模具成型零件的热处理要求

零件名称	材　料	硬度要求	说　明
型腔 型芯 螺纹型芯、型环 成型镶件、成型顶杆等	T10A、A8A	54～58HRC	制造形状简单的小型型芯和型腔
	CrWMn、9Mn2V CrMn2SiWMoV Cr12、Cr4W2Mo 20CrMnMo 20CrMnTi	54～58HRC	制造形状复杂、要求热处理变形小的型芯和型腔或镶件
	5CrMnMo 40CrMnMo	54～58HRC	制造高耐磨、高强度和高韧性的大型型芯和型腔
	3Cr2W8V 38CrMoAl	54～58HRC	制造形状复杂、高耐腐蚀的高精度型芯和型腔
	45	22～26HRC 43～48HRC	制造形状简单、要求不高的型芯和型腔
	20、15	54～58HRC	制造冷加工型腔

2．塑料模具结构零件

塑料模具结构零件的热处理要求详见表 3-10。

表 3-10　塑料模具结构零件的热处理要求

零 件 名 称	材　料	硬度要求
垫板、浇口套、模套	45	43～48HRC
动、定模板和动、定模座板、推板	45	230～270HBS
固定板	45	
	Q235	
顶板	T8A、T10A	54～58HRC
	45	230～270HBS

3．抽芯机构零件

塑料模具抽芯机构零件的热处理要求详见表 3-11。

表 3-11　塑料模具抽芯机构零件的热处理要求

零 件 名 称	材　料	硬度要求
斜导柱、滑块	T6A、T10A	54～58HRC
锁紧块	T8A、T10A	
	45	

 知 识 链 接

1. 冲压模具工作零件的热处理工艺要求与热处理方法选择。
2. 塑料模具工作零件的热处理工艺要求与热处理方法选择。
3. 模具结构零件的热处理工艺要求与热处理方法选择。

任务三　模具零件热处理方法选择与热处理工艺编制

 知 识 链 接

《模具设计与制造工艺手册》中模具材料与热处理。

☞ 活动一　请根据模具零件的加工阶段和性能要求选择热处理方法（学生自评、互评与教师评述结合）

项　目	内　容	标　准	热处理方法	学 生 自 评	学 生 互 评
冲压模具凸模、凹模、凸凹模	坯料锻造后	按加工阶段和性能要求合理正确选择热处理方法			
	半精加工后、磨削加工前				
冲压模具上下模座	坯料铸造完成后				

续表

项　目	内　　容	标　准	热处理方法	学生自评	学生互评
导柱导套	半精加工后、磨削加工前				
注塑模具	型芯、型腔				
弹簧	弹簧获得所需弹性的热处理工艺				
教师评述					

指导教师：

年　月　日

活动二 写出系列模具零件的热处理工艺流程并进行相应热处理操作（学生自评、互评与教师评述结合）

知识链接

1. 热处理操作工艺规范。
2. 材料的常用硬度种类与检测。
3. 洛氏硬度的检测方法与过程。

项　　目	内容（工艺流程与参数）		标　准	学生自评	学生互评
冲压模具凸模、凹模、凸凹模 58～62HRC	淬火：		1. 热处理工艺流程设计合理 2. 热处理操作规范安全 3. 硬度检测合格		
	回火：				
	硬度检测：				
教师评述					

指导教师：

年　月　日

习　题　3.2

1. 金属材料的工艺性能包括哪些内容？
2. 如何使用热处理手段来改善材料的机械加工工艺性？
3. 常用模具零件的热处理要求有哪些？
4. 如何根据零件的力学性能要求来安排热处理工序？

模具制造工艺

 项目一　模具零件的机械制造工艺基础

任务一　模具零件图的分析与研究

活动一　模具零件的结构分析

分析模具零件的结构，确定模具零件由哪些表面组成，以及这些表面的组合形式和组合顺序，根据零件的结构特征，初步选定这些表面的加工方法。

常见模具零件结构见表 4-1。

知识链接

常用零件的种类与几何特征（《机械制图》零件图读识）。

表 4-1　常见模具零件结构

几 何 特 征	常见模具零件
回转体零件	导向零件：导柱、导套 工作零件：圆柱（锥）形的凸模、凹模、凸凹模以及型芯、型腔等 其他：顶杆、顶管、推杆、模柄、浇口套等
板类零件	上下模座、凸模、凹模固定板、垫板等
非回转体工作零件	非圆柱（锥）、球面的凸模、凹模以及型芯、型腔等
其他类型零件	型面复杂的由平面、曲面组合而成的凸模、凹模、型芯、型腔等

活动二　零件的技术要求分析

模具零件的技术要求分析见表 4-2。

表 4-2　模具零件的技术要求分析

零件技术要求	分 析 目 的
加工表面的尺寸精度	可以初步确定为达到这些技术要求所需的最终加工方法和相应的中间工序，以及粗加工和半精加工工序所需要的加工方法
主要加工表面的形状精度	
各加工表面的表面粗糙度以及其他质量方面的要求	

续表

零件技术要求	分 析 目 的
主要加工表面之间的位置精度	可以确定零件加工时粗、精基准的选择以及加工过程中基准的转换顺序，初步确定零件的各加工表面的加工方案和加工顺序，以及零件在加工过程中的定位、夹紧方案和夹具的选择
热处理及其他要求	确定热处理工序的合理安排，科学地选择加工工艺路线

 知 识 链 接

1. 轴类零件的结构特点与主要技术要求。
2. 套类零件的结构特点与主要技术要求。
3. 板类零件的结构特点与主要技术要求。
4. 曲面及其他复杂零件的结构特点与主要技术要求。

任务二　零件加工过程中的定位基准的合理选择

知 识 链 接

1. 基准的概念与理解。
2. 基准的分类与应用。
3. 零件设计基准的类型与表现方式。
4. 定位误差的产生与组成。
5. 减小定位误差、提高零件加工精度的主要技术手段。

活动一　**粗基准的选择原则**

粗基准的选择原则见表4-3。

表4-3　粗基准的选择原则

条　件	选 择 方 案	目　的
零件上具有一个不加工表面	选择不加工表面作为粗基准	保证加工与不加工表面的位置要求，使加工后的零件壁厚均匀、外形对称
零件上具有几个不加工表面	选择位置精度要求较高的不加工表面作为粗基准	
零件上具有较多不加工表面	选择余量最小的不加工表面作为粗基准	使每一个不加工表面都具有足够、合理的加工余量
	尽量选择余量要求均匀的不加工表面作为粗基准	使被加工表面获得均匀的组织，使其硬度和耐磨性好而均匀
	选择加工面积较大，表面形状比较复杂，加工量较大的加工表面作为粗基准	使各加工表面的切除量最小，同时还可以简化复杂表面的加工工艺
	选择表面质量好，尽量宽大平整，没有浇口、冒口、飞边的表面作为粗基准	便于工件的定位和夹紧

续表

条　件	选　择　方　案	目　的
当零件上所有表面都需要加工时	应选择余量最小的表面作为粗基准	保证每一个加工表面均具有足够的加工余量
注意： 粗基准只能使用一次		重复使用，会产生较大的顶误差累积，使加工表面之间产生较大的位置误差

☞ **活动二** 精基准的选择原则

精基准的选择原则见表4-4。

表4-4　精基准的选择原则

选择原则	内　　容	目　　的
基准重合原则	尽量使加工表面的定位基准与其设计基准重合。如导柱加工车削、磨削加工，孔系的镗削、磨削加工等	消除基准不重合误差，提高零件的定位精度和制造精度
基准统一原则	尽量使用一组定位基准定位，加工出零件上尽量多的加工表面或全部加工表面。如加工多型孔（腔）凹模，采用数控车、数控铣、加工中心完成复杂模具零件的加工	减少零件的安装次数，减少加工工序，减小因为多次安装定位基准转换所产生的误差累计
自为基准原则	选择加工表面本身作为定位的精基准，如铰孔，珩磨孔，研磨凸模、型孔、型面等	利用已存在的具有一定位置精度要求的被加工表面作为定位精基准，通过精加工后，进一步提高被加工表面的加工质量
互为基准原则	使零件加工时的定位基准和被加工表面互相作为定位基准，来加工对方。如对于平行度要求很高的模板的剩下平面的交替磨削加工	将被加工表面和基准表面互为基准交替加工，逐步提高加工精度
注意： 1．当基准重合原则与基准统一原则发生矛盾时，应首先考虑基准重合原则的选择使用，当选择使用基准重合原则不便于零件的定位和加工时，为避免误差累积，必须进行工艺尺寸链的换算，以减小定位误差。 2．精基准的选择必须要便于工件的定位和夹紧，以在保证定位精度和强度的情况下，简化夹具结构。		

☞ **活动三** 常见模具零件加工定位基准选择测评（学生自评、互评与教师评述结合）

项　　目	定位基准选择	常用安装方法	标　　准	学 生 自 评	学 生 互 评
轴类零件			1．定位基准选择合理 2．安装方法符合零件的结构工艺性要求		
套类零件					
模板类零件					
教师评述				指导教师： 年　月　日	

任务三　模具零件的工艺路线拟定

☞ **活动一** 模具零件的毛坯类型选择（学生自评、互评与教师评述结合）

知识链接

1. 模具工作零件的性能要求与毛坯制造方法。
2. 模具结构零件的性能要求与毛坯制造方法。
3. 模具导向零件的性能要求与毛坯制造方法。
4. 冲模上下模座的性能要求与毛坯制造方法。

模具零件类型		性 能 要 求	毛 坯 类 型	标　　准	学生自评	学生互评
工作零件	回转体凸模型芯					
	非回转体凹模型腔			1. 正确理解各种模具零件的性能要求 2. 合理选择各种模具零件的制造材料		
结构零件	凸模、凹模固定板					
	其他模板零件					
导向零件	导柱					
	导套					
冲模模座	上、下模座					
教师评述					指导教师： 年　月　日	

活动二 **零件加工阶段的划分**

1. 粗加工阶段

去除工件加工表面上大部分加工余量，使工件毛坯尺寸尽量接近成品，如粗车、粗铣、粗刨以及电火花成型与线切割加工等。

2. 半精加工阶段

进一步改善粗加工后零件的误差状况，为精加工做好准备，同时也可以完成一些精度要求不高的次要表面的最终加工，如模具零件的半精车、铣加工等。

3. 精加工阶段

目的是切除粗加工或半精加工后留下的加工余量，使零件的尺寸、形状、位置精度和表面粗糙度达到图纸规定的技术要求，如模板平面、导柱导套的内外圆、凸模与凹模型孔（面）磨削加工等。

4. 光整加工阶段

对于精度要求在 IT7 以及 IT6 级以上、表面粗糙度要求在 $Ra = 0.2\mu m$ 以下的零件必须经过研磨、抛光、镀层等光整加工。如模具零件中的导柱、导套等必须通过研磨加工才能达到很高的尺寸精度要求，塑料模具的型芯、型腔等必须经过研磨和抛光以及镀层处理加工才能达到很小的表面粗糙度要求（如镜面）。

活动三　零件加工顺序的确定

1．先粗后精：让具有高精度和小粗糙度要求的零件在加工过程中逐步改善误差状况，逐步释放和平衡加工过程中所产生的内应力，逐步提高和获得要求的尺寸精度和较小的表面粗糙度要求。注意零件切削加工时，不能在完成粗加工后，紧接着进行半精加工或精加工，必须给零件释放和平衡内应力以足够的时间，否则，零件加工完成后，仍然会产生严重变形。

内应力释放和平衡的常用方法主要有以下两种：一是自然时效（时间长，效率低），二是利用退火热处理进行人工时效（时间短，效率高）。

2．先主后次：就是在加工过程中，先安排零件上主要表面（如与配合精度与工作精度有直接关系的配合表面和运动表面等）的加工，在保证它们的位置、形状以及足够的加工余量后，再安排其他次要表面的加工。

3．先基准后其他：零件位置精度的保证，必须依靠零件的准确的定位保证，除了严格执行定位基准选择原则以外，还必须先想办法提高零件上作为定位基准表面的加工精度（特别是位置精度），以减小零件定位过程中的基准位移误差，提高和保证零件的位置精度。

4．先面后孔：孔的加工必须保证其有准确的位置精度，在进行模具零件上孔的加工时，必须先加工好作为基准的面，才能为保证孔位精度创造有利条件。如进行划线、孔定位时，必须先进行面的铣削、磨削加工等。

5．先大后小：对于轴类零件加工，一般采用车削、磨削加工等，加工过程中必须保证其具有足够的刚性，因此必须先完成刚性较好的大直径部分的加工，最后完成刚性较差的小直径部分的加工。

活动四　零件生产形式的安排

包括工序集中与工序分散，模具标准件的生产，由于生产批量大，一般采用工序分散的生产组织形式组织生产。采用设备一般为通用设备及其工装。模具工作零件等非标准零件的生产，一般都属于单件小批量生产，一般都采用工序集中的生产形式组织生产。由于其零件技术含量高，精度要求高，对工人的技术水平要求很高，一般采用高精度、高性能设备加工制造。

知 识 链 接

零件生产纲领与生产形势及特点（查阅《机械制造工艺基础》零件加工工艺编制）。

活动五　零件加工工艺路线的拟定

活动六　表面加工方案的选择

1．首先要保证加工表面的加工精度和粗糙度要求。

2．根据工件材料的性质选择零件表面的加工方法。如淬火钢、硬质合金等硬脆材料，应采用磨削加工，而有色金属等软金属材料一般不能采用磨削加工。

3．必须考虑生产率与经济性之间的关系。

4．必须考虑本厂、本校具体的设备与技术条件。

 **活动七** 表面加工方案的选择

知识链接

1．车、铣、磨及电火花、线切割对加工各种表面的适应。

2．各种加工方法所能达到的精度与粗糙度的经济性要求。

1．凸模、型芯表面的加工方案（表4-5）

表 4-5　外圆及其凸模、型芯表面的加工方案

结构形状	加工方案	经济精度	表面粗糙度 Ra（μm）	应用范围
圆柱形外表面（导柱）和圆形凸模或型芯的加工	粗车	IT11 以下	12.5～50	用于淬火钢以外的各种金属加工
	粗车—半精车	IT10～8	3.2～6.3	
	粗车—半精车—精车		1.6～0.8	
	粗车—半精车—精车—抛光		0.2～0.025	
	粗车—半精车—磨削	IT8～7	0.4～0.8	用于淬火钢或未淬火钢的加工，但不能用于有色金属的加工
	粗车—半精车—粗磨—精磨	IT7～6	0.1～0.4	
	粗车—半精车—粗磨—精磨—超精加工	IT5	$Rz=0.1$	
	粗车—半精车—精车—金刚石车	IT7～6	0.025～0.4	有色金属加工
	粗车—半精车—粗磨—精磨—超精磨	IT5 以上	＜0.025	极高精度加工
	粗车—半精车—粗磨—精磨—研磨	IT5 以上	＜0.025	
非圆凸模或型芯的加工	刨削—磨削	IT8～7	0.4～0.8	用于形状比较简单的凸模或型芯等模具零件的加工
	刨削—粗磨—精磨	IT5	$Rz=0.1$	
	刨削—粗磨—精磨—研磨	IT5 以上	＜0.025	
	铣削—磨削	IT8～7	0.4～0.8	用于形状比较复杂的凸模或型芯的加工
	铣削—粗磨—精磨	IT5	$Rz=0.1$	
	铣削—粗磨—精磨—研磨	IT5 以上	＜0.025	
	铣削（刨削）—磨削—线切割—磨削	IT7～6	0.1～0.4	用于形状复杂的凸模的加工
	铣削（刨削）—磨削—线切割—磨削—研磨	IT5	0.025～0.4	
	铣削（刨削）—磨削—电火花—磨削	IT7～6	0.1～0.4	用于形状复杂的型芯的加工
	铣削（刨削）—磨削—电火花—磨削—研磨—抛光	IT5	＜0.025	

2．内孔及其型孔、型腔表面加工方案（表4-6）

表 4-6　内孔及其型孔、型腔表面加工方案

结 构 形 状	加 工 方 案	经 济 精 度	表面粗糙度 Ra（μm）	适 用 范 围
圆柱形、圆锥内孔零件（导套、推管）以及圆形型孔（孔系）或型腔的加工	钻孔	IT11～12	12.5	用于未淬硬钢、铸铁以及有色金属材料上加工孔径在15mm以下的小孔
	钻孔—铰孔	IT9	3.2～1.6	
	钻孔—粗铰—精铰	IT7～8	0.8～1.5	
	钻孔—扩孔	IT10～11	6.3～12.5	用于加工未淬硬钢、铸铁以及有色金属材料上孔径为15～20mm的小孔
	钻孔—扩孔—铰孔	IT8～9	3.2～1.6	
	钻孔—扩孔—粗孔—精铰	IT7	1.6～0.8	
	钻孔—扩孔—拉孔	IT7～9	0.1～1.6	大批量加工中小型孔（包括型孔）
	粗镗—半精镗	IT8～9	1.6～3.2	适合加工除淬火钢以外的各种材料的大中型孔
	粗镗—半精镗—精镗	IT7～8	0.8～1.6	
	粗镗—半精镗—磨孔	IT6～7	0.2～0.8	主要用于淬火钢等硬材料的加工，但不能用于有色金属的加工
	粗镗—半精镗—粗磨—精磨	IT5～6	0.1～0.2	
	粗镗—半精镗—精镗—金刚镗 钻—（扩）—粗铰—精铰—珩磨 钻—（扩）—拉—珩磨 粗镗—半精镗—精镗—珩磨	IT6～7	0.05～0.4	用于高精度的孔及其有色金属的加工
非圆形孔（孔系）及其型腔的加工	铣削—磨削	IT7～8	0.8～1.6	适用于形状较复杂的型孔加工
	铣削—磨削—线切割加工—磨削	IT6～7	0.2～0.4	
	铣削—磨削—电火花—磨削	IT6～7	0.2～0.4	
	铣削—磨削—电火花—磨削—抛光			适用于形状复杂、表面质量要求较高的型腔加工
	铣削—磨削—电解加工—磨削—抛光		< 0.025	
	铣削—冷挤压—铣削—磨削—研磨			

3．平面的加工方案（表4-7）

表 4-7　平面的加工方案

零件结构	加 工 方 案	经济精度	表面粗糙度 Ra	适 用 范 围
圆柱形零件的端面、阶台面	粗车—半精车	IT9	6.3～3.2	适用于端面阶台面加工
	粗车—半精车—精车	IT7～8	0.8～1.6	
	粗车—半精车—磨削	IT8～9	0.2～0.8	
窄长水平面加工，加工效率较高	粗刨（铣）—精刨（铣）		6.3～1.6	适用于未淬火工件的平面加工
	粗刨（铣）—精刨（铣）—刮削	IT6～7	0.1～0.8	
	粗刨（铣）—精刨（铣）—磨削	IT7	0.2～0.8	适用于精度要求较高的淬火或未淬火工件的加工
	粗刨（铣）—精刨（铣）—粗磨—精磨	IT6～7	0.02～0.4	
平面技术要求较高	粗铣—精铣—磨削—研磨	IT6 以上	< 0.1	
狭小平面	铣削—拉削—磨削—研磨	IT7～9	0.2～0.8	适用于批量较大工件的加工

☞ 活动八　加工机床及工艺装备的合理选择

机床及工艺装备的选择方案见表4-8。

表 4-8　机床及工艺装备的选择方案

项　目	注　意　事　项
设备选择	设备的主要规格参数必须与零件外廓尺寸相适应 设备的精度应与工序精度相适应 设备的生产率应与工件的生产类型相适应 设备的选择必须结合生产类型的实际情况 设备的选择与经济性相适应
夹具选择	夹具的精度应与零件的加工精度相适应 选择夹具时，尽可能优先选择通用夹具 在进行专用夹具的设计与制造时，在满足精度、强度要求的情况下，应尽可能简化夹具结构，降低研发成本
刀具选择	刀具的结构、形状、尺寸精度必须与被加工零件表面的结构形状以及精度要求相适应 一般情况下尽可能采用强度、刚性好，生产效率高，切削性能好的刀具
量具的选择	量具的精度必须与工件加工精度相适应，结构必须与工件被测表面的结构形状相适应 一般情况下，尽可能选择使用通用量具

活动九　切削用量的合理选择

1．零件机械加工时的切削用量

（1）合理的切削用量

必须在保证加工质量的前提下，充分发挥机床和刀具潜能，保证生产安全，提高劳动生产率，降低生产成本。

（2）选择机械加工切削用量应考虑的因素

工件方面：工件的材质、毛坯情况，被加工工件的形状结构，被加工表面的尺寸精度、形位精度以及表面粗糙度，工件的生产类型等。

刀具方面：刀具材料、刀具形状及其几何角度。

机床和夹具：机床和夹具的强度、刚性。

生产成本方面：保证生产安全，提高生产效率，降低劳动强度与成本。

其他加工参数选择：如模具电火花、线切割加工时的电规准的选择。

2．粗、精加工时切削用量的选择原则（表 4-9）

表 4-9　切削用量的选择原则

加工性质	目　的	特　点	选　择	
			考虑因素	选择原则
粗加工	为提高生产率，在短的时间内将大部分余量切除，为半精加工和精加工留下合理均匀的加工余量（一般电火花和线切割等特种加工前必须进行预加工）	切削深度大，切削变形大，摩擦发热严重，刀具磨损严重，工件变形较大	刀具的寿命、工艺系统（机床、夹具、工件、刀具）的强度、刚性等	首先应选择较大的切削深度，然后选择较大的进给量，最后选择一个合适的切削速度

续表

加工性质	目 的	特 点	选 择	
			考虑因素	选择原则
半精加工	进一步改善粗加工后工件的误差状况和表面质量，为精加工留下合理均匀的加工余量和表面粗糙度	加工余量在粗加工后留下，进给量受粗糙度限制应选择较小的量，因此，切削深度和进给量减小，切削力、摩擦力、发热减小，刀具磨损减小	零件加工的尺寸精度、形状、位置精度和表面粗糙度等技术要求，机床和刀具的潜能，加工质量和加工效率	为保证加工质量和加工效率，降低加工成本，首先选择一个较高的切削速度，再根据粗糙度要求选择一个合理的进给量
精加工	必须达到图样所要求的尺寸精度、形状、位置精度和表面粗糙度要求			

 知识链接

1. 车削工艺方法与车削用量的选择。
2. 铣削工艺方法与铣削用量的选择。
3. 磨削工艺方法与磨削用量的选择。
4. 电火花加工方法与电规准的选择。
5. 线切割加工方法与电参数的选择。

活动十 **常用模具零件的加工工艺路线拟定（学生自评、互评与教师评述结合）**

模具零件类型		制造工艺路线	标 准	学生自评	学生互评
冲压模具	凸模		1. 正确选择各表面的加工方案 2. 合理地根据现场的设备和技术条件拟定合理工艺路线		
	凹模				
塑料模具	型芯				
	型腔				
导向零件	导柱				
	导套				
教师评述				指导教师： 年 月 日	

项目二 冲压模具主要模具零件的加工工艺

任务一 模具零件制造工艺

模具零件制造的工艺方案见表4-10。

表 4-10　模具零件制造的工艺方案

工艺顺序	工艺类型		工艺方法	说　明	工艺顺序	工艺类型	工艺方法	说　明
1	金属切削加工工艺	传统机械加工	刨削加工工艺 钻、铰、攻丝加工工艺 车削加工工艺 普通铣削加工工艺 镗削加工工艺 雕刻工艺	一般用于模具的工作零件和结构零件的粗加工或半精加工	5	精密磨削与成型磨削	平面磨削加工工艺 内、外圆磨削加工工艺 成型磨削加工工艺 坐标磨削加工工艺 NC、CNC 磨削加工工艺和成型磨削加工工艺	成型磨削包括砂轮成型磨削、展成法成型磨削、光学曲线磨削等
2	特种加工		电火花成型加工工艺 电火花线切割加工工艺 电火花成型磨削加工工艺 电解成型加工工艺 电解磨削加工工艺	一般用于高硬、高强度等难加工材料和淬火热处理后的模具零件的加工	6	特种加工	型腔的冷挤压成型加工工艺 化学腐蚀加工工艺 型腔的电铸加工工艺 超声波加工工艺	用于中小型模具型腔制造大型模具凸模、凹模制造超硬材料加工
3	金属切削加工工艺	高效精密加工	NC 仿型铣削加工工艺 NC 铣、镗、钻加工工艺 CNC 机床加工工艺（加工中心）	若采用 NC 或 CNC 机床加工应采用工序集中原则编制 NC 或 CNC 加工工艺	7	精饰加工和光整加工	孔的研磨、珩磨加工工艺 风动、电动工具研磨、抛光工艺 饰纹加工工艺	用于尺寸精度高、表面粗糙度小的模具零件加工
4	热处理		预先热处理：退火、正火、调质 最终热处理：淬火、回火、渗碳淬火、渗氮、冷处理	渗氮、冷处理应安排在精加工后进行	8	表面强化	表面火焰淬火强化加工工艺 喷丸强化工艺 电火花强化加工工艺 镀层强化加工工艺	目的是提高表面强度、硬度、耐腐蚀性和疲劳强度

任务二　冲压模具凸模、凹模加工

活动一　冲裁模具工作零件的主要技术要求

冲裁模具零件的技术要求见表 4-11。

表 4-11　冲裁模具零件的技术要求

技术要求	内　容
尺寸精度	根据冲制制件的精度要求不同，一般要求为 IT9～IT6，但必须保证凸模、凹模在工作时配合间隙准确均匀
形位精度	两侧面应平行或稍有斜度（有一定的冲裁后角），但不能有反向锥度 刃口端面应与冲裁方向垂直 圆形凸模工作部分应与装配部分同轴
粗糙度	刃口部分一般为 $Ra = 0.4\mu m$ 装配部分一般为 $Ra = 0.8\mu m$
硬度	凸模：58～62HRC 凹模：60～64HRC

活动二　冲压模具凸模、凹模加工方案

冲压模具凸模、凹模的加工方案见表4-12。

表4-12　冲压模具凸模、凹模的加工方案

加 工 方 案		加 工 特 点	适 用 范 围
凸模、凹模分开加工	方案一	凸模、凹模分开加工，分别满足图纸所规定的各项技术指标，二者的配合间隙由凸模、凹模的实际尺寸来确定	1. 用于形状比较简单，特别是直径大于5mm的圆形凸模和凹模 2. 凸模、凹模具有互换性要求时 3. 加工设备及加工手段比较先进时
凸模、凹模配合加工（单件配制法）	方案二	先加工好凸模（或凹模），然后根据配合间隙的大小和加工好的凸模的实际尺寸来配合加工凹模（或凸模）	1. 刃口形状比较复杂的非圆冲孔模具用方案二 2. 刃口形状比较复杂的非圆落料模具用方案三 3. 这两种方法适用于冲裁间隙要求较小时
	方案三	先加工好凹模，然后根据配合间隙的大小和加工好的凹模的实际尺寸来配合加工凸模	

任务三　凸模、凹模加工工艺路线

其工艺路径见表4-13。

表4-13　凸模、凹模加工工艺路线

加工类型	工 艺 路 线	加 工 特 点
机械加工	下料—锻造—退火—毛坯外形加工（铣刨六面—磨削基准面）—钳工划线—刃口轮廓粗加工—销孔、螺孔加工—其余辅助表面加工—淬火＋低温回火—磨削基准面—刃口型面磨削加工—研磨或抛光	该工艺路线钳工工作量大，技术要求高，适用于形状较复杂，热处理变形较大的模具零件加工，但所有的切削加工必须在淬火前完成
特种加工	下料—锻造—退火—毛坯外形加工（铣刨六面—磨削基准面）—钳工划线—刃口轮廓粗加工—销孔、螺孔加工—其余辅助表面加工—淬火＋低温回火—磨削基准面—退磁处理—电火花型面加工—刃口型面的磨削或研磨加工	该工艺路线适用于形状复杂、热处理变形较大的淬火钢、硬质合金等难加工材料的加工
	下料—锻造—退火—毛坯外形加工（铣刨六面—磨削基准面）—钳工划线—销孔、螺孔、穿丝孔加工—其余辅助表面加工—淬火＋低温回火—磨削基准面—退磁处理—线切割加工—刃口型面的磨削或研磨加工	该工艺路线适用于形状比较复杂、热处理变形较大的，直通式凸模、凹模以及其他模具零件的加工

任务四　主要冲压模具零件的制造工艺编制

 知识链接

1. 模具工作零件的制造工艺方案。
2. 模具设计与制造工艺手册中的冲压模具设计与制造。

活动一　回转体形拉深凸模的制造工艺编制

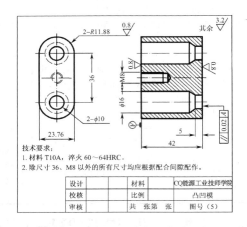

模 具 名 称	圆筒拉深模	模 具 编 号		工 序 号		工艺简图
零件名称	凸模	零件编号		08		
坯料材料	Gr12	坯料尺寸		坯料件数		
序号	机号	工种	工序内容及 工艺要求	工时		
				工艺参数（机械加工切削用量、电加 工工艺参数）		工装
...	...	...	...	...		
工艺员		年 月 日	制造者		年 月 日	
检验员		年 月 日	检验纪要		年 月 日	

活动二 非回转体形凸模的制造工艺编制

模 具 名 称	链板复合模	模 具 编 号		工 序 号		工艺简图
零件名称	凸模	零件编号		05		
坯料材料	T10A	坯料尺寸		坯料件数		
序号	机号	工种	工序内容及 工艺要求	工时		
				工艺参数（机械加工切削用量、电 加工工艺参数）		工装
...	...	...	...	...		...
工艺员		年 月 日	制造者		年 月 日	
检验员		年 月 日	检验纪要		年 月 日	

活动三 回转体形凹模的制造工艺编制

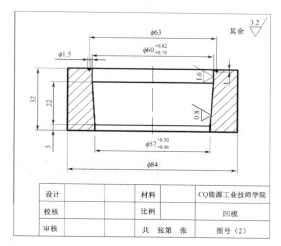

设计		材料	CQ能源工业技师学院
校核		比例	凹模
审核		共　张第　张	图号（2）

模 具 名 称		橡胶密封圈模	模 具 编 号		工　序　号		
零件名称		凹模	零件编号		08		工艺简图
坯料材料		Gr12	坯料尺寸		坯料件数		
序号	机号	工种	工序内容及 工艺要求	工时			
				工艺参数（机械加工切削用量、电加 工工艺参数）		工装	
…	…	…	…	…		…	
工艺员		年　月　日		制造者		年　月　日	
检验员		年　月　日		检验纪要		年　月　日	

活动四 非回转体形凹模制造工艺编制

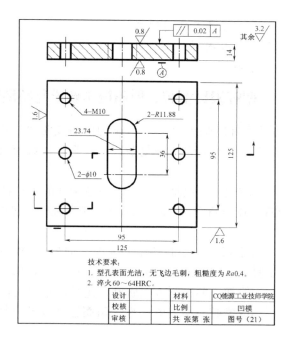

技术要求：
1. 型孔表面光洁，无飞边毛刺，粗糙度为 Ra0.4。
2. 淬火 60～64HRC。

设计		材料	CQ能源工业技师学院
校核		比例	凹模
审核		共　张第　张	图号（21）

模 具 名 称	链板复合模	模具编号		工 序 号		
零件名称	凹模	零件编号		21		工艺简图
坯料材料	T10A	坯料尺寸			坯料件数	
序号	机号	工种	工序内容及 工艺要求	工时		工装
				工艺参数 （加工切削用量、电加工工艺参数）		
…	…	…	…	…		…
工艺员		年 月 日		制造者		年 月 日
检验员		年 月 日		检验纪要		年 月 日

项目三　塑料模具的制造

项目描述：

1. 塑料成型模具主要零件的制造工艺特点与方案选择。
2. 塑料成型模具工作零件的加工方案及其工艺路线。

能力目标：

1. 能理解塑料成型模具零件加工的工艺特点及合理选择其加工方案。
2. 能根据塑料成型模具的技术与材料要求以及现场技术条件拟定合理的工艺路线。

场景设计：

1. 模具制造训练现场。
2. 常用的机械和特种加工设备及常用的工装。
3. 塑料成型模具零件实体或图样。
4. 相关的技术资料和手册。

任务一　型腔模具型腔、型芯技术要求与制造特点

（1）部分型腔模具的型腔和型芯均由形状复杂的曲面或曲面与其他表面组合而成，特别是型腔多为盲孔型成型表面，形状都比较复杂，一般都采用数控加工、电火花成型加工等方法进行加工。

（2）模具的尺寸精度要求较高，制造公差小（成型零件的尺寸精度一般为 IT8～IT9，精密成型模具为 IT5～IT6，配合部分为 IT7～IT8），制造困难。这些模具零件的最终加工往往需要进行精磨和研磨加工。

（3）零件的表面质量要求很高，型腔和型芯表面一般要求 $Ra = 0.2～0.1\mu m$，有镜面要求的成型零件其粗糙度要求达到 $Ra = 0.05\mu m$ 以上，因而，塑料模具的型腔和型芯表面除了进行磨削加工以外，一般都需要进行人工研磨、抛光，甚至进行镀层处理。

（4）提高型腔模具型芯或型腔表面的耐磨性、耐腐蚀性以及模具的使用寿命，必须对

塑料模具成型零件进行必要的热处理。

任务二　型腔模具成型零件加工工艺路线

型腔模具成型零件加工工艺路线见表4-14。

表4-14　型腔模具成型零件加工工艺路线

加工类型	工艺路线	应用特点
机械加工	下料—锻造—退火—坯料外形加工（铣、刨、磨）—型面的粗铣—退火去应力—型面的半精铣削加工—其他辅助表面加工—淬火＋回火—型面的磨削加工—型面的光整加工—渗氮或镀铬、镀钛等	适用于要求有一定的尺寸精度和要求对材料进行完全淬硬热处理的情况
	下料—锻造—退火—坯料外形加工（铣、刨、磨）—型面的粗铣—调质—型面的半精铣削加工—其他辅助表面加工—型面的磨削加工—表面火焰淬火—型面的光整加工—渗氮或镀铬、镀钛等	适用于要求有一定的尺寸精度和不求对材料进行完全淬硬热处理的情况（如使用预硬材料）
	下料—锻造—正火—模坯外形加工（铣、刨、磨）—粗铣型面—去应力退火—半精加工型面—渗碳—淬火＋回火—型面光整加工—镀铬等表面处理	适用于低碳和低碳合金钢制造尺寸要求不高的成型零件，以及要求进行表面硬化处理的情况
特种加工	下料—锻造—退火—坯料外形加工（铣、刨、磨）—型面的粗铣—去应力退火—其他辅助表面加工—淬火＋回火—型面的基准面磨削加工—退磁处理—电火花型面加工—型面光整加工—渗氮或镀铬、镀钛等	适用于成型零件的电火花成型加工
	下料—锻造—退火—坯料外形加工（铣、刨、磨）—型面的粗铣—去应力退火—其他辅助表面加工—淬火＋回火—型面的基准面磨削加工—型面的电解加工—型面光整加工—渗氮或镀铬、镀钛等	适用于成型零件的电解（电化学）成型加工
	下料—锻造—退火—坯料外形加工（铣、刨、磨）—坯料的预加工—型面挤压成型加工（冷挤压、热挤压、超塑成型加工等）—去应力处理—其他表面的机械加工—表面热处理（渗碳淬火、渗氮、碳氮共渗等）—光整加工—镀铬等表面处理	适用于成型零件的挤压成型加工

任务三　常见塑料成型模具零件的制造工艺路线拟定

项　目	制造工艺路线	标　准	学生自评	学生互评
整体式型芯		1. 表面加工方案合理 2. 工艺方法选择符合零件技术以及生产条件要求，满足保质、高效、低成本		
镶拼类型芯				
整体式型腔				
镶拼类型腔				
教师评述			指导教师： 　年　月　日	

习　题　4.3

1. 制订圆柱（锥）形凸模（型芯）、凹模的制造工艺路线。
2. 制订非圆形凸模、凹模的制造工艺路线。
3. 试述复杂型芯、型腔常用的加工工艺手段。
4. 编制目标模具中主要模具零件的加工工艺。

模具的装配知识

| 项目一 | 冷冲模具的装配 |

项目描述：

1. 冲压模具装配技术要求。
2. 冲压模具的装配方法选择。
3. 冲压模具的装配与调整操作。
4. 冲压模具的总装、试模与问题分析及调整。

能力目标：

1. 能正确理解冲压模具的装配技术要求。
2. 能根据冲压模具的结构特点及装配技术要求选择合理的装配方法。
3. 能根据冲压模具的结构特点，对各组间的装配选择正确的装配方法，熟练完成模具各模具组间的装配工作。
4. 能熟练完成冲压模具的总装，并能准确分析并发现模具问题及产生原因，提出解决问题的方案，快捷地解决问题。

场景设计：

1. 模具制造训练现场。
2. 常用的装配工具、特种加工设备及检测工具。
3. 合格的冲压模具零件、模具装配图及相关技术文件。
4. 相关的技术资料和手册。

任务一　冷冲模具装配技术要求

☞ **活动一** 熟悉工作零件装配技术要求

1. 凸模、凹模的轴线或侧刃与固定板安装基准面之间的垂直度精度应满足以下要求：

配合间隙≤0.06mm 时，小于 0.04mm。

配合间隙>0.06～0.15mm 时，小于 0.08mm。

配合间隙＞0.05mm 时，小于 0.12mm。

2．凸模、凹模装配好后，安装尾部应与其固定板一起在平面磨床上进行合并磨削，使其表面平整，表面达到 $Ra = 1.6 \sim 0.8\mu m$，以保证与其他模板具有良好的基础精度。

3．组合凸模装配好后，其高度误差应控制在 0.1mm 以内。

4．拼块凸模、凹模装配好后，其刃口两侧面应平整光滑，无接缝感。拉深模具、成型模具的拼块凸模、凹模装配好后，其工作面的接缝平整度允差应小于 0.02mm。

👉 活动二 熟悉紧固件装配技术要求

1．螺栓拧紧后，不允许有任何松动，其旋合长度应满足以下要求。

旋入钢件：旋合长度≥螺栓直径。

旋入铸铁：旋合长度≥螺栓直径的 1.5 倍。

2．定位销与定位销孔的配合应松紧适度，圆柱销与销孔零件的配合长度应大于销直径的 1.5 倍。

👉 活动三 熟悉导向零件的装配技术要求

1．导柱压入模座的垂直度要求（在 100mm 内的允差）见表 5-1。

表 5-1 导柱、导套装配垂直度要求

项　　目	滑　动　导　柱			滚　珠　导　柱
	Ⅰ类导柱	Ⅱ类导柱	Ⅲ类导柱	
垂直度	≤0.01mm	≤0.015mm	≤0.02mm	≤0.005mm

2．导料板的导向平面应与凹模中心线平行，其平行度允差要求如下。

冲裁模：平行度允差＜100：0.05mm。

级进模：平行度允差＜100：0.02mm。

👉 活动四 凸模、凹模装配好后的配合间隙要求

凸模、凹模装配好后的配合间隙要求见表 5-2。

表 5-2 凸模、凹模装配好后的配合间隙要求

项　　目	冲　裁　模		弯曲、成型、拉深类模具
配合间隙	一般要求	尖角、转角处	最大值＜材料厚＋材料厚的上偏差
	＜规定间隙的 20%	＜规定间隙的 30%	最小值＜材料厚＋材料厚的下偏差
要求	配合间隙均匀一致		

👉 活动五 模具装配好后的闭合高度要求

模具装配的闭合高度要求见表 5-3。

表 5-3 模具装配的闭合高度要求

闭合高度	≤200mm	＞200～400mm	＞400mm
允许误差	－3～+1mm	－5～+2mm	－7～+3mm

👉 **活动六** 熟悉顶出卸料件装配技术要求

1．冲压模具装配后，其卸料板、推板、顶板等均应高出凹模、凸模或者凸凹模的模面 0.5～1mm。

2．弯曲模的顶出件装配好后应低于成型表面，具体要求如下：

当材料厚度≤1mm 时，应低于型面 0.01～0.02mm。

当材料厚度＞1mm 时，应低于型面 0.02～0.04mm。

3．顶杆、推杆长度在同一模具内应保持一致，误差应控制在 0.1mm 以内。

4．卸料机构运动应灵活、无阻滞现象。

👉 **活动七** 熟悉装配后模板的平行度要求

模具装配的模板平行度要求见表 5-4。

表 5-4　模具装配的模板平行度要求

配合间隙	≤0.06mm	＞0.06mm	其他模具
300mm 内的平行度允差	＜0.06mm	＜0.08mm	＜0.1mm

👉 **活动八** 熟悉模柄装配后的技术要求

1．模柄对上模座基准面的垂直度应小于 100：0.05mm。

2．浮动模柄的凹凸球面接触精度应大于 80%。

任务二　冲压模具装配方法

👉 **活动一** 装配方法的选择

模具装配方法的选择见表 5-5 所示。

表 5-5　模具装配方法的选择

装配方法		应　用
互换装配法	完全互换法	用于组成环数（零件）少，装配精度要求不高的大批量生产场合
	不完全互换法	适用于成批或大量生产的模具装配场合
分组装配法		适用于生产批量大，装配精度要求高的装配场合，如导柱导套的装配，如图 5-1 所示
修配装配法	指定零件修配法	适用单件、少量生产场合，常用于凸模、凹模装配时的间隙调整等
	合并修配法	将两个或两个以上的零件装配好后，再按要求进行修配，如凸模、凹模与各自固定板压装后，再进行平磨加工等，如图 5-2 所示
调整装配法	可动调整法	用移动调整螺钉或配合斜面的位置来进行间隙调整，如卸料板等模具零件的装配与调整
	固定调整法	根据装配要求选择配合零件的尺寸（入垫片厚度）来达到装配精度要求，如塑料模具装配中选择垫片来调整型芯与型腔的相对位置等

1. 装配概念及装配工艺过程。
2. 尺寸链在装配技术中的应用。
3. 螺纹连接装配技术要求与装配方法。
4. 过盈配合装配技术要求与装配方法。
5. 销连接装配技术要求与装配方法。
6. 装配过程中装配误差与装配精度的检测及评估方法。

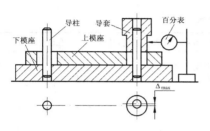

图 5-1 导套装配与检测

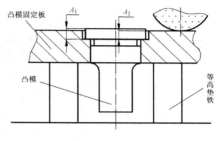

图 5-2 合并修配法

活动二 冲压模具的装配方法

1．凸模、凹模的装配方法

（1）紧固件法装配凸模、凹模（表 5-6）

表 5-6 紧固件法装配凸模、凹模

紧 固 件	装配工艺简图	装配要点	应 用
螺钉固定		1．利用凸模上已加工好的螺孔和销孔，在垫板上配钻固定螺孔 2．将凸模装入固定板孔，保证垂直度 3．用螺钉紧固，用力均匀不准松动	凸模固定
钢丝固定		1．在固定板上加工钢丝槽，宽度等于钢丝直径 2．将凸模和钢丝一起自上而下压入固定板	
斜压块与螺钉固定		1．将凹模放入固定板上已加工好的燕尾槽中，找正其轴线与固定板基准面的垂直度 2．利用斜压块，在固定板上配加工螺孔 3．压入斜压块，拧紧螺钉	凹模固定

续表

紧 固 件	装配工艺简图	装配要点	应 用
压板螺钉固定	 凹模　锥孔压块 凹模固定板　螺钉	1．将凹模装入固定板，保证其位置精度（与安装基准面的垂直度，与其他型孔或模具零件的位置精度） 2．将凹模与压板结合配加工螺孔和销孔 3．调整并找正凹模位置，拧紧螺钉	凹模固定

（2）压入法（图 5-3）

压入法装配凸模，凹模见表 5-7。

表 5-7　压入法装配凸模、凹模

配 合 要 求		1．配合性质：H7/n6 或 H7/m6　　2．表面粗糙度 $Ra < 0.8\mu m$	
技术要求	凸模	1．无台阶的凸模压入端（非刃口端）四周应修整出一定的圆角或小锥度 2．对于有台阶的凸模，压入部分应设有引导部分，并在该部分修整出小圆角、小锥度以及在 3mm 范围内将直径磨小 0.03～0.05mm，于装配时导入
	固定板	1．凸模固定孔的尺寸和表面粗糙度应符合要求 2．凸模固定孔应与基准面垂直，不应有锥度或鞍形 3．当凸模不允许设引导部分时，可在固定板孔压入端加工出斜度小于 1°、高度小于 5mm 的引导部分，便于凸模压入 4．凸模安装基准面应与凸模固定板支撑面贴紧
压入顺序		1．在进行组合凸模安装时，先压入容易安装且为其他凸模的定位基准的凸模 2．压入依赖其他零件定位或需要进行工艺处理的凸模
合并修磨		1．压入后将凸模和固定板安放在平面磨床上进行合并修磨，将固定板的底平面与凸模尾部一并磨平 2．将其反转 180°，以固定板的底平面为基准修磨凸模刃口
注意事项		1．压入时，凸模的中心必须与压力机的压力中心重合 2．在压入过程中，必须随时检查凸模与基准面之间的垂直度。当压入少许就要检查，当压入 1/3 深度时，再检查，不合格及时调整，保证其垂直度符合要求 3．压入过程必须连续平稳，严禁冲击或锤击

（3）挤紧法（图 5-4）

① 将凸模以凹模定位，通过凹模将其压入凸模固定板，保证凸模、凹模的间隙均匀准确。

② 用錾子环绕凸模四周对固定板进行局部挤压，使固定板材料变形而压紧凸模。

③ 检查凸模凹模间隙是否均匀准确，凸模的垂直度是否符合要求，如不合要求，必须修挤直至合格。

（4）黏接法

使用有机或无机黏接剂，将凸模、凹模间隙修挤均匀准确后，再进行粘接。此法还可以用于导套、导柱与上下模座之间的装配。

（5）低熔点合金固定法（图 5-5）

将凸模置于凸模固定板和凹模板上，采用辅助托板对凸模进行定位和找正，直至凸模与基准面的垂直度和凸模与凹模之间的配合间隙合适、均匀后 [图 5-5（a）]，浇铸熔化后的低熔点合金，待其冷凝后，即完成对凸模的固定 [图 5-5（b）]。可以用此种方法来固定导套、导柱以及其他模具零件。

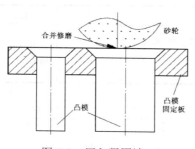

图 5-3 压入紧固法

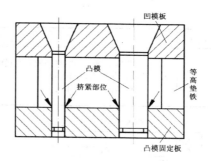

图 5-4 挤紧法

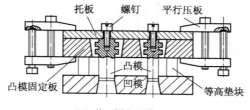

（a）找正固定凸模

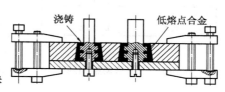

（b）低熔点合金浇铸

图 5-5 低熔点合金固定法

（6）热套法

将固定凸模、凹模、导套、导柱等的包容件（套件）加热膨胀后，装入被包容零件，待其冷却后将凸模、凹模、导套、导柱固定。

2. 凸模、凹模的间隙调整

冲裁模具装配时的间隙调整见表 5-8。

表 5-8 冲裁模具装配时的间隙调整

方　法	操 作 方 法	应　用
光隙法 （图 5-6）	1. 将上、下模分别装配，暂不紧固 2. 在上、下模之间垫入等高垫块，用平行夹头夹紧，将上、下模翻转，移入光源 3. 通过型孔，观察光间隙的均匀程度，调整凸模和凹模位置，直至间隙均匀 4. 用平行夹头紧固未进行固定和定位的上或下模，在凸模或凹模的固定板和模座之间配加工螺孔，紧固后再配加工销孔进行定位	用于冲裁精度要求不高的冲模间隙调整
测量法	1. 将凸模插入凹模型孔内 2. 用塞尺检查凸模和凹模四周的间隙是否均匀 3. 根据检查结果调整凸模、凹模的相对位置，使两者之间的间隙均匀 4. 再进行紧固和定位	用于单边间隙大于 0.02mm 以上的模具
垫片法 （图 5-7）	1. 根据凸模和凹模配合间隙的大小，在凸模和凹模之间垫入与单边间隙等厚的垫片，根据垫片的厚度，调整凸模和凹模之间的间隙使其均匀 2. 进行紧固和定位	用于间隙较大的冲模调整
涂层法	1. 在凸模上涂上一层与凸模和凹模配合间隙相同厚度的涂层（瓷漆或绝缘漆），再调整凸模位置插入型孔，即获得均匀的间隙 2. 进行紧固和定位	用于小间隙冲模调整

续表

方　　法	操 作 方 法	应　用
镀铜法	1．在凸模上镀上一层与凸模和凹模配合间隙相同厚度的铜，再调整凸模位置插入型孔，即获得均匀的间隙 2．进行紧固和定位即可	用于小间隙冲模调整

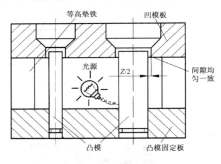

图 5-6　光隙法调整间隙

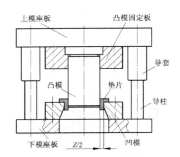

图 5-7　垫片法调整间隙

任务三　冲压模具的总装与试模

根据模具装配的技术要求、模具零件的固定方法，完成模具的模架、凸模、凹模组件装配后，即可以进入总装工作。

活动一　冲压模具的总装

冲裁模的总装顺序：总装时，应根据上模和下模上所安装零件在装配过程中所受限制的情况，来决定究竟先装上模还是下模。一般情况是将装配过程中受限制最大的部分先安装，并以它作为调整模具另一部分活动零件的定位基准。

活动二　冲裁模具试模与调整

1．试模的目的

模具装配好后，必须在生产条件下进行试模，在试模过程中去发现模具在设计与制造过程中的各种缺陷，通过认真的分析和精心的调整，然后再进行试模，直至冲出合格的制件后，方能交予用户使用，整个模具的设计与制造工作才告圆满。

2．冲裁模具的调整

冲裁模具装配的调整要求见表 5-9。

表 5-9　冲裁模具装配的调整要求

调整项目	调 整 内 容
凸模位置与 冲压间隙调整	1．凸模、凹模的形状和尺寸必须与制件的形状和尺寸相吻合 2．冲裁时，凸模、凹模刃口的工作高度一定要与制件厚度相适应 3．凸模、凹模的冲裁间隙一定要准确均匀。对于有导向机构的模具，导向系统必须定位准确，运动灵活平稳；对于无导向机构的模具，必须在压力机上安装模具时认真调试

续表

调 整 项 目	调 整 内 容
定位部分调整	1. 修边和冲孔模具坯料定位部分的形状和尺寸必须与坯料的形状和尺寸相吻合 2. 保证定位钉、定位块、导料板等的位置准确，调整时，必须根据制件和坯料的形状、尺寸以及位置精度进行调整
卸料部分调整	1. 卸料板（推件器）的形状必须与制件形状相吻合 2. 卸料板与凸模之间的间隙不能太大或太小，运动必须灵活平稳 3. 卸（推）料弹簧的弹力必须足够大而均匀 4. 卸料板（推件器）的行程不能太大或太小 5. 凹模型孔不能有倒锥 6. 漏料孔（出料槽）在卸（推）料过程中应畅通无阻

3. 试模缺陷的分析与调整

冲裁模具试模缺陷分析与调整见表 5-10。

表 5-10　冲裁模具试模缺陷分析与调整

缺　陷	产 生 原 因	调 整 方 法
制件毛刺太大	1. 刃口不锋利或淬火硬度不够 2. 间隙过大或过小，间隙不均匀	1. 修磨刃口或者更换凸模或凹模 2. 重新调整冲裁间隙，使其均匀
制件尺寸形状不准确	凸模、凹模的尺寸和形状误差太大	修整凸模、凹模的形状和尺寸、调整冲裁间隙，或者更换凸模或凹模
制件不平整	1. 凹模型孔有倒锥或入口不锋利 2. 顶件杆（器）与制件之间的接触面太小或不均匀 3. 顶件杆（器）分布不合理或顶件力不均匀	1. 修整凹模型孔，去掉倒锥，修出后角 2. 更换件杆（器），增大接触面积 3. 合理分布件杆（器），使顶件弹力均匀
凸模折断	1. 冲裁力与模具压力中心不重合，产生侧向力 2. 卸料板产生倾斜 3. 上下模表面与压力机着力方向不平行 4. 凸模、导向机构垂直度差	1. 调整模具在压力机上的安装位置 2. 调整卸料板，使其水平顶件力均匀 3. 保证模具在压力机上的安装水平，压紧不松动 4. 重新装配模具，保证凸模、导向机构垂直度符合要求
凹模胀裂	1. 凹模结构不合理，容易造成应力集中 2. 凹模有上口大下口小的倒锥	1. 重新设计和制造凹模 2. 修整凹模型孔，去掉倒锥
啃口	1. 上下模座、固定板等零件的平行度超差 2. 凸模、凹模错位 3. 导向机构、凸模装配垂直度超差 4. 导柱、导套配合间隙过大 5. 顶件机构（卸料板）孔位产生偏移，使凸模产生歪斜	1. 重新装配模具，保证平行度要求 2. 重新装配模具，使冲裁间隙准确均匀 3. 重新装配模具，保证垂直度要求 4. 更换导柱、导套 5. 修整或更换卸料板
制件端面有光亮带，毛刺大小不均匀	1. 冲裁间隙过小 2. 冲裁间隙不均匀	1. 根据制件的尺寸和形状要求，修整凸模或凹模（对冲孔模具修整凹模，对落料模具修整凸模），适当放大冲裁间隙 2. 调整冲裁间隙，保证间隙合理
制件端面有二次光亮带和齿形毛刺	冲裁间隙过小和间隙不均匀	根据制件的尺寸和形状要求，修整凸模或凹模（对冲孔模具修整凹模，落料模具修整凸模），适当放大冲裁间隙

续表

缺　陷	产 生 原 因	调 整 方 法
制件外形与内孔偏移	1. 定位机构位置误差过大，坯料定位不准确 2. 复合模具的凸凹模型孔和落料刃口偏心 3. 级进模具的定距侧刃位置与步距不一致 4. 导料板工作面与凹模送料中心不平行或产生偏置	1. 调整定位机构位置，使其符合制件的尺寸、形状和位置精度要求 2. 更换凸凹模，保证其位置精度 3. 加大或减小定距侧刃长度；磨小挡料块的尺寸 4. 调整挡料板，使其工作面与凹模送料中心平行，使工作平面的中心对称面与送料中心重合
送料不畅，易被卡死（连续模）	1. 两导料板之间的尺寸过大或过小，或两导料板的工作平面不平行 2. 卸料板与凸模之间的间隙过大，使搭边翻转卡死 3. 导料板工作平面与定距侧刃不平行形成锯齿卡住条料 4. 导料板与定距侧刃工作平面之间的间隙过大，产生毛刺	1. 修整或重新装配两导料板 2. 重新加工或更换卸料板，调整卸料板与凸模之间的间隙，使其合理均匀 3. 重新装配两导料板 4. 调整导料板与定距侧刃工作平面之间的间隙，使之与条料之间配合紧密
卸料不正常，退不下料	1. 卸料装置不动作 2. 卸料弹力不足 3. 卸料孔卸料不畅，卡死废料 4. 凹模型孔有倒锥 5. 打料杆长度不够 6. 凹模落料孔与下模座漏料孔错位	1. 重新装配卸料装置，使其动作灵活可靠 2. 增大弹簧长度和橡胶厚度以及弹力 3. 修整卸料孔 4. 修整凹模型孔，去掉倒锥 5. 增大打料杆长度 6. 修整漏料孔

☞ **活动三**　弯曲模具的装配、试模与调整

弯曲模具的装配与调整见表 5-11。

表 5-11　弯曲模具的装配与调整

调 整 项 目	调 整 要 点
上下模在压力机上的安装与调整	1. 保证上模、下模在工作时，凸模、凹模位置和形状吻合 2. 保证上模、下模定位导向准确，运动灵活。有导向机构的模具在装配时保证；无导向机构的模具，在压力机上安装调试 3. 调整压力机的工作行程和上模、下模的闭合高度
弯曲间隙调整	1. 调整凸模、凹模在垂直方向的间隙；使用硬度低于坯料的材料进行试冲，调整冲床下死点位置来实现 2. 上模、下模周边间隙可用样件或与坯料厚度相同的垫片进行调整 3. 将间隙调整与修配凸模、凹模的尺寸和形状相结合，待凸模、凹模的间隙均匀合理，冲制出合格制件后，加工紧固螺孔和定位销孔，再对凸模、凹模进行热处理，最后进行紧固和定位
定位装置调整	保证定位部分的尺寸和形状与弯曲件相吻合，合理调整定位钉（板）以及压边机构的位置和压边力
卸料机构调整	1. 保证卸料机构位置准确、行程合理、作用力均匀、动作连续灵活 2. 保证卸料弹力足够均匀

☞ **活动四**　拉深模具的装配、试模与调试

1. 拉深模具的装配

拉深模具的装配方法与冲裁模具的装配方法基本相同，必须确保其凸模、凹模位

置准确，间隙均匀合理。直至冲制出合格制件后，才对拉深模具的工作零件进行淬火热处理。

2. 拉深模具的间隙调整

对于不带压边装置的拉深模具，拉深时的单边间隙 $Z/2 = (1\sim1.1)\delta$。

带压边装置的拉深模具的单边间隙 $Z/2$ 见表 5-12。

表 5-12 拉深模具凸模、凹模间隙要求

总拉深次数	拉深工序	单边间隙
一次拉深	一次拉深	$Z = (1\sim1.1)\delta$
两次拉深	第一次拉深 第二次拉深	$Z = 1.1\delta$ $Z = (1\sim1.1.05)\delta$
三次拉深	第一次拉深 第二次拉深 第三次拉深	$Z = 1.2\delta$ $Z = 1.1\delta$ $Z = (1\sim1.05)\delta$

3. 拉深模具的试模与调整

（1）拉深模具的试模目的

① 通过试模发现模具在设计和制造过程中所存在的缺陷，找出原因，并进行合理的调整与修整，直至拉深出合格的制件。

② 将理论计算值与试验的情况相结合，确定拉深前坯料的尺寸和形状，制订制件的拉深次数和工艺。

（2）拉深模具的试模缺陷与调整

拉深模具的试模缺陷分析与调整见表 5-13。

表 5-13 拉深模具的试模缺陷分析与调整

缺　陷	产　生　原　因	调　整　方　法
制件局部拉裂	1. 凸模、凹模圆角半径太小 2. 拉深润滑不良 3. 材料出现硬化现象，塑性差 4. 压边力太大，造成拉深应力过大	1. 修整凸模、凹模圆角半径 2. 选择合适润滑剂，进行良好润滑 3. 选择塑性好的材料，在多次拉深过程中安排退火处理，恢复硬化坯料的塑性 4. 适当减小压边力
凸缘皱折，侧壁拉裂	1. 压边力太小或压边圈与制件接触力不均匀 2. 凹模圆角半径太大	1. 增大压边力，调整压边圈位置 2. 减小凹模圆角半径
制件底部拉脱	凹模圆角半径太小，产生冲制切割现象	适当修大凹模圆角半径
盒型制件角部破裂	1. 凸模或凹模角部圆角半径太小，产生角部弯曲应力过大 2. 拉深间隙过小	1. 适当修大凸模和凹模角部圆角半径 2. 适当加大凸模和凹模的拉深间隙
制件底部不平整	1. 缓冲弹顶器推力不足 2. 推杆设置不合理或与工件接触面积太小 3. 毛坯不平整 4. 润滑剂太多，排气不畅	1. 更换弹簧或加大橡胶厚度 2. 调整或改善推料装置的结构 3. 将不平的坯料矫正后再进行拉深 4. 合理使用润滑剂，改善排气

续表

缺　陷	产 生 原 因	调 整 方 法
侧壁拉毛	1. 模具凸模、凹模的型面表面粗糙 2. 凸模、凹模型面和坯料表面不洁净 3. 拉深过程中润滑不良	1. 减小凸模、凹模的表面粗糙度 2. 清洁凸模、凹模型面和坯料表面，使用干净的润滑剂 3. 拉深过程中应进行良好的润滑
拉深高度不够	1. 坯料尺寸过小 2. 凸模圆角半径太小 3. 拉深间隙过大	1. 放大坯料尺寸 2. 适当修大凸模圆角半径 3. 调整拉深间隙
拉深高度过大	1. 坯料尺寸过大 2. 凸模圆角半径太大 3. 拉深间隙过小	1. 减小坯料尺寸 2. 适当减小凸模圆角半径 3. 调整增大拉深间隙
制件口沿皱折	1. 压边力太小或压边圈与制件接触力不均匀 2. 凹模圆角半径太大	1. 增大压边力，调整压边圈位置 2. 减小凹模圆角半径
制件边缘呈锯齿状	坯料边缘有毛刺	修整落料凹模刃口，使其间隙均匀，刃口光洁
制件壁厚变薄	1. 凹模圆角半径太小 2. 拉深间隙过小 3. 压边力太大 4. 润滑不合理	1. 修大凹模圆角半径 2. 增大拉深间隙 3. 调整压边弹力，适当减小压边力 4. 选择合适润滑剂
阶梯形制件局部拉裂	凸模、凹模圆角半径太小，增大了材料塑性变形流动的阻力，拉深力过大	增大凸模、凹模圆角半径，适当减小拉深力
制件边缘高低不平等	1. 凹模圆角半径太大，压边力不足 2. 拉深间隙不均匀 3. 润滑剂太多	1. 减小凹模圆角半径，适当加大压边力 2. 调整凸模、凹模位置，均匀拉深间隙 3. 适当减小润滑剂的用量

项目二　　塑料模具的装配

项目描述：

1. 塑料模具装配技术要求。
2. 塑料模具的装配与调整操作。
3. 塑料模具的总装，与注塑机连接调整及试模与问题分析。

能力目标：

1. 能正确理解塑料模具的装配技术要求。

2. 能根据塑料模具的结构特点，对各组间的装配选择正确的装配方法，熟练完成各模具组间的装配工作。

3. 能熟练完成塑料模具的总装，并能准确分析发现模具问题及产生原因，提出解决问题的方案，快捷地解决问题。

 **场景设计：**

1. 模具制造训练现场。
2. 常用的装配工具、特种加工设备及常用的检测工具。
3. 合格的塑料模具零件、模具装配图及相关技术文件。
4. 相关的技术资料和手册。

任务一　熟悉塑料模具的装配技术要求

塑料模具主要包括注射、压塑、压注、挤塑、吹塑模具等，其装配与冷冲模装配有很多相似之处，但塑料模具是在高温、高压、粘流状态下进行成型工作的，各配合件之间的装配技术要求更为严格。

塑料模具的装配技术要求见表5-14。

表5-14　塑料模具的装配技术要求

技术要求项目	技术要求内容
模具外观装配技术要求	1. 模具非工作部分应倒棱、倒角 2. 装配后的模具闭合高度、安装部位的配合尺寸、顶出形式、开模距离必须满足设计要求 3. 模具装配后各分型面的配合必须均匀密合 4. 各零件的支撑面的平行度必须满足模具的使用要求。一般要求为小于 200：0.05mm 5. 大中型模具应在合适部位设置起吊、安装吊环（沟） 6. 装配后应在模具上刻打出动、定模方向记号、编号、型号以及使用设备型号等
成型零件以及浇注系统部分的装配技术要求	1. 在装配的修整过程中，成型零件的形状、尺寸和表面粗糙度等必须符合设计要求 2. 成型零件浇注系统的表面应光洁、无死角、划痕等 3. 型腔分型面、浇注系统、进料口等部位，应保持锐边，不能有圆角 4. 相互接触的型芯与型腔、挤压环、柱塞和加料室之间应有适当的间隙或具有一定的承压能力 5. 成型具有腐蚀性的塑料时，必须对型芯、型腔表面进行镀层处理 6. 相互配合的成型零件的位置精度必须满足设计要求 7. 对于拼块、镶拼式型芯型腔的拼接面，必须保证密合、牢固、表面光洁、无拼接痕迹
活动零件的装配技术要求	1. 各滑动零件必须具有合适的配合间隙、准确的起止位置 2. 活动零件的运动必须平稳、灵活、协调，不能有阻滞现象
锁紧及紧固零件的装配技术要求	1. 锁紧零件应锁紧和牢固，不能有松动现象发生 2. 定位零件应位置准确、配合松紧得当，不能有松动现象发生 3. 紧固零件应紧固有力、着力均匀，不能有松动现象发生
顶出机构的装配技术要求	1. 各顶出件应协调一致，运动平稳，无阻卡现象发生 2. 各顶出零件工作受力均匀，应具有足够的强度、刚性和稳定性 3. 应保证在开模时，能顺利顶（拉）出制件和浇注系统；合模时，能准确地退回原位
导向系统的装配技术要求	1. 导柱导套装配后，应垂直于模座和模板的基准平面，运动灵活，平稳无阻卡现象 2. 导向精度应保证定位和导向准确 3. 侧抽芯机构的斜导柱应具有足够的刚性强度和耐磨性，保证导向准确，运动灵活 4. 滑块与导滑槽的配合间隙应满足模具的工作性能要求，配合松紧程度合适，运动灵活、平稳
加热冷却系统的装配技术要求	1. 冷却装置应保证牢固稳定，密封可靠 2. 加热装置应保证绝缘、隔热 3. 控制装置的开关应动作灵活准确，转换及时，协调一致

任务二　塑料模具的装配

👉 **活动一**　型芯的装配

塑料模具型芯的装配方法见表 5-15。

表 5-15　塑料模具型芯的装配方法

项　目	装配方法	工 艺 图 解	方　法
小型型芯固定	过渡配合固定	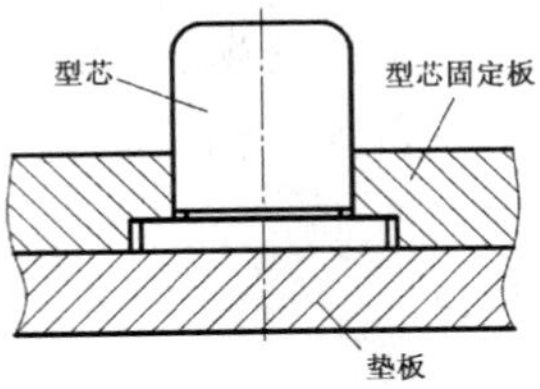	定板装配时，必须注意找正型芯与固定板装配基准面之间的垂直度
	螺纹固定	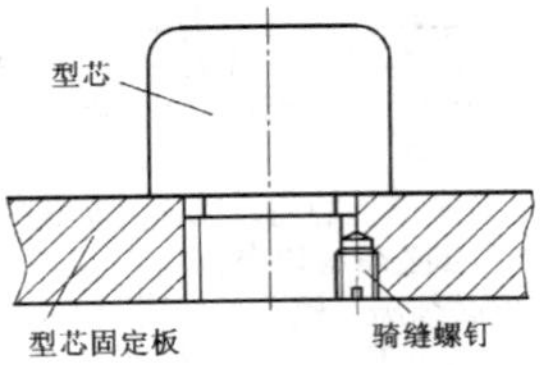	具有方向要求的型芯应注意拧紧后型芯的方向，通过修磨固定板的上下平面来调整，其修磨量为 $\Delta_{修磨}=P\cdot\alpha/360°$，适合于热固性塑料模具 P—连接螺纹螺距 α—调整时应转角度
	螺母固定	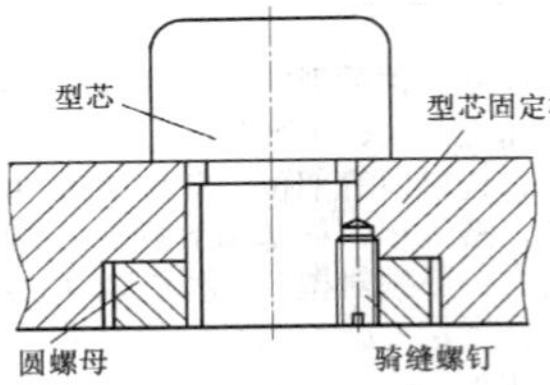	型芯与固定板孔之间的配合采用过渡配合，型芯的方向可采用加减垫片的方法进行调整
大型型芯固定	采用销定位和螺钉紧固	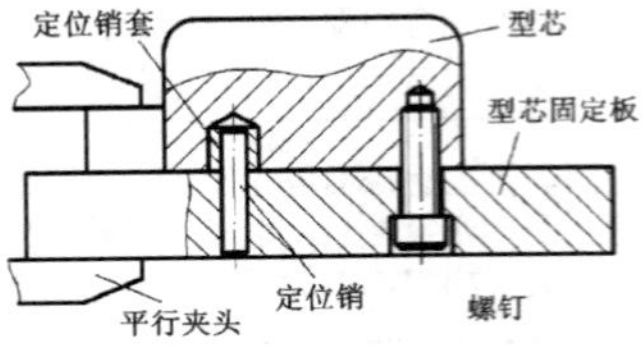 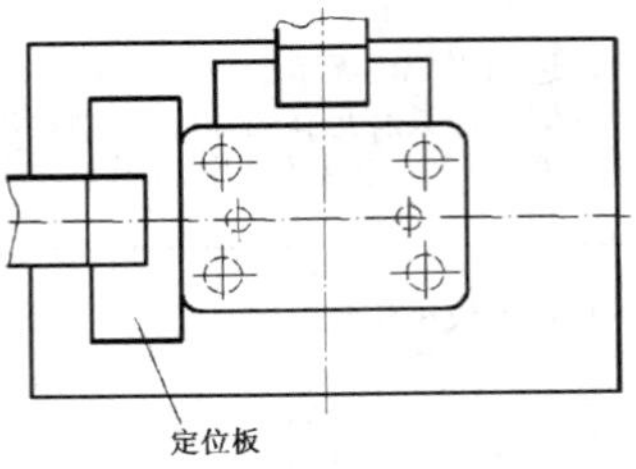	1. 用定位块和平行夹头进行调整定位 2. 根据固定板螺钉孔位，在垫板上配加工紧固螺钉孔 3. 通过导柱与导套、推板，将型芯和固定板装配在一起，调整型芯位置 4. 配加工定位销孔，进行定位

👉 **活动二**　型腔的装配

塑料模具型腔的装配方法见表 5-16。

表 5-16　塑料模具型腔的装配方法

项　　目	工 艺 图 解	装配及修磨方法
整体式型腔装配		1．型腔压入端不允许设导入斜度，导入斜度只能设在型腔压入端的入口处，一般为 1°，高度在 5mm 以下 2．对于有方向性要求的型腔，为保证其位置精度要求，在压入一小部分后，应及时进行位置精度检查，找正后，再压入、定位 3．用定位销将型腔在固定板上定位 4．将装入的型腔与定位模板一起放在平面磨床上进行平磨
拼块型腔的装配		1．采用在压入端加平垫板的方法，将拼块型腔同步压入，防止型腔在压入方向上产生错位 2．对于工作表面需要在热处理后加工到位的拼块型腔，对于热处理硬度不高的，装配后，可采用切削加工；对于硬度很高的只能采用电火花加工、磨削加工（坐标磨） 3．将预留余量同固定板一起在平面磨床上进行平磨
型芯与型腔之间的间隙调整	型芯端面与型腔底面之间产生间隙		1．拆去型芯，将型芯固定板 A 面磨去一个间隙量 2．将型腔上 B 面磨去一个间隙量 3．拆下型芯，将型芯阶台面 C 面修去一个间隙量
	型腔端面与型芯固定板之间产生间隙		1．对于形状简单的型芯，可将型芯端面 A 修去 Δ 的量，此法对于曲面型腔不合适 2．在型芯定位阶台和定位板孔底之间垫上厚度等于间隙 Δ 的垫片 3．对于大、中型模具装配时，在型腔上端面与型芯固定板之间垫入厚度大于 2mm 的垫板，以消除间隙 Δ。此法对于垫板厚度小于 2mm 时不适用

续表

项　　目	工 艺 图 解	装配及修磨方法
型芯与型腔之间的间隙调整	型腔端面与型芯固定板之间产生间隙	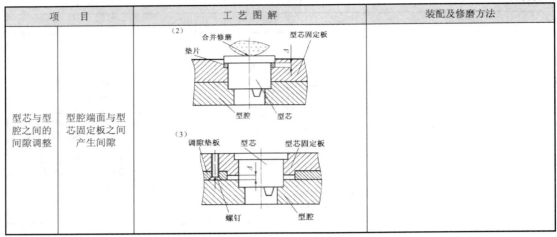

塑料模具侧抽芯机构的装配方法见表 5-17。

表 5-17　塑料模具侧抽芯机构的装配方法

装 配 步 骤	工 艺 图 解	装 配 方 法
型腔和主型芯装配	（见表 5-15）	将型腔和主型芯按前述的方法正确装配到位
配加工导滑槽	滑块 导滑槽配加工	1. 根据滑块导滑定位部分的尺寸，按滑块的工作位置与导滑部分的配合间隙要求，在模板上配加工导滑槽 2. 加工时必须根据侧滑型芯孔的工作位置（作为加工基准），控制导滑槽底面和导滑槽的侧向位置
加工侧型芯固定孔（槽）	（1）导滑槽　型腔 （2）滑块　压印工具　导滑槽　型腔	1. 精确测量出侧型芯孔的位置高度尺寸 z 和横向尺寸 y，装上侧滑块。再在侧滑块上划线，初步确定侧型芯安装孔的位置 2. 在侧型芯孔内装入中心冲或压印工具，采用压印的方法，在滑块上确定侧型芯固定孔（槽）的位置 3. 再采用钻—扩—铰、钻—扩—镗、铣削的方法加工定位孔（槽）

续表

装 配 步 骤	工 艺 图 解	装 配 方 法
装配侧型芯滑块	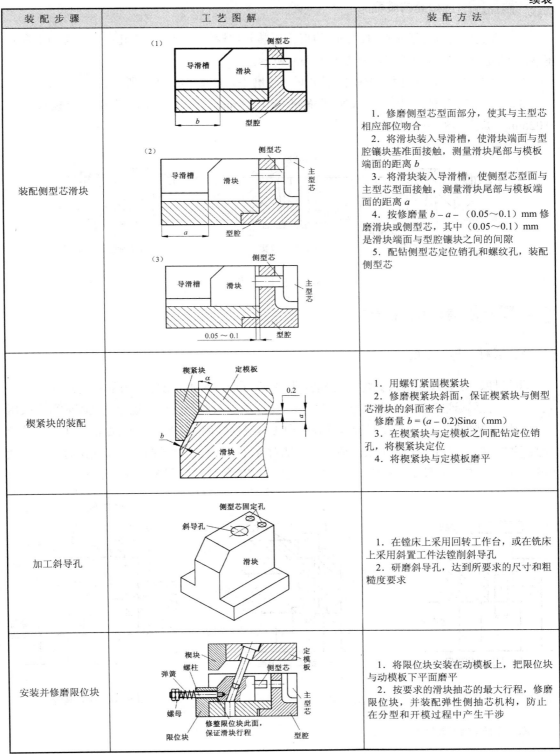	1．修磨侧型芯型面部分，使其与主型芯相应部位吻合 2．将滑块装入导滑槽，使滑块端面与型腔镶块基准面接触，测量滑块尾部与模板端面的距离 b 3．将滑块装入导滑槽，使侧型芯型面与主型芯型面接触，测量滑块尾部与模板端面的距离 a 4．按修磨量 $b-a-$（0.05～0.1）mm 修磨滑块或侧型芯，其中（0.05～0.1）mm是滑块端面与型腔镶块之间的间隙 5．配钻侧型芯定位销孔和螺纹孔，装配侧型芯
楔紧块的装配		1．用螺钉紧固楔紧块 2．修磨楔紧块斜面，保证楔紧块与侧型芯滑块的斜面密合 修磨量 $b=(a-0.2)\mathrm{Sin}\alpha$（mm） 3．在楔紧块与定模板之间配钻定位销孔，将楔紧块定位 4．将楔紧块与定模板磨平
加工斜导孔		1．在镗床上采用回转工作台，或在铣床上采用斜置工件法镗削斜导孔 2．研磨斜导孔，达到所要求的尺寸和粗糙度要求
安装并修磨限位块		1．将限位块安装在动模板上，把限位块与动模板下平面磨平 2．按要求的滑块抽芯的最大行程，修磨限位块，并装配弹性侧抽芯机构，防止在分型和开模过程中产生干涉

👉 **活动四** 浇口套的装配

1．将浇口套以过盈配合 H7/m6 的形式压装入定模板上的浇口套孔内，使浇口套和定模板孔的定位阶台结合紧密，如图 5-8（a）所示。

2．将浇口套的下端面与定模板下平面一起磨平，如图 5-8（b）所示。

3．将浇口套稍退出，把模板平面磨去 0.02mm，保证浇口套孔高出定模板平面 0.02mm，如图 5-8（c）所示。

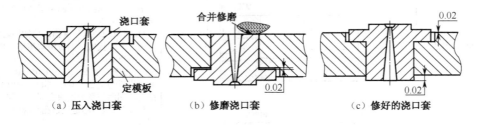

图 5-8　浇口套的装配

👉 **活动五** 导向机构的装配

1．导柱、导套装配

将导柱、导套分别压入其配合的模板孔中。压入时必须注意压入力的作用点和作用方式，压入力必须连续平稳，防止导柱或导套产生歪斜、弯曲和变形。短导柱装配时可直接压入；长导柱装配时，必须使用导套或其他导向工具导向（图 5-9）。导套装配时，由于是薄型套类零件装配，刚性差，必须采用适当的方法对导套进行定位和导向，保证装配过程的连续性和稳定性，防止在装配过程中产生歪斜和变形。导套的装配如图 5-10 所示。

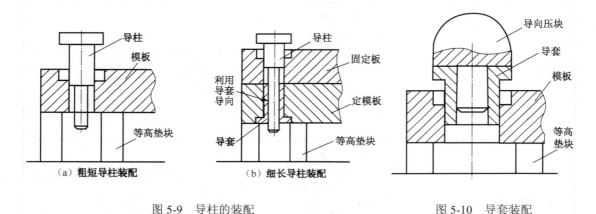

图 5-9　导柱的装配　　　　　　　图 5-10　导套装配

2．导柱、导套装配的要求

导柱、导套装配的技术要求见表 5-18。

表 5-18　导柱、导套装配的技术要求

项　目		要　求
装配前	导柱、导套的尺寸精度	必须满足设计要求
	形位精度	必须满足设计要求
	配合间隙	必须满足设计要求
	表面粗糙度	必须满足设计要求
装配过程和装配后	垂直度	0.01∶100
	中心距的一致性	应控制在 0.01mm 以内
	运动情况	运动必须平稳、灵活，无阻滞现象

活动六　推杆机构的装配

1．压装导柱：将导柱压装在模具的垫板上，在其垂直度合格后，将导柱与支撑板一起磨平。

2．将导套压入推杆固定板孔中，将所有的推管、推杆、复位杆、拉料杆装入固定板和垫板、型芯或型腔的配合孔中，在其运动的灵活性、平稳性合格后，盖上推板，将推板与推杆固定板用平行夹头紧固，配加工紧固螺钉孔，最后用螺钉紧固，如图 5-11 所示。

3．修磨推杆、复位杆，如图 5-12 所示，将加工时留有预留修配量的推杆、复位杆进行修磨来满足模具的使用要求：

复位杆工作端应低于分型面 0.02～0.05mm。

顶杆工作端应高于型面 0.05～0.10mm。

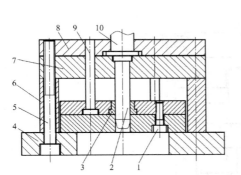

1—螺钉；2—导柱；3—导套；4—动模座板；5—连接螺钉；
6—垫块；7—垫板；8—型芯固定板；9—推杆；10—型芯

图 5-11　推件机构的装配

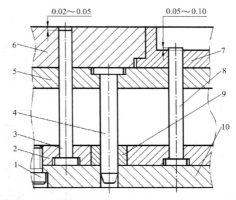

1—螺钉；2—推杆固定板；3—复位杆；4—导柱；5—垫板；
6—型腔固定板；7 型腔；8—顶杆；9—导套；10—推板

图 5-12　推杆机构修调

任务三　塑料模具的总装配与试模

活动一　塑料模具的总装配

塑料模具的装配顺序见表 5-19 和图 5-13。

表 5-19　塑料模具的装配顺序

项　目		装配内容及要求
动模部分的装配	装配型芯（型腔）固定板、支撑板、垫板	将型芯、导柱、固定板压装入固定板内，将导柱装入垫板，按要求检查型芯（型腔）、导柱（导套）等零件与固定板之间的相互位置精度，待其完全符合使用要求后，将二者定位或紧固
	装配卸料板	将导套压入推杆固定板，将推杆、复位杆（拉料杆）等装入推板固定板，调整好与推板之间相互位置后，用平行夹头紧固，装配定位销，最后用螺钉固定
	装配推件机构	将推件机构与垫板、型芯固定板配调，确定推杆、拉料杆、复位杆在垫板、型芯固定板上的孔位，配加工推杆、拉料杆、复位杆孔，装配好下模部分，保证开模、合模时，推件机构运动灵活，无阻滞现象
定模部分的装配	装配型腔（型芯）与导套或导柱	1. 将型腔或型芯装入型腔或型芯固定板内，用选定的方法将其定位和固定，合并修磨其上平面 2. 将导套或导柱装入定模座板，合并修磨磨平模座上平面 3. 将型腔或型芯固定板与定模固定板结合，调整好型腔位置，用平行夹具夹牢，将两板紧固，配加工定位销孔，打入定位销
	浇口套的装配	1. 将浇口套与定模座板组合，确定浇口套孔的准确位置，精确地配加工浇口套孔 2. 压入浇口套，将浇口套按装配要求与定模座板和型腔或型芯固定板进行合并修磨，达到设计要求
合模调整	调整分型面之间的密合	合模，观察分型面之间的密合状况，按模具设计时的要求，修磨型芯上表面，保证分型面、型芯与浇口套以及型腔面同时密合
	分型与脱模运动的协调与调整	根据开模运动的距离，修配拉杆槽表面，观察模具在分型与脱模运动过程中是否平稳、灵活，是否有阻滞现象发生，如果有这些不良现象，必须查明原因，进行合理调整，甚至重装模具，直至模具的各项技术指标达到设计要求

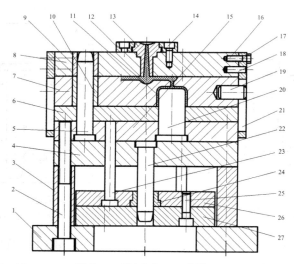

1—动模座板；4、14、16、17、25—螺钉；3—等高垫块；4—垫板；5、22—导柱；6—框件板；7—型腔；
8—定模座板；9、10、24—导套；11—支座；12—浇口套固定板；13—浇口套；15—型芯固定板；
18—定位销；19—定距销；20—型芯；21—定距拉杆；23—推杆；24—推杆固定板；27—推板

图 5-13　二次分型模具装配

☞ 活动二 **注塑模具在注塑机上的安装与试模**

1. 模具在注塑机上的安装

（1）模具在注塑机上安装应注意的问题

① 在注塑机上安装模具时，必须调整好注塑模具与注塑机合模装置之间的尺寸和位置关系。

- 必须调整好注塑模具外形与注塑机拉杆之间的空间关系。
- 必须调整好注塑机模座之间模具安装的最大和最小距离。
- 必须调整好注塑机喷嘴与模具浇口套之间的关系。
- 必须调整好注塑机定模板定位孔与模具浇口套定位环的配合关系。
- 必须调整好模具安装孔与注塑机模板安装孔之间的位置关系。
- 必须进行注塑机开模行程的调整。
- 必须调整好注塑机顶出装置与模具脱模机构之间的协调关系。

② 模具在注塑机上的安装要求见表 5-20。

③ 注塑机模座行程及间距和模具闭合高度的关系。

在选择注塑机时，模具的闭合高度必须满足以下条件，如图 5-14 所示。

表 5-20　塑料模具在注塑机上的安装要求

项　目	要　　求
模具各部分的检查	1. 对不合要求的部位进行合理修整，减少重复拆卸和安装次数 2. 检查模具的活动部分和固定部分，分清装模时的方向和记号，防止合拢时方向出错
模具的安装	1. 吊装时应注意安全，动作协调一致 2. 将定位圈安装在定模板的定位孔内 3. 慢速合模，调整动定模的工作位置，轻轻将动模板压上后，将模具装上压板压紧
调整开合模具的距离	调整注塑机上的顶杆位置，使模具上的推杆固定板和动模支撑板之间的距离小于 5mm，防止顶坏模具
调整合模的松紧程度	1. 对于液压注塑机，应合理调整液压系统的压力和流量，保证工作节奏先快后慢及合模压力适当 2. 保证开合模时位置准确、运动协调平稳
接通并检查冷却水路和加热线路	1. 接通并调整冷却水路，保证冷却水路通断时间控制准确、协调，检查冷却效果 2. 接通并调整加热线路，保证加热线路工作正常，通断控制准确，加热温度适宜

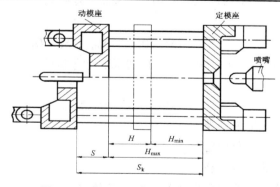

图 5-14　注塑机动、定模座之间的距离

$$H_{min} \leqslant H_m \leqslant H_{max}$$

其中，H_{min}——注塑机允许的最小模具闭合高度；

H_{max}——注塑机允许的最大模具闭合高度；

H_m——模具实际闭合高度；

ΔH——注塑机模座的可调整范围；

S——动模座实际行程；

S_k——注塑机动、定模座之间的最大距离。对于液压式合模装置，注塑机模座的最大间距是个固定值，模座最大间距 S_k 可在 ΔH 范围内调整；对于液压机械式合模装置，注塑机模座的最大行程 S_{max} 是个定值，模座最大间距 S_k 可在 ΔH 范围内调整。实际间距 S 主要包括以下情况。

a. 单分型面注塑模模座实际行程如图 5-15 所示。

$$S = H_1 + H_2 + (5\sim10) \leqslant S_{max} = S_k - H_m$$

b. 双分型面注塑模模座实际行程如图 5-16 所示。

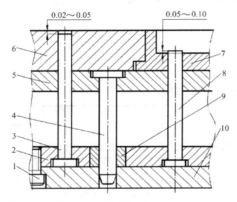

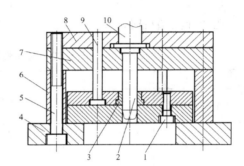

图 5-15　单分型面注塑模模座实际行程　　　　图 5-16　双分型面注塑模模座实际行程

$$S = H_1 + H_2 + a + (5\sim10) \leqslant S_{max} = S_k - H_m$$

c. 侧向抽芯机构模具模座实际行程如图 5-17 所示。

● 当 $H_e > H_1 + H_2$ 时：

$$S = H_e + (5\sim10) \leqslant S_{max} = S_k - H_m$$

● 当 $H_e \leqslant H_1 + H_2$ 时：

$$S = H_1 + H_2 + (5\sim10) \leqslant S_{max} = S_k - H_m$$

注意：当抽芯形式发生变化时应根据具体情况进行分析确定。

（2）塑料模具试模

① 试模的目的。

● 进行注射温度的设定与调整。

● 进行注射压力的设定与调整。

● 进行成型工艺的设计与调整。

● 发现模具在设计与制造过程中的结构和工艺缺陷。

② 塑料模具试模时所产生缺陷的原因分析（表 5-21）。

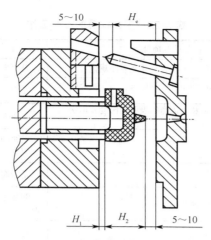

图 5-17　侧向抽芯机构模具模座实际行程

表 5-21　塑料模具试模的缺陷分析

缺 陷 原 因	制 件 缺 陷							
	外形缺陷	溢边	凹痕	银丝	熔接痕迹	气泡	裂痕	翘曲变形
料筒温度太高		√	√	√		√		
料筒温度太低	√				√		√	√
注射压力太高		√					√	√
注射压力太低	√		√		√	√		
模具温度太高			√					√
模具温度太低	√		√		√	√	√	
注射速度太慢	√							
成型周期太长			√		√	√		
成型周期太短	√				√			
加料太多		√						
加料太少	√		√					
原料含水太多			√					
分流道或进料口太小	√		√	√	√			
型腔排气不畅	√					√		
制品设计太薄	√		√					
制品设计太厚						√		√
制品厚薄不均						√		√
注射机能力不足	√		√	√				
注射机锁模力不足		√						

任务四　塑料模具的使用维护

塑料模具使用的维护工作见表 5-22。

表 5-22　塑料模具的维护工作

检查机构	目标零件及项目	检验状况
成型零件	型芯、型腔及其镶件的形状、尺寸及表面质量	是否变形和磨损
	型芯、型腔及其镶件的相互位置精度、工作状态和间隙	是否因为磨损而不能满足使用要求
浇注系统	浇口、浇道、主流道和分流道的表面粗糙度、形状、位置	是否因为磨损和腐蚀而变得表面粗糙、变形
	浇口的形状、位置	是否因为磨损和腐蚀而变得表面粗糙、变形和阻塞
	浇口套内锥孔	是否腐蚀和磨损
导向机构	导柱、导套的表面粗糙度	润滑是否良好，是否因为磨损而影响运动状况
	导柱、导套的配合间隙	是否因为磨损而影响定位和导向精度
推件机构	推出运动情况	是否运动平稳灵活，推件是否平衡
	推杆、推管的配合间隙	是否因为间隙增大而影响推件运动的平稳性和连续性
	推杆、拉料杆、复位杆的形状	是否产生变形而影响模具的工作性能，是否顺利地拉料、推件和准确复位
	推件系统导柱、导套的配合间隙	润滑是否良好，运动是否灵活平稳
	推杆、推管对制件质量的影响	是否因为其形状和位置发生变化而影响制件的内、外观形状
分型面	分型面的接触、密合情况	是否因为变形而影响模具的密合性能，是否产生较大的溢边现象
动定模板、垫板	动模板、垫板孔与推杆、推管、拉料杆、复位杆配合间隙	是否因为位置变动而使推杆、推管、拉料杆、复位杆的运动困难和影响推件运动的准确性
	动模板、垫板孔与推杆、推管、拉料杆、复位杆的表面粗糙度	是否良好润滑，是否因为磨损严重，间隙增大而影响推件机构运动的平稳性和准确性
	动、定模座板与注塑机以及其他模具零件的连接情况	定位是否准确，连接是否有松动，是否因为错位而影响模具的定位导向机构、工作零件和其他结构零件的工作精度
冷却系统	冷却水通路的表面质量、冷却效果	其污垢沉积情况是否流动通畅，是否能将制件顺利冷却
	冷却水通路的接头情况	连接是否良好，是否有渗漏现象

习　题　5.2

1. 试述冲压模具模架的装配工艺过程。
2. 试述注塑模具模架的装配工艺过程。
3. 试述冲裁模、拉深模、弯曲模的装配工艺过程。
4. 试述塑料注射模具的装配工艺过程。
5. 编制目标模具的装配工艺（针对学校现有的技术条件）。

模具制造综合技能训练

任务一 熟悉模具制造的工艺流程

模具制造是在模具设计完成后进行的，模具的制造过程包括从设计人员的手中接受任务，分析理解设计人员或客户的要求，制订出模具制造的工作计划，设计出关键零件的加工工艺，选择合理加工设备、夹具、工具、量具以及加工参数和质量控制指标与方法，实施模具零件的加工，完成模具的装配、调试与试模，交付以及跟踪服务等过程，如图 XM1-1 所示。各阶段的具体任务介绍如下。

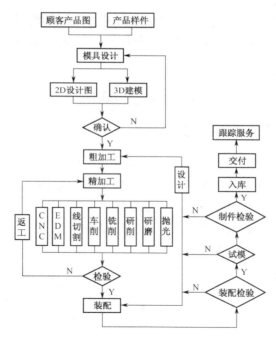

图 XM1-1　模具制造的工艺流程

活动一　任务领会与任务接受阶段

1. 任务领会

此阶段主要是客户与供应商之间进行的关于产品设计和模具开发等方面的技术探讨，

主要的目的是让供应商清楚地领会产品设计者的设计意图及精度要求，同时也让产品设计者更好地明白模具生产的能力和产品的工艺性能，从而做出更合理的设计。

2．报价与交货期商定

商定的内容包括模具的价格、模具的寿命、周转流程、机器要求吨数以及模具的交货期（更详细的报价应该包括产品尺寸和重量、模具尺寸和重量等信息）。

影响模具生产成本的主要因素有以下几项。

（1）模具结构的复杂程度和模具功能的多少。现代科学技术的发展使得模具向高精度和多功能自动化方向发展，相应使模具生产成本提高。

（2）模具精度和刚度的高低。模具的精度和刚度越高，模具生产成本也越高。模具精度和刚度应该与客观需要的产品制件的要求、生产批量的要求相适应。

（3）模具材料的选择。材料费在模具生产成本中约占 25%～30%，特别是因模具工作零件材料类别的不同，相差较大。所以，应该正确选择模具材料，使模具工作零件的材料类别和要求的模具寿命相协调，同时应采取各种措施充分发挥材料的效能。

（4）模具加工设备。模具加工设备向高效、高精度、高自动化、多功能发展，这使模具成本相应提高。但是，这些是维持和发展模具生产所必需的，应该充分发挥这些设备的效能，提高设备的使用效率。

（5）模具的标准化程度和企业生产的专门化程度。这些都是制约模具成本和生产周期的重要因素，应通过模具工业体系的改革，有计划、有步骤地解决。

3．订单接受

这包括客户订单、订金的发出以及供应商订单的接受

活动二　模具生产计划及生产安排

此阶段需要针对模具交货的具体日期向客户做出回复。具体内容包括：

1．模架与其他标准零部件的采购或自制计划及生产安排；

2．模具工艺（成型）零件及其他非标准零件的设计、加工计划及生产安排；

3．模具装配、调试、试模、交付计划及生产安排；

4．交付后的跟踪服务计划及安排。

活动三　模具设计

1．模具的结构设计

根据与客户商定的技术要求，结合各类型模具的设计原理，选择自己熟悉的CAD/CAM 软件（包括 AutoCAD、CAXA、Pro/Engineer、UG、Solidworks、CATIA 等软件），完成模具的总体结构设计以及非标准模具零件的结构设计。

2．模具制造的工艺设计

工艺设计的具体内容如下。

（1）编制工艺文件

模具工艺文件主要包括模具零件加工工艺规程、模具装配工艺要点或工艺规程、原材料清单、外购件清单和外协件清单等。模具工艺技术人员应该在充分理解模具结构、工作原理和要求的情况下，结合本企业冷、热加工设备条件，以及本企业生产和技术状态等条件，编制模具零件和装配的工艺文件。

（2）二类（专用）工具的设计和工艺编制

二类（专用）工具是指加工和装配模具中所用的各种专用工具、夹具、量具。这些专用的二类工具一般都由模具工艺技术人员负责设计和工艺编制（特殊的部分由专门技术人员完成）。经常设计的二类（专用）工具有非标准的铰刀和铣刀、各型面检验样板、非标准量规、仿形加工用靠模及电火花成型加工电极、型面检验放大图等。

（3）处理加工现场技术问题

解决在模具零件加工和装配过程中出现的技术、质量和生产管理问题是模具工艺技术人员的经常性工作之一，如解释工艺文件和进行技术指导，调整加工方案和方法。

（4）参加试模和鉴定工作

各种模具在装配之后的试冲和试压是模具生产的重要环节，模具工艺技术人员和其他有关人员通过试冲和试压，分析技术问题和提出解决方案，并对模具的最终技术质量状态做出正确的结论。

3．模具制造的工艺文件

（1）模具工艺性分析

在充分理解模具结构、用途、工作原理和技术要求后，分析各种零件在模具中的作用和技术要求，分析模具材料、零件形状、尺寸和精度要求等工艺性是否合理，找出加工的技术难点，提出合理加工方案和技术保证措施。

（2）确定毛坯类型

根据零件的材料类别、零件的作用和要求等，确定哪些零件分属于自制件、外购件和外协件，分别填写外购件清单和外协件清单。对于自制件应确定毛坯形式，如原型材、铸造件、锻造件、焊接件和半成品件等，并填写毛坯备料清单（表XM1-1）。

表 XM1-1　毛坯备料清单

模具零件名称	毛坯种类（型材、铸造、锻造、焊接等）	毛坯简图及相关尺寸
...	...	...

（3）二类（专用）工具的设计和工艺编制

二类（专用）工具的设计原则应该符合模具生产的特点。

（4）工艺规程内容的填写

模具工艺规程内容的填写，应该文字简洁、明确、符合工厂用语。对于关键工序的技术要求和保证措施、检验方法应做出必要的说明，根据需要画出工序加工简图。一般包括以下步骤。

① 填写模具零件各阶段的热处理工艺卡（表XM1-2）。

表 XM1-2　模具零件热处理工艺卡

模具序号		工艺序号			工艺简图：
委托单位		技术要求			
零件名称		零件材料		件数	
要求硬度		实际硬度		工时	
零件简图及尺寸标准：			D		工艺要求及措施：
			C		
			B		
			A	处理前	处理后	
工艺员		检验			

② 填写模具零件制造工艺卡（表 XM1-3）。

表 XM1-3　模具零件制造工艺卡

		工艺过程卡							
零件名称		模具编号		零件编号		（工艺简图）			
材料名称		坯料尺寸		件数					
工序	机号	工种	工序内容	工时定额	设备	刀具	检验量具	评定
工艺员		年　月　日			零件质量等级			

③ 填写模具零件重要加工工序的工序卡（表 XM1-4）。

表 XM1-4　模具零件加工工序卡

模具名称		模具编号		工序号		工艺简图	
零件名称		零件编号					
坯料材料		坯料尺寸		坯料件数			
序号	机号	工种	工序内容及工艺要求	工时			工装
				工艺参数（机械加工切削用量、电加工工艺参数）			
工艺员		年　月　日		制造者		年　月　日	
检验员		年　月　日		检验纪要		年　月　日	

👉 **活动四　制订并实施材料采购计划**

1．模具标准件（含模架、螺钉、销、顶杆、顶管以及所需的属模具标准件名录中的所有标准件）的采购计划（含型号及数量）。

2．非标准模具零件的材料采购以及坯料制备[含材料牌号、数量（重量）、制备方法（铸造、锻造、焊接、预备热处理等方法与工艺简图）以及坯料制备检测指标（形状、尺寸、硬度等）]。

3．二类（专业）工具的材料采购与制备[含专业的夹具、量具、刀具及其他工具，如电极（铜工）等]。

4．劳动及安保用品的采购与准备。

 **模具零件加工**

1. 模具零件的结构与技术要求分析

确定各表面的最终加工及中间加工方法与设备。

2. 选择模具零件加工所需的工具、量具、刀具

确定零件、刀具的定位安装方法以及技术参数的检测与质量控制方法。

3. 设计模具零件加工的工艺路线

（1）模具零件普通机械加工工艺路线。

（2）模具零件普通机械加工与特种加工相结合的工艺路线。

（3）确定模具零件加工的定位基准，选择粗加工和精加工的相关工艺参数。

（4）编制主要零件的工艺以及关键工序的工序卡片。

4. 实施模具零件的加工

（1）模具零件的车削加工（含普车与数车加工）。

（2）模具零件的铣削加工（含普通铣削、数控铣削以及加工中心加工等）。

（3）模具零件的热处理（含去应力退火以及最终热处理工艺过程）。

（4）模具零件的特种加工（含电火花 EDM 加工、线切割加工等）。

（5）模具零件的磨削等精加工［含平面、圆柱（锥）面、除圆柱（锥）外的其他曲面的成型磨削加工］。

（6）模具零件的研磨等超精加工。

（7）模具零件的表面特殊加工（含抛光、镀层以及饰纹加工等）。

（8）模具零件的检测（验）与质量评估。具体要求见表 XM1-5。

表 XM1-5　模具零部件的验收要求

序号	验收项目		备注
1	制件技术要求	几何形状、尺寸精度、形位公差	1. 主要根据产品（制件）图上的标注和说明 2. 根据冲压、塑料制件等行业或国家模具技术标准
		表面粗糙度	
		表面装饰	
		冲件与毛坯截面质量	
2	模具零部件的技术要求	凸模、凹模质量，标准零部件的质量，其他结构零件的质量	1. 冲模零件及技术条件（GB2857～2870），冲模模架（GB/T2851～2861），冲模模架精度检验（GB/T12447） 2. 塑料模具：注射模具零件及技术条件（GB4169～4170）～塑料注射模具模架（GB/T12555，12556） 3. 压注模具零件技术条件（GB4678～4679）

活动六 **模具的装配**

1. 模架的装配与调整。

2. 模具工作（成型）零件与固定零件（固定板与动定模板）的装配与调整。

3．模具单元组件的装配（上、下模部分，动、定模部分的装配）与调整。

4．推、顶、卸料机构及推件脱模机构的装配与调整。

5．模具的总装配。

6．填写模具装配工艺卡（表 XM1-6）。

表 XM1-6　模具装配工艺卡

XX 模具公司	装配工艺卡	产　品　型　号		零部件图号					
		产　品　名　称		零部件名称			共　页		第　页
序号	工序名称	工序内容		实施部门	设备工装	辅料	工时		
				设　计	审　核	标准化	会　签		备注
				（日期）	（日期）	（日期）	（日期）		
标记	处数	更改文件	签字	日期					

7．模具装配质量检测与评估，具体要求见表 XM1-7。

表 XM1-7　模具装配的验收要求

序号		验　收　项　目	备　　注
1	模具装配技术要求	模具整体尺寸和形位精度要求	1．冲模技术条件（GB/T12445） 2．塑料注射模技术条件（GB/T12554） 3．压铸模具技术条件（GB8848） 4．橡胶模具技术条件（JB/T5831） 5．玻璃制品模具技术条件（JB/T5785） 6．制件必须符合产品的设计和使用要求 7．模具的外观必须符合用户和标准要求
		模具导向精度要求	
		间隙的准确性、均匀性要求	
		模具的使用性能及寿命要求	
		制件质量要求	
		模具外观质量要求	
2		模具的标记、包装、运输要求	按 GB/T12445、GB/T12554、GB8848、JB/T5831、JB/T5785 规定的内容验收

👉 **活动七　模具试模**

1．根据要求安装模具到压力机或塑料成型机上。

2．根据检验结果弥补模具生产各阶段的缺陷，试模达到客户与常规生产要求。

3．填写试模样件的检测评估报告并交设计与质量检测部门批核。

4．模具进行防腐及装饰涂装并入库。

👉 **活动八　模具的交付与跟踪服务**

1．帮助用户将模具安装至工作机上并进行调试，使其达到生产条件与质量要求。

2．在模具的使用寿命期内，对模具的工作状况进行跟踪，帮助客户解决模具在工作过程中出现的一系列技术与质量问题。

任务二　模具制造综合技能训练的教学管理

根据模具制造技术及企业模具生产的工艺流程的基本要求，以工作过程为导向实施各类型模具的制造，以能力本位的教学模式实施教学，使学生养成"在学中做和在做中学"的良好的学习方法与学习习惯，以提高模具技术应用专业学生的专业能力、方法能力和社会能力。

👉 **活动一** 学习团队的建设与管理

1. 对学生进行基础能力测试和诊断后，按一定比例和优、中、差将 4～6 个人分为一组，组成若干个合作学习团队。然后根据任务具体情况进行任务与角色划分，注意任务与角色可以在不同的项目或学习任务中转换。具体操作见下表。

序　号	团队名称	行动口号	团队成员及分工		考核等次	备　注
第　组			生产组长			
			资料员			
			安全员			
			工艺员			
			质检员			

说明：
① 团队名称与行动口号必须健康时尚、独一无二；
② 团队成员必须在完成基本工作任务的基础上完成角色分工工作；
③ 考核范围可大可小，可以是一个项目或一个任务，但必须注重任务过程与结果相结合；
④ 考核标准由指导教师根据能力本位教学原则与项目或任务特点综合制订；
⑤ 考核结果必须在团队内部或团队之间得出，但必须公开、公平、公正。
2. 建立一个长效的学习团队管理与考评制度。

👉 **活动二** 学习任务引入与知识准备

1. 引入学习任务。
2. 进行与任务相关的技术知识的学习与准备。
（1）利用书籍、网络查询手段。
（2）教师诱导教学。
（3）学生合作或独立学习手段。

👉 **活动三** 任务计划的制订与决策

具体流程为制订→诊断→核准→决策。

👉 **活动四** 实际操作完成任务

可根据任务的大小、繁简确定合作或独立完成。

👉 **活动五** 任务成果展示、交流与考核评价

👉 **活动六** 拓展任务布置

项目二　橡胶密封圈模具制造

项目描述：

1. 橡胶密封圈的结构与工作原理。
2. 橡胶密封圈制造过程中相关技术资料与手册的应用与工艺参数查询。
3. 橡胶密封圈制造过程中坯料、设备、工具、量具选择与制造工艺编制。
4. 橡胶密封圈模具零件的铣削、磨削、车削等加工与质量控制。
5. 橡胶密封圈模具的装配与调试。

能力目标：

1. 熟悉橡胶密封圈的结构与工作原理。
2. 能根据橡胶密封圈的结构以及性能要求查阅相关技术手册，对设计不合理处进行合理修改。
3. 能根据橡胶密封圈中不同零件的结构特点选择合理的加工方法，适应设备、工夹量具以及工艺参数，编制出合理的加工工艺。
4. 能安全熟练地操作车床、铣床、平面磨床、万能磨床等设备，完成模具中各零件的加工与质量控制。
5. 能安全熟练地使用钳工技术完成橡胶密封圈的装配、调试工作。
6. 能做好人员、工种、设备、生产进度、质量控制等方面的沟通协调工作。

场景设计：

1. 模具制造、装配工作现场。
2. 车床、铣床、平面磨床、万能磨床及常用的工装及量具。
3. 橡胶密封圈模具的装配图、零件图以及备查的相关技术资料与手册。

任务一　阅读橡胶密封圈模具装配图，熟悉模具的结构原理

具体装配图如图 XM2-1 所示。

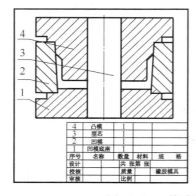

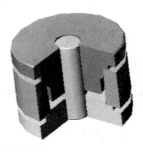

图 XM2-1　橡胶密封圈模具装配图

👉 活动一 **橡胶密封圈模具的结构原理分析**

知识链接——《橡胶模具结构》的结构与工作原理。

结构特点	1. 该模具的构成零件均为_____体类，故加工中主要使用的设备是_____、_____ 2. 从零件的表面质量来看，$Ra0.8\mu m$ 的表面需要使用_____方法加工，而 $Ra0.4\mu m$ 的工作表面需要使用_____方法加工	
工作原理	该模具的工作原理是：	
机构结构的 合理性判断	不合理之处	改进方案

👉 活动二 **橡胶密封圈模具的生产计划安排**

模具生产流程		承 制 人	生产时间安排				检 测 人	加 工 说 明
			预 计 用 时	开 始 时 间	完 成 时 间	实 际 用 时		
橡胶模 具制造	底座加工							
	凹模加工							
	型芯加工							
	凸模加工							
模具 装配	模具试装							
	模具总装							
试模与调整								
模具交付								

任务二　底座加工

凹模底座如图 XM2-2 所示。

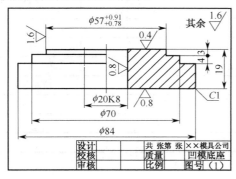 

图 XM2-2　凹模底座

👉 活动一 **阅读零件图，查阅相关资料，进行加工工艺分析**

1. 底座在该模具中的作用是_____。

2．底座属于＿＿＿零件，为保证各阶台之间的同轴度要求，应使用＿＿＿＿＿＿方法安装工件。

3．根据底座的零件图，确定毛坯类型为＿＿＿＿＿（锻件、铸件或型材），其毛坯尺寸为 ϕ＿＿＿＿×＿＿＿＿。

👉 **活动二** 制订加工工艺路线，编制加工工艺

1．制订工艺路线。

底座加工工艺路线：＿＿＿＿＿＿＿＿＿＿＿＿＿＿＿＿＿＿＿＿＿＿＿＿＿＿＿＿＿＿。

2．编制底座的加工工艺，复印并填写附录 A。

👉 **活动三** 实施底座的机械加工并进行质量检测与控制

1．使用车削进行底座外形的粗加工。

2．使用磨削完成底座上平面的精加工。

3．使用磨削完成型芯安装孔的精加工。

👉 **活动四** 进行底座加工质量检测和问题分析

底座加工检测评分表

序 号	项 目	检测指标	评分标准	配 分	检 测 记 录		得 分
					自 检	互 检	
1		$\phi20K8$	超差 0.01 扣 10 分	20			
2		$\phi57^{+0.91}_{+0.78}$	超差 0.01 扣 10 分	20			
3		$\phi70$	超差不得分	5			
4	尺寸精度	$\phi84$	超差不得分	5			
5		19	超差不得分	5			
6		3	超差不得分	5			
7		4	超差不得分	5			
8		$Ra0.4$	超差不得分	10			
9	粗糙度	$Ra0.8$	超差不得分	10			
10		$Ra1.6$	超差不得分	5			
11	文明生产		无违章操作	10			
问题分析		产生问题	原因分析		解决方案		

👉 **活动五** 任务评价

复印并填写附录 B。

👉 **活动六** 任务拓展

如果该零件使用锻造的盘形零件，加工前应进行怎样的热处理？如何安装此类工件？

任务三 凹模加工

凹模如图 XM2-3 所示。

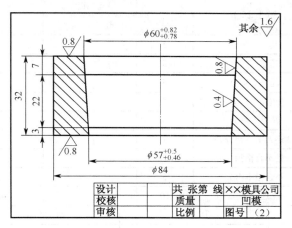
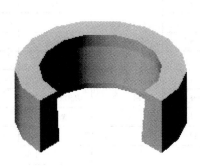

图 XM2-3 凹模

活动一 阅读零件图，查阅相关资料，进行加工工艺分析

1. 凹模在该模具中的作用是＿＿＿＿＿＿＿＿＿＿＿＿＿＿＿＿＿＿＿＿＿＿＿＿。

2. 凹模属于＿＿＿＿＿＿类零件，如要保证内外圆之间的同轴度，单件加工时可使用＿＿＿＿＿＿＿＿＿＿＿＿方法安装工件；批量加工时，可使用＿＿＿＿＿＿＿＿＿方法安装工件。

3. 根据凹模的零件图，确定毛坯类型为＿＿＿＿＿＿＿＿（锻件、铸件或型材），其毛坯尺寸为ϕ＿＿＿＿＿×＿＿＿＿＿。

活动二 制订凹模加工工艺路线，编制凹模的加工工艺

1. 制订工艺路线。

凹模加工工艺路线：＿＿＿＿＿＿＿＿＿＿＿＿＿＿＿＿＿＿＿＿＿＿＿＿＿＿＿＿＿＿＿。

2. 编制凹模的加工工艺，复印并填写附录 A。

活动三 实施凹模的机械加工并进行质量检测与控制

1. 使用车削进行凹模外圆的粗加工。
2. 使用车削完成凹模型孔的粗加工和半精加工。
3. 使用磨削完成凹模上、下平面的精加工。
4. 使用磨削完成型孔的精加工。

活动四 进行凹模加工质量检测和问题分析

凹模加工检测评分表

序 号	项 目	检测指标	评分标准	配 分	检测记录 自检	检测记录 互检	得 分
1	尺寸精度	$\phi 60^{+0.82}_{+0.78}$	超差 0.01 扣 10 分	20			
2		$\phi 57^{+0.5}_{+0.46}$	超差 0.01 扣 10 分	20			

续表

序 号	项 目	检测指标	评 分 标 准	配 分	检 测 记 录		得 分
					自检	互检	
3	尺寸精度	$\phi84$	超差不得分	5			
4		32	超差不得分	5			
5		22	超差不得分	5			
6		3	超差不得分	5			
7		7	超差不得分	5			
8	粗糙度	$Ra0.4$	不合格不得分	10			
9		$Ra0.8$，3 处	一处不合格扣 3 分	10			
10		$Ra1.6$	不合格不得分	5			
11	文明生产		无违章操作	10			
问题分析		产生问题	原因分析		解决方案		

👉 **活动五　任务评价**

复印并填写附录 B。

👉 **活动六　任务拓展**

如果该零件为薄壁件，为减小或避免加工变形，应使用什么安装方法?

任务四　型 芯 加 工

型芯如图 XM2-46 所示，其加工为轴类零件加工，任务过程可参照导柱加工。

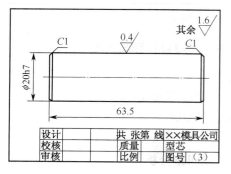

图 XM2-4　型芯

任务五　凸模加工

凸模如图 XM2-5 所示。

👉 **活动一**　阅读零件图，查阅相关资料，进行加工工艺分析

1. 凸模在该模具中的作用是＿＿＿＿＿＿＿＿＿＿＿＿＿＿＿＿＿＿＿＿＿＿。

2. 凸模属于＿＿＿＿＿＿类零件，为保证$\phi 60^{+0.77}_{+0.74}$、 $\phi 60^{+0.82}_{+0.78}$ 与 $\phi 20F8$ 之间的同轴度，最好在＿＿＿＿＿＿＿中加工出两个表面。

3. 根据凸模的零件图，确定毛坯类型为＿＿＿＿＿＿＿（锻件、铸件或型材），其毛坯尺寸为ϕ＿＿＿＿×＿＿＿＿＿。

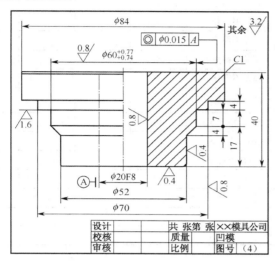

图 XM2-5　凸模

👉 **活动二** **制订凸模加工工艺路线，编制凸模的加工工艺**

1. 制订工艺路线。

凸模加工工艺路线：＿＿＿＿＿＿＿＿＿＿＿＿＿＿＿＿＿＿＿＿＿＿＿＿＿＿＿＿＿＿。

2. 编制凸模的加工工艺，复印并填写附录 A。

👉 **活动三** **实施凸模的机械加工并进行质量检测与控制**

1. 使用车削进行凸模外圆的粗加工。
2. 使用车削完成型芯固定孔的粗加工和半精加工。
3. 使用磨削完成凸模上、下平面的精加工。
4. 使用万能磨床磨削完成型芯固定孔和外圆的精加工。

👉 **活动四** **进行凸模加工质量检测和问题分析**

凸模加工检测评分表

序　号	项　目	检测指标	评分标准	配　分	检测记录		得　分
					自　检	互　检	
1	尺寸精度	$\phi 20F8$	超差 0.01 扣 10 分	10			
2		$\phi 60^{+0.77}_{+0.74}$	超差 0.01 扣 10 分	10			

续表

序　号	项　目	检测指标	评分标准	配　分	检测记录 自　检	检测记录 互　检	得　分
3		$\phi70$	超差不得分	5			
4		$\phi52$	超差不得分	5			
5		$\phi84$	超差不得分	5			
6		40	超差不得分	5			
7		17	超差不得分	5			
8		4	超差不得分	5			
9		7	超差不得分	5			
10	形位公差	◎ $\phi0.015$ A	超差不得分	10			
11	粗糙度	$Ra0.4$，2 处	一处不合格扣 5 分	10			
12		$Ra0.8$，3 处	一处不合格扣 3 分	10			
13		$Ra1.6$	不合格不得分	5			
14	文明生产		无违章操作	10			

问题分析	产生问题	原因分析	解决方案

活动五　任务评价

复印并填写附录 B。

活动六　任务拓展

1．该零件在磨削内外圆时，如果不便一次安装磨削关联重要表面，可选择使用什么方法安装工件说明所选方法的操作工艺步骤。

2．如果采用数控车削，试编制凸模的数控车削程序。

任务六　橡胶密封圈模具的装配

活动一　阅读装配图和相关技术文件

1．阅读并理解橡胶密封圈模具装配的技术要求。

2．了解各零件的工作位置、配合关系、连接以及运动关系。

3．确定各部分的装配方法。

4．选择装配所需设备、工具和量具。

5．对装配零件按要求进行必要的清洗与清理，并检验、检查各装配零件质量以及标准件的规格与数量。

活动二　编制橡胶密封圈模具装配的工艺

复印并填写附录 D。

活动三 **实施橡胶密封圈模具的装配工作**

1．将型芯装配到底座上。
2．将凹模装配到底座上。
3．将凸模与型芯及凹模进行装配。

活动四 **进行橡胶密封圈模具装配质量检验**

装配工艺步骤	检测标准	配　分	检测记录		得　分
			自　检	互　检	
型芯与底座装配	型芯与底座配合紧密	10			
	型芯与底座间的垂直度符合规范	10			
凹模与底座装配	凹模与底座接触良好	10			
	凹模与底座良好密合	10			
凸模与型芯	配合接触良好	10			
	对中性好	15			
凸模与凹模	基础良好密合	10			
	与型芯和凹模无相互干涉	15			
安全文明	装配操作、工具使用安全规范	10			
装配问题分析	产生问题	问题分析		解决方案	

活动五 **实施橡胶密封圈模具的试模、检测与调整**

边试验边调整，直至模具工作性能稳定可靠。复印并填写附录 E。

任务七　橡胶密封圈模具制造项目考核评价

复印并填写附录 F。

项目三　侧向抽芯机构制造

项目描述：

1．侧向抽芯机构的结构与工作原理。
2．侧向抽芯机构制造过程中相关技术资料与手册的应用与工艺参数查询。
3．侧向抽芯机构制造过程中坯料、设备、工具、量具选择与制造工艺编制。
4．侧向抽芯机构零件的铣削、磨削、车削等加工与质量控制。
5．侧向抽芯机构的装配与调试。

能力目标：

1. 熟悉侧向抽芯机构的结构与工作原理。
2. 能根据该机构的结构以及性能要求查阅相关技术手册，对设计不合理处进行合理修改。
3. 能根据机构中不同零件的结构特点选择合理的加工方法，适应设备、工夹量具以及工艺参数，编制出合理的加工工艺。
4. 能安全熟练地操作车床、铣床、磨床等设备，完成机构中各零件的加工与质量控制。
5. 能安全熟练地使用钳工技术完成侧向抽芯机构的装配、调试工作。
6. 能做好人员、工种、设备、生产进度、质量控制等方面的沟通协调工作。

场景设计：

1. 模具制造、装配工作现场。
2. 车床、铣床、磨床及常用的工装及量具。
3. 侧向抽芯机构装配图、零件图以及备查的相关技术资料与手册。

任务一　阅读侧滑机构的装配图，熟悉侧滑机构的结构原理

装配图如图 XM3-1 所示。

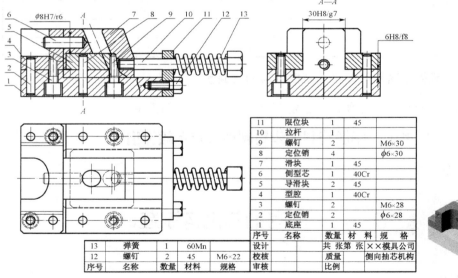

11	限位块	1	45	
10	拉杆	1		
9	螺钉	2		M6×30
8	定位销	4		φ6×30
7	滑块	1	45	
6	侧型芯	1	40Cr	
5	导滑块	2	45	
4	型腔	1	40Cr	
3	螺钉	2		M6×28
2	定位销	2		φ6×28
1	底座	1	45	
序号	名称	数量	材料	规格

设计		共 张第 张	××模具公司
校核		质量	侧向抽芯机构

13	弹簧	1	60Mn	
12	螺钉	2	45	M6×22
序号	名称	数量	材料	规格

审核		比例	

图 XM3-1　装配图

活动一　侧向抽芯机构的结构原理分析

知识链接——《冲压工艺与模具结构》之弯曲模具结构与工作原理。

结构特点	1. 该机构中滑块的导滑是由＿＿＿＿＿、＿＿＿＿＿＿＿实现的 2. 该机构中侧型芯的装配位置必须在装配过程中与零件＿＿＿＿＿配加工完成 3. 侧滑机构装配好后必须保证定位＿＿＿＿＿，滑动时＿＿＿＿＿，无＿＿＿＿＿现象

续表

工作原理	侧滑机构的工作原理是：	
机构结构的合理性判断	不合理之处	改进方案

👉 **活动二** 侧向抽芯机构的生产计划安排

模具生产流程		承制人	生产时间安排				检测人	加 工 说 明
			预 计用 时	开 始时 间	完 成时 间	实 际用 时		
零件加工	底座加工							
	滑块加工							
	型腔拼块加工							
	导滑块加工							
	限位块加工							
机构装配	机构试装							
	试模调整							
模具交付								

任务二　实施底座加工

底座如图 XM3-2 所示。

👉 **活动一** 阅读零件图，查阅相关资料，进行底座制造的工艺分析

1. 底座在该侧向抽芯机构中的作用是＿＿＿＿＿＿＿＿＿＿＿＿＿＿＿＿＿＿＿。

2. 底座上 6H8 部分在机构中主要起＿＿＿＿＿＿＿＿＿＿作用。

3. 底座中所有的孔都需要进行配加工，其目的是＿＿＿＿＿＿＿＿＿＿＿＿＿

＿＿＿＿＿＿＿＿＿＿＿＿＿＿＿＿＿＿＿＿＿＿＿＿＿＿＿＿。

4. 根据底座零件图确定毛坯类型为＿＿＿＿＿（锻件或型材），毛坯尺寸为 ϕ＿＿＿×

＿＿＿×＿＿＿。

👉 **活动二** 制订制造工艺路线，编制加工工艺

1. 制造工艺路线：＿＿＿＿＿＿＿＿＿＿＿＿＿＿＿＿＿＿＿＿＿＿＿＿。

2. 编制加工工艺，复印并填写附录 A。

👉 **活动三** 实施底座的机械加工并进行质量检测与控制

1. 使用铣削进行底座外形的粗加工。

2. 使用铣削进行底座导滑槽的粗加工。

3．通过磨削完成底座上、下平面，侧基准面以及导滑槽的精加工。

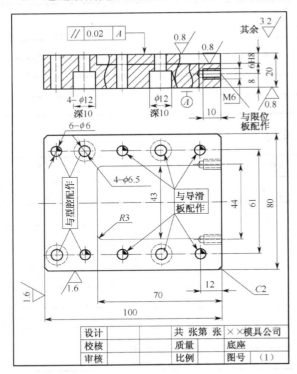

图 XM3-2　底座

👉 **活动四** 进行底座加工质量检测和问题分析

底座加工检测评分表

序　号	项　目	检测指标	评分标准	配　分	检 测 记 录		得　分
					自　检	互　检	
1	尺寸精度	6H8	超差 0.01 扣 10 分	20			
2		100	超差不得分	5			
3		70	超差不得分	5			
4		80	超差不得分	5			
5		20	超差不得分	5			
6	形位公差	// 0.02 A	超差不得分	20			
7	粗糙度	Ra0.8，3 处	一处不合格扣 5 分	20			
8		Ra1.6，2 处	一处不合格扣 2 分	10			
9	安全文明		无违章操作	10			
问题分析		产生问题		原因分析		解决方案	

👉 **活动五** 任务评价

复印并填写附录 B。

👉 **活动六** 任务拓展

1. 如果底座的导滑槽是 T 形槽，则 T 形槽的加工方法是什么？
2. 如果底座的导滑槽是燕尾槽，则燕尾槽的加工方法是什么？

任务三 实施滑块加工

滑块如图 XM3-3 所示。

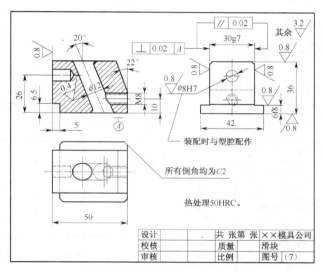

图 XM3-3 滑块

👉 **活动一** 阅读滑块零件图，查阅相关资料，进行工艺分析

1. 滑块在该侧向抽芯机构中的作用是_____。主要起定位和导滑作用的两个表面是：_____、_____。

2. 滑块属于_____类型零件，在加工中主要使用_____和_____方法来完成其粗加工和精加工。对于斜角为 22°的斜面的加工方法有_____、_____、_____，准备使用_____方法进行加工。

3. 对于斜角为 20°的斜导孔的加工方法有_____、_____、_____，准备使用_____方法进行加工。

4. ϕ8H7 侧型芯固定孔与型腔配加工的目的是_____。

5. 滑块的 50HRC 硬度必须使用_____的组合热处理工序。

6. 根据滑块零件图确定毛坯类型为_____（锻件或型材），毛坯尺寸为 ϕ____×____×____。

👉 **活动二** 制订滑块制造工艺路线，编制滑块的加工工艺

1. 制造工艺路线：_____。

2．编制滑块的加工工艺，复印并填写附录 A。

👉 **活动三** 实施滑块的机械加工并进行质量检测与控制

1．使用铣削进行滑块外形及 22° 斜面的粗加工。

2．使用铣削进行导滑部分的粗加工。

3．使用夹具完成斜导孔的钻、镗加工。

4．使用钻、攻完成 M8 拉杆螺孔加工。

5．使用箱式电炉进行滑块的热处理 50HRC。

6．使用磨削完成滑块导滑面精加工。

7．使用研磨进行斜导孔加工。

👉 **活动四** 进行滑块加工质量检测和问题分析

滑块加工检测评分表

序 号	项 目	检测指标	评分标准	配 分	检 测 记 录		得 分
					自 检	互 检	
1	尺寸精度	30g7	超差 0.01 扣 5 分	10			
2		6f8	超差 0.01 扣 5 分	10			
3		20°	超差 5′扣 5 分	10			
4		22°	超差 5′扣 5 分	5			
5		ϕ12	超差不得分	5			
6		50	超差不得分	5			
7		42	超差不得分	5			
8		36	超差不得分	5			
9		M8	超差不得分	5			
10	形位公差	// 0.02	超差 0.01 扣 5 分	10			
11		⊥ 0.02 A	超差 0.01 扣 5 分	10			
12	粗糙度	Ra0.4	超差不得分	5			
13		Ra0.8，7 处	一处不合格扣 1 分	5			
14	安全文明		无违章操作	10			
问题分析		产生问题		原因分析		解决方案	

👉 **活动五** 任务评价

复印并填写附录 B。

👉 **活动六** 任务拓展

1．使用上述工艺完成导滑面在滑块中间部位的滑块加工。

2．滑块的外形是否可以使用线切割加工？如果可以，请编制线切割加工程序。

任务四　实施型腔拼块加工

型腔拼块如图 XM3-4 所示。

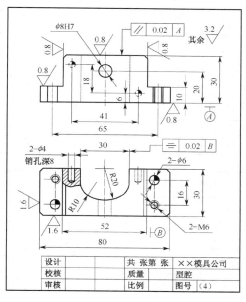

图 XM3-4　型腔拼块

活动一　阅读型腔拼块零件图，查阅相关资料，进行型腔拼块制造的工艺分析

1. 型腔拼块的作用是_____。
2. 为了使两个拼块密合，使用了_____导销孔定位。
3. 型腔拼块应选定毛坯类型为_____（锻件或型材），毛坯尺寸为ϕ____×___×____。

活动二　制订型腔拼块制造工艺路线，编制型腔拼块的加工工艺

1. 制造工艺路线：_____。
2. 编制型腔拼块的加工工艺，复印并填写附录 A。

活动三　实施型腔拼块的机械加工并进行质量检测与控制

1. 使用铣削进行型腔拼块的外形粗加工。
2. 使用铣削进行型腔拼块型面的粗加工。
3. 使用钻、攻、铰完成拼块上侧型芯定位孔、螺钉孔、销孔加工。
4. 使用箱式电炉进行型腔拼块的热处理。
5. 使用磨削完成其他表面的精加工。

活动四　进行型腔拼块加工质量检测和问题分析

型腔拼块加工检测评分表

序　号	项　目	检测指标	评分标准	配　分	检测记录		得　分
					自　检	互　检	
1	尺寸精度	ϕ8H7	超差 0.01 扣 2 分	5			
2		2-ϕ6	超差不得分	5			

续表

序　号	项　目	检测指标	评分标准	配　分	检测记录		得　分
					自　检	互　检	
3		2-ϕ4	超差不得分	5			
4		2-M6	超差不得分	5			
5		65	超差不得分	5			
6		18	超差不得分	5			
7		41	超差不得分	5			
8		6	超差不得分	5			
9		18	超差不得分	5			
10		30	超差不得分	5			
11		R20	超差不得分	5			
12		R10	超差不得分	5			
13	形位公差	⌰ 0.02 B	超差 0.01 扣 5 分	10			
14		∥ 0.02 A	超差 0.01 扣 5 分	10			
15	粗糙度	Ra0.8，5 处	一处不合格扣 1 分	5			
16		Ra1.6，2 处	一处不合格扣 2 分	5			
17		安全文明	无违章操作	10			
问题分析		产生问题		原因分析		解决方案	

活动五　任务评价

复印并填写附录 B。

活动六　任务拓展

1．型腔拼块的外形如使用线切割加工，请编制线切割加工程序。

2．型腔拼块的型面如使用线切割加工，请编制线切割加工程序。

任务五　实施导滑块加工

导滑块如图 XM3-5 所示。

活动一　阅读导滑块零件图，查阅相关资料，进行导滑块制造的工艺分析

1．导滑块在机构中的作用是＿＿＿＿＿＿＿＿＿＿＿＿＿＿＿＿＿＿＿。

2．导滑块对滑块的定位和导向作用是在＿＿＿＿＿的时候实现的，各自的配合是＿＿＿＿、＿＿＿＿。

3．根据导滑块零件图选择毛坯类型为＿＿＿（锻件或型材），毛坯尺寸为 ϕ＿＿＿×＿＿＿×＿＿＿。

4．导滑块与底座的定位是用＿＿＿＿方法实现的，为使滑块获得准确的定位和导向，其定位销孔的加工必须在＿＿＿＿与＿＿＿＿完成。

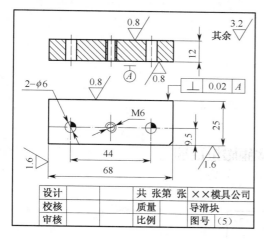

图 XM3-5 导滑块

活动二 制订导滑块制造工艺路线，编制导滑块的加工工艺

1. 制造工艺路线： _____。
2. 编制导滑块的加工工艺，复印并填写附录 A。

活动三 实施导滑块的机械加工并进行质量检测与控制

1. 使用铣削进行导滑块的外形粗加工。
2. 使用磨削进行导滑块上、下表面和侧基准面的精加工。
3. 使用钻、攻、铰完成导滑块上螺钉孔、销孔的加工。

活动四 进行导滑块加工质量检测和问题分析

导滑块加工检测评分表

序 号	项 目	检测指标	评分标准	配 分	检测记录		得 分
					自 检	互 检	
1	尺寸精度	2-φ6	超差 0.01 扣 10 分	20			
2		M6	超差不得分	10			
3		68	超差不得分	5			
4		25	超差不得分	5			
5		44	超差不得分	5			
6		9.5	超差不得分	5			
7	形位公差	⊥ 0.02 A	超差不得分	15			
8	粗糙度	Ra0.8，3 处	一处不合格扣 5 分	15			
9		Ra1.6，2 处	一处不合格扣 5 分	10			
10	安全文明		无违章操作	10			
问题分析		产生问题		原因分析		解决方案	

☞ 活动五 任务评价

复印并填写附录 B。

☞ 活动六 任务拓展

完成 L 形导滑块加工工艺编制和加工。

任务六 实施限位块加工

限位块如图 XM3-6 所示。

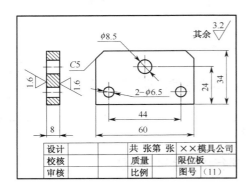

图 XM3-6 限位块

☞ 活动一 阅读限位块零件图，查阅相关资料，进行限位块制造的工艺分析

1. 限位块在机构中的作用是_____。
2. 限位块与底座使用规格为_____的_____连接。
3. 根据限位块零件图选择毛坯类型为_____（锻件或型材），毛坯尺寸为 ϕ_____×
_____×_____。

☞ 活动二 制订限位块制造工艺路线，编制限位块的加工工艺

1. 制造工艺路线：_____。
2. 编制限位块的加工工艺，复印并填写附录 A。

☞ 活动三 实施限位块的机械加工并进行质量检测与控制

1. 使用铣削进行限位块的外形粗加工。
2. 使用磨削进行限位块上、下表面和侧基准面的精加工。
3. 使用钻孔方法完成限位块上螺钉孔的加工。

☞ 活动四 进行限位块加工质量检测和问题分析

限位块加工检测评分表

序 号	项 目	检测指标	评 分 标 准	配 分	检 测 记 录		得 分
					自 检	互 检	
1	尺寸精度	2-ϕ6.5	超差 0.01 扣 10 分	20			

续表

序　号	项　目	检测指标	评分标准	配　分	检 测 记 录		得　分
					自　检	互　检	
2		$\phi 8.5$	超差不得分	10			
3		60	超差不得分	10			
4		34	超差不得分	10			
5		44	超差不得分	10			
6		24	超差不得分	10			
7		2-C5	超差不得分	10			
8	粗糙度	$Ra1.6$，2 处	一处不合格扣 5 分	10			
9	安全文明		无违章操作	10			
问题分析		产生问题		原因分析		解决方案	

☞ **活动五** 任务评价

复印并填写附录 B。

☞ **活动六** 任务拓展

完成 L 形限位块加工工艺编制和加工。

任务七　侧向抽芯机构的装配

☞ **活动一** 阅读装配图和相关技术文件

1．阅读并理解侧向抽芯机构装配的技术要求。

2．了解各零件的工作位置、配合关系、连接以及运动关系。

3．确定各部分的装配方法。

4．选择装配所需设备、工具和量具。

5．对装配零件按要求进行必要的清洗与清理，并检验、检查各装配零件质量以及标准件的规格与数量。

☞ **活动二** 编制侧向抽芯机构装配的工艺

复印并填写附录 D。

☞ **活动三** 实施侧向抽芯机构的装配工作

1．进行型腔拼块与底座的装配与调整工作——知识链接《模具钳工》孔的配加工技术。

2．进行导滑块与滑块及其与底座的装配与调整工作。

3．进行侧型芯孔的配加工工作。

4．进行限位与弹簧快速抽芯机构的装配工作。

5．进行侧向抽芯机构的总装配。

活动四 **进行模具装配质量检验**

装配工艺步骤	检测标准	配　分	检测记录		得分
			自　检	互　检	
型腔拼块与底座的装配	销孔、螺孔配加工操作规范	10			
	侧型芯孔装配后对中性好	10			
	型腔拼块与底座连接稳固可靠	10			
导滑部分装配	销孔、螺钉孔配加工操作规范	10			
	滑块与底座、导滑块之间配合间隙准确均匀	10			
	侧型芯对位准确	10			
	滑块导滑运动灵活、平稳	5			
限位部分装配	螺钉孔配钻操作规范	10			
	限位板与滑块、底座安装位置准确	10			
	弹力抽芯动作准确、可靠	5			
安全文明	装配操作、工具使用安全规范	10			
装配问题分析	产生问题	原因分析		解决方案	

活动五 **实施侧抽芯机构的性能检测与调整**

1．检查滑块在分型运动中的准确性，看侧型芯是否准确对位。

2．检查滑块在抽芯运动中的准确性、灵活性和平稳性。

3．检查弹簧快速抽芯动作是否迅速、限位是否准确。

4．边试验边调整，直至侧向抽芯机构工作性能稳定。复印并填写附录 E。

任务八　侧向抽芯机构制造项目考核评价

复印并填写附录 F。

项目四　V 形件弯曲模具制造

任务一　阅读 V 形件弯曲模具的装配图，熟悉模具的结构原理

具体装配图如图 XM4-1 所示。

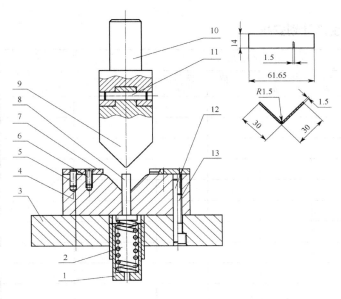

13	螺钉	4		M8×65	5	定位销	4		φ6×16
12	定位销	2	45	φ8×65	4	凹模	1	40Cr	
11	定位销	2		φ8×46	3	下模座	1	45	
10	模柄	1	45		2	弹簧			
9	V形凸模	1	40Cr		1	弹簧套筒	1	45	
8	顶料杆	1	45		序号	名称	数量	材料	规格
7	定位板	2			设计		共 张第 张	××模具公司	
6	螺钉	4	45	M6×18	校核		质量	V形件弯曲模	
序号	名称	数量	材料	规格	审核		比例		

图 XM4-1　装配图

☞ 活动一　**V形件弯曲模具的结构原理分析**

知识链接——《冲压工艺与模具结构》之弯曲模具结构与工作原理。

结 构 特 点	1. 该模具的工作零件是＿＿＿＿＿、＿＿＿＿＿ 2. 该模具使用＿＿＿＿＿＿＿＿＿完成坯料的定位 3. 该模具使用的顶料方式是＿＿＿＿＿＿＿＿＿＿＿＿＿ 4. 该模具凸模凹模的弯曲间隙是在＿＿＿＿＿＿＿＿时候运用＿＿＿＿＿方式进行调整的		
工 作 原 理	该模具的工作原理是：		
模具结构的 合理性判断	不合理之处		改进方案

👉 **活动二** **V形件弯曲模具的生产计划安排**

模具生产流程		承制人	生产时间安排				检测人	加工说明
			预计用时	开始时间	完成时间	实际用时		
上模加工	模柄加工							
	凸模加工							
下模加工	凹模加工							
	下模座加工							
	定位板加工							
顶料机构加工	弹簧套加工							
	顶料杆加工							
	弹簧加工							
模具装配	上模装配							
	下模装配							
试模调整								
模具交付								

任务二　实施模柄加工

模柄如图 XM4-2 所示。

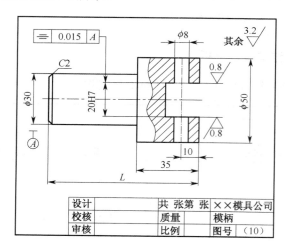

设计		共 张第 张	××模具公司
校核		质量	模柄
审核		比例	图号　（10）

图 XM4-2　模柄

👉 **活动一** **阅读零件图，查阅相关资料，进行模柄制造的工艺分析**

1. 模具中模柄的作用是_____、_____等。

2. 为了保证凸模的安装位置精度，ϕ30 部分与 20H7 部分必须具有较高的_____要求（同轴度或对称度）。铣削时应使用_____面定位，并使用_____量具进行对称度找正。

3. ϕ8 销孔必须在 _____（模柄加工时或模具装配时）时进行加工。

4. 根据模柄零件图确定毛坯类型为＿＿＿＿＿＿＿（锻件或型材），毛坯尺寸为ϕ＿＿×
＿＿＿＿＿。

☞ **活动二**　制订模柄制造工艺路线，编制模柄的加工工艺

1. 制造工艺路线：＿＿＿＿＿＿＿＿＿＿＿＿＿＿＿＿＿＿＿＿＿＿。
2. 编制模柄的加工工艺，复印并填写附录A。

☞ **活动三**　实施模柄的机械加工并进行质量检测与控制

1. 通过车削完成模柄的外形加工。
2. 通过铣削进行20H7槽的粗加工。
3. 通过磨削完成20H7槽的精加工。

☞ **活动四**　进行质量检测和问题分析

模柄加工检测评分表

序　号	项　目	检测指标	评分标准	配　分	检测记录		得　分
					自　检	互　检	
1	尺寸精度	20H7	超差0.01扣10分	30			
2		ϕ30	超差不得分	5			
3		ϕ50	超差不得分	5			
4		35	超差不得分	5			
5		10	超差不得分	5			
6	形位公差	⊥ 0.015 A	超差不得分	20			
7	粗糙度	Ra0.8，2处	一处不合格扣5分	10			
8		Ra3.2，5处	一处不合格扣2分	10			
9	安全文明		无违章操作	10			
问题分析		产生问题	原因分析		解决方案		

☞ **活动五**　任务评价

复印并填写附录B。

☞ **活动六**　任务拓展

1. 如果使用数控车加工该模柄外形，请编制数控加工程序。
2. 如果使用线切割加工20H7，请编制线切割加工程序。

任务三　实施凸模加工

凸模如图XM4-3所示。

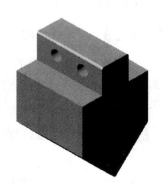

图 XM4-3　凸模

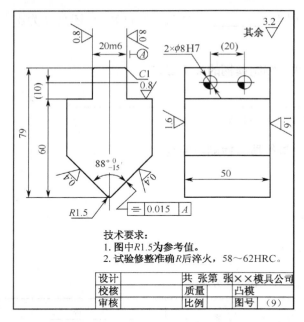 活动一　阅读零件图，查阅相关资料，进行凸模制造的工艺分析

1．V 形件弯曲模具中凸模的弯曲角为 $88°_{-15'}^{0}$ 的原因是补偿_____产生的角度误差。

2．为了保证凸模的工作位置精度，$88°_{-15'}^{0}$ 部分与 20m6 部分必须具有较高的_____要求（同轴度或对称度）。铣削时应使用_____面定位，并使用_____量具进行对称度找正。

3．选用_____作为该凸模材料，毛坯类型为_____（锻件、铸件或型材）。如果使用锻件作为该凸模的毛坯，为改善其工艺性能，锻造后必须进行_____热处理，毛坯尺寸为_____×_____×_____ 。

4．凸模必须达到 58～62HRC 硬度，应选择_____作为该凸模的最终热处理方法。

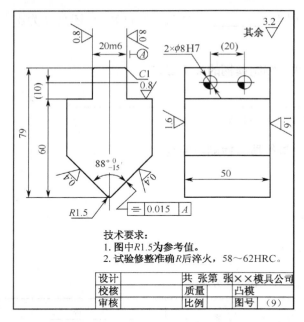 活动二　制订凸模制造工艺路线，编制凸模的加工工艺

1．制造工艺路线：_____ 。

2．编制凸模的加工工艺，复印并填写附录 A。

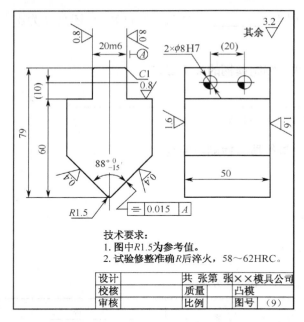 活动三　实施凸模的机械加工并进行质量检测与控制

1．通过铣削完成凸模的外形加工。

2．通过钻、铰完成销孔加工。

3．使用箱式电炉对凸模进行淬火＋低温回火热处理，使其达到 58～62HRC 硬度。

4．通过磨削完成 20m6 和 $88°_{-15'}^{0}$ 槽的精加工。

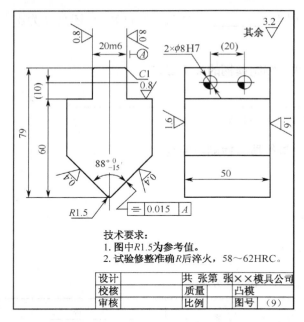 活动四　进行质量检测和问题分析

V 形凸模加工检测评分表

序　号	项　目	检测指标	评分标准	配分	检测记录		得　分
					自　检	互　检	
1	尺寸精度	20m6	超差 0.01 扣 5 分	10			
2		$88°^{\;0}_{-15'}$	超差 5′ 扣 5 分	10			
3		2-ϕ8H7	超差 0.01 扣 5 分	10			
4		50	超差不得分	5			
5		79	超差不得分	5			
6		60	超差不得分	5			
7		R1.5	超差不得分	5			
8	形位公差	$\boxed{= \;\; 0.015 \;\; A}$	超差不得分	10			
9	粗糙度	Ra0.4，2 处	一处不合格扣 5 分	10			
10		Ra0.8，3 处	一处不合格扣 3 分	10			
11		Ra1.6，2 处	一处不合格扣 5 分	10			
12		安全文明	无违章操作	10			
问题分析		产生问题		原因分析		解决方案	

☞ 活动五　任务评价

复印并填写附录 B。

☞ 活动六　任务拓展

1．如果使用数控铣加工该凸模，请编制数控铣削加工程序。

2．如果使用线切割加工该凸模，请编制加工工艺和线切割加工程序。

任务四　实施凹模加工

凹模如图 XM4-4 所示。

☞ 活动一　阅读零件图，查阅相关资料，进行凹模制造的工艺分析

1．V 形件弯曲模具中凹模的弯曲角为 $88°^{+15'}_{0}$ 的原因是补偿_____产生的角度误差。

2．为了保证凹模的工作位置精度，$88°^{+15'}_{0}$ 部分与 120 部分必须具有较高的_____要求（同轴度或对称度）。铣削时应使用_____面定位，并使用_____量具进行对称度找正。

3．选用_____作为该凹模材料，毛坯类型为_____（锻件、铸件或型材）。如果使用锻件作为该凹模的毛坯，为改善其工艺性能，锻造后必须进行____热处理，毛坯尺寸为_____×_____×_____。

4．凹模必须达到 58～62HRC 硬度，应选择_____作为该凹模的最终热处理方法。

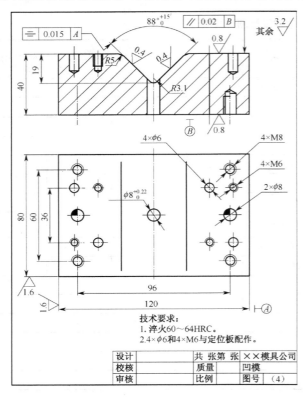

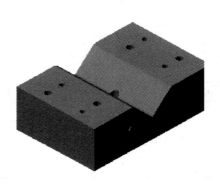

图 XM4-4　凹模

👉 **活动二** 制订凹模制造工艺路线，编制凹模的加工工艺

1. 凹模制造工艺路线：＿＿＿＿＿＿＿＿＿＿＿＿＿＿＿＿＿＿＿＿＿＿＿＿＿。

2. 编制凹模的加工工艺，复印并填写附录 A。

👉 **活动三** 实施凹模的机械加工并进行质量检测与控制

1. 通过铣削完成凹模的外形及 $88^{\circ+15'}_{\quad 0}$ 形槽加工。

2. 通过钻、铰、攻完成销孔加工。

3. 使用箱式电炉对凹模进行淬火＋低温回火热处理，使其达到 58～62HRC 硬度。

4. 通过磨削完成上、下表面，侧基准面以及 $88^{\circ+15'}_{\quad 0}$ V 形槽的精加工。

👉 **活动四** 进行质量检测和问题分析

V 形凹模加工检测评分表

序　号	项　　目	检测指标	评分标准	配　　分	检 测 记 录		得　分
					自　检	互　检	
1		$88^{\circ+15'}_{\quad 0}$	超差 5′扣 5 分	10			
2	尺寸精度	120×80	超差不得分	5			
3		96	超差不得分	2			

续表

序 号	项 目	检测指标	评分标准	配 分	检测记录 自 检	检测记录 互 检	得 分
4		60	超差不得分	2			
5		36	超差不得分	2			
6		$\phi8_0^{+0.22}$	超差不得分	2			
7		$2 \times \phi8$ 销孔	超差 0.01 扣 2 分	10			
8		$2 \times \phi6$ 销孔	超差 0.01 扣 2 分	10			
9		$4 \times M8$	不合格不得分	5			
10		$4 \times M6$	不合格不得分	5			
11		$2 \times \phi8$	超差不得分	5			
12		$R3.1$	超差不得分	5			
13	形位公差	⟂ 0.015 A	超差 0.01 扣 5 分	5			
14	形位公差	∥ 0.02 B	超差 0.01 扣 5 分	5			
15	粗糙度	$Ra0.4$,2 处	一处不合格扣 5 分	10			
16	粗糙度	$Ra0.8$,2 处	一处不合格扣 3 分	5			
17		$Ra1.6$,2 处	一处不合格扣 1 分	2			
18		安全文明	无违章操作	10			

问题分析	产生问题	原因分析	解决方案

☞ **活动五** **任务评价**

复印并填写附录 B。

☞ **活动六** **任务拓展**

1．如果使用数控铣加工该凹模，请编制数控加工程序。

2．如果使用线切割加工该凹模，请编制加工工艺和线切割加工程序。

任务五　实施下模座加工

下模座如图 XM4-5 所示。

☞ **活动一** **阅读零件图，查阅相关资料，进行下模座制造的工艺分析**

1．该模具中下模座的作用是_____。

2．为了保证凸模与凹模具有正确的安装位置，模座上、下表面之间必须具有较高的_____要求（平行度或垂直度）。铣削时应使用_____面定位，并使用_____量具进行平行度的检测。

3．装配图中的 $2 \times \phi8$ 销孔、$2 \times M8$ 螺孔必须在装配时与_____配加工，其目的是_____。

4. 根据下模座零件图确定毛坯类型为_____（锻件或型材），毛坯尺寸为_____ × ____ × ____。

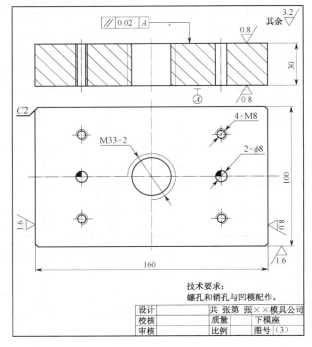

图 XM4-5 下模座

☞ **活动二** **制订下模座制造工艺路线，编制下模座的加工工艺**

1. 下模座制造工艺路线：_____。
2. 编制下模座的机械加工工艺，复印并填写附录 A。

☞ **活动三** **实施下模座的机械加工并进行质量检测与控制**

1. 通过铣削完成下模座的外形粗加工。
2. 通过磨削完成下模座上、下表面和定位侧基准面的精加工。

☞ **活动四** **进行质量检测和问题分析**

下模座加工检测评分表

序　号	项　　目	检测指标	评分标准	配　分	检测记录		得　分
					自　检	互　检	
1	尺寸精度	$M33 \times 2$	超差 0.01 扣 10 分	20			
2		160	超差不得分	5			
3		100	超差不得分	5			
4		4-C2 倒角	超差 1 处扣 5 分	20			
5	形位公差	// 0.02 A	超差 0.01 扣 5 分	20			
6	粗糙度	$Ra0.8$，上、下面	一处不合格扣 5 分	10			
7		$Ra1.6$，2 处	一处不合格扣 5 分	10			

续表

序 号	项 目	检测指标	评分标准	配 分	检测记录		得 分
					自 检	互 检	
8		安全文明	无违章操作	10			
问题分析		产生问题		原因分析		解决方案	

👉 **活动五** **任务评价**

复印并写附录 B。

👉 **活动六** **任务拓展**

1．如果使用车削完成模座 M33×2 加工，工件该如何安装？
2．如果使用数控铣完成该下模座 M33×2 加工，请编制螺纹铣削加工程序。

任务六 实施定位板加工

左、右定位板如图 XM4-6 所示。

👉 **活动一** 阅读零件图，查阅相关资料，进行定位板制造的工艺分析

1．V 形件弯曲模具中定位板的作用是_____。
2．为了便于坯件放置，一般要求定位板的定位部分的尺寸比坯件宽度大_____mm。
3．一般选用_____作为定位板的材料，毛坯类型为_____（锻件、铸件或型材），毛坯尺寸为____×____×____。
4．由于定位板的厚度只有 5mm，最好选择_____方法进行加工，以减小加工变形。
5．为了能准确定位，定位板与凹模之间的位置应在_____时确定，故其螺钉通孔和定位销孔应与_____配作。

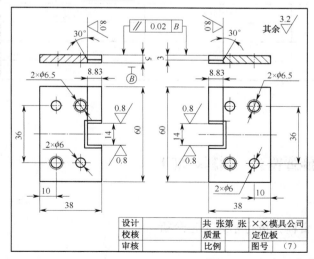

图 XM4-6 左、右定位板

👉 **活动二** 制订定位板制造工艺路线，编制订位板的加工工艺

1. 制造工艺路线：_____。
2. 编制订位板的加工工艺，复印并填写附录 A。

👉 **活动三** 实施定位板的机械加工并进行质量检测与控制

1. 通过铣削完成定位板的外形加工。
2. 通过磨削完成定位板的上、下表面加工。
3. 通过线切割完成定位槽的加工。
4. 通过钻、铰完成螺钉通孔和销孔的加工。

👉 **活动四** 进行质量检测和问题分析

定位板加工检测评分表

序号	项目	检测指标	评分标准	配分	检测记录		得分
					自检	互检	
1	尺寸精度	30°	超差20′扣5分	10			
2		$2 \times \phi6$ 销孔	超差0.01扣5分	20			
3		$2 \times \phi6.5$	超差不得分	10			
4		36	超差不得分	5			
5		10	超差不得分	5			
6		38×60	超差不得分	5			
7		14×8.83	超差不得分	10			
8	形位公差	∥ 0.02 B	超差不得分	15			
9	粗糙度	$Ra0.8$，6 处	一处不合格扣2分	10			
10	安全文明		无违章操作	10			
问题分析		产生问题		原因分析		解决方案	

👉 **活动五** 任务评价

复印并填写附录 B。

任务七 实施弹簧套、顶料杆加工

弹簧套和顶料杆如图 XM4-7 所示。

👉 **活动一** 阅读零件图，查阅相关资料，进行相关工艺分析

1. 顶件装置在该模具中的作用是_____。
2. 在该模具中顶件装置由_____、_____、_____构成，用_____与

模具的其他部分进行连接。该顶件装置的顶件动力由_____提供。其类型属于
_____（拉簧或压簧）。

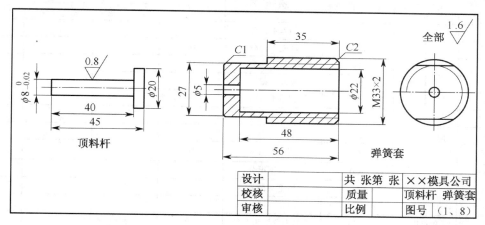

图 XM4-7　顶料杆和弹簧套

3．根据弹簧套的结构，在进行方榫或螺纹加工时其加工顺序是_____，
应选择_____方法进行安装。

4．根据顶料杆和弹簧套的结构形状，都应选择_____（锻件或型材）作为毛坯。
其中，弹簧套的毛坯尺寸为φ____×_____，顶料杆的毛坯尺寸为φ____×____。

☞ 活动二　制订制造工艺路线，编制加工工艺

1．弹簧套制造工艺路线：_____。

2．顶料杆制造工艺路线：_____。

3．编制弹簧套的机械加工工艺，复印并填写附录A。

☞ 活动三　实施机械加工并进行质量检测与控制

1．使用车削完成弹簧套的外圆、内孔及螺纹加工。

2．使用铣削完成弹簧套方榫加工。

3．使用车削完成顶料杆加工。

4．在车床上完成弹簧的绕制，并进行热处理和头部的平整加工。

☞ 活动四　进行质量检测和问题分析

弹簧套、顶料杆加工检测评分表

序　号	项　目		检测指标	评分标准	配　分	检测记录		得　分
						自　检	互　检	
1	尺寸精度	弹簧套	$M33 \times 2$	超差不得分	10			
2			$\phi22$	超差不得分	10			
3			48	超差不得分	10			
4			56	超差不得分	5			
5			35	超差不得分	5			
6			27	超差不得分	5			
7		顶料杆	$\phi5$	超差不得分	10			
8			$\phi8_{-0.2}^{\ 0}$	超差不得分	10			
9			$\phi20$	超差不得分	5			
10			45	超差不得分	5			
11			40	超差不得分	5			
12	粗糙度		$Ra1.6$	一处不合格扣5分	10			
13	安全文明			无违章操作	10			
问题分析			产生问题	原因分析		解决方案		

☞ **活动五** **任务评价**

复印并填写附录 B。

任务八　实施 V 形件弯曲模具的装配

☞ **活动一** **阅读装配图和相关技术文件**

1. 阅读并理解弯曲模具装配的技术要求。
2. 了解各零件的工作位置、配合关系、连接以及运动关系。
3. 确定各部分的装配方法。
4. 选择装配所需设备、工具和量具。
5. 对装配零件按要求进行必要的清洗与清理，并检验、检查各装配零件质量以及标准件的规格与数量。

☞ **活动二** **编制 V 形件弯曲模具装配工艺**

复印并填写附录 D。

☞ **活动三** **实施模具装配工作**

1. 进行下模装配——知识链接《模具钳工》关于装配中孔的配加工技术。
2. 完成模柄与凸模的试装与调整工作。
3. 完成顶件装置装配。

👉 **活动四** 进行模具装配质量检验

装配工艺步骤	检测标准	配 分	检测记录		得 分
			自 检	互 检	
上模装配	销孔配钻操作规范	10			
	凸模与模柄连接对中性好	10			
	凸模与模柄连接稳固可靠	5			
下模装配	销孔、螺钉孔配钻操作规范	10			
	凹模与下模座连接对中性好	10			
	凹模与下模座连接稳固可靠	5			
定位机构装配	销孔、螺钉孔配钻操作规范	10			
	定位板安装位置准确	10			
	定位板与凹模连接稳固可靠	5			
顶件机构装配	弹簧套与下模座连接可靠	5			
	顶件弹簧具有足够的顶件力	5			
	顶杆运动灵活、平稳、可靠	5			
安全文明	装配操作、工具使用安全规范	10			
装配问题分析	产生问题	原因分析		解决方案	

👉 **活动五** 实施 V 形件弯曲模具的试模与调整

1. 进行模具装配质量与性能检查。
2. 阅读压力机使用手册以及模具在压力机上安装的方法与注意事项。
3. 将模具安装在压力机上。
- 将上模部分安装在压力机滑块孔内并固定。
- 将下模部分安装在压力机工作台上，并调整上、下模的对中度。
- 调整压力机下止点位置以及滑块行程，保证凸模、凹模之间的弯曲间隙。
4. 试模。
- 使用预制坯件进行试压。
- 检验制件质量是否符合设计要求。
- 根据检测结果，分析并找出模具在设计、零件加工以及装配中存在的问题，对模具进行必要的调整。
- 边试验边调整，直至能稳定弯制出合格的 V 形弯曲件。复印并填写附录 E。

任务九 V形件弯曲模具制造项目考核评价

复印并填写附录 F。

项目五 圆筒拉深模具制造

 项目描述：

1. 圆筒拉深模的结构与工作原理。

2. 圆筒拉深模制造过程中相关技术资料与手册的应用与工艺参数查询。

3. 圆筒拉深模制造过程中坯料、设备、工具、量具选择与制造工艺编制。

4. 圆筒拉深模零件的车削、磨削、研磨等加工与质量控制。

5. 圆筒拉深模的装配与调试。

能力目标：

1. 熟悉圆筒拉深模的结构与工作原理。

2. 能根据圆筒拉深模的结构以及性能要求查阅相关技术手册，对设计不合理处进行合理修改。

3. 能根据圆筒拉深模中不同零件的结构特点选择合理的加工方法，适应设备、工夹量具以及工艺参数，编制出合理的加工工艺。

4. 能安全熟练地操作车床、平面磨床、万能磨床等设备，完成模具中各零件的加工与质量控制。

5. 能安全熟练地使用钳工技术完成圆筒拉深模的装配、调试工作。

6. 能做好人员、工种、设备、生产进度、质量控制等方面的沟通协调工作。

场景设计：

1. 模具制造、装配工作现场。

2. 车床、铣床、平面磨床、万能磨床及分度头等常用的工装及量具。

3. 圆筒拉深模装配图、零件图以及备查的相关技术资料与手册。

任务一 阅读圆筒拉深模具装配图，熟悉模具的结构原理

圆筒拉深模具装配图如图 XM5-1 所示。

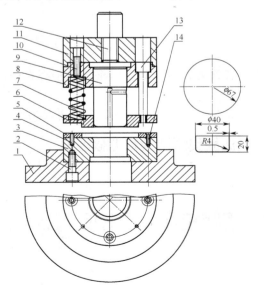

图 XM5-1 圆筒拉深模具装配图

序号	名称	数量	材料	规格	审核		序号	名称	数量	材料	规格
						6	压边圈	1	45	
14	螺钉	4				5	定位板	1	Q235	
13	卸料螺钉	4		M8×28		4	定位销	2	T8A	
12	模柄	1	45			3	凹模	1	GrWMn	
11	上模座	1	45			2	螺钉	4		M8×35
10	螺钉	4		M8×45		1	下模座	1		
9	凸模	1	GrWMn			序号	名称	数量	材料	规格
8	凸模固定板	1	45			设计		共 张第 张		××模具公司
7	弹簧	1	60D			校核		质量		筒形拉深模
序号	名称	数量	材料	规格	审核		比例			

图 XM5-1　圆筒拉深模具装配图（续）

活动一　圆筒拉深模具的结构原理分析

知识链接——《冲压工艺与模具结构》之拉深模结构与工作原理。

拉深模的结构特点	1. 该模具凸模固定板的定位是依靠_____、_____的配合实现的，而凹模的定位则是依靠_____、_____的配合实现的 2. 该模具中压边圈的作用是_____。压边力的产生是使用_____实现的，压边圈的位置和压边力大小的调整则是利用_____实现的 3. 如要在铣床上实现模具零件中众多等分或不等分孔系的加工，必须使用_____ 4. 确定拉深模凸模圆角半径的原则是_____，确定凹模圆角半径的原则是_____，确定拉深间隙的原则是_____。
工作原理	该圆筒拉深模的工作原理是：
机构结构的合理性判断	<table><tr><td>不合理之处</td><td>改进方案</td></tr><tr><td></td><td></td></tr><tr><td></td><td></td></tr></table>

活动二　圆筒拉深模具的生产计划安排

模具生产流程		承 制 人	生产时间安排				检 测 人	加 工 说 明
			预 计 用 时	开 始 时 间	完 成 时 间	实 际 用 时		
基础零件制造	上模座加工							
	下模座加工							
	模柄加工							
工作零件制造	凸模加工							
	凹模加工							
压边定位件制造	压边圈加工							
	长螺钉加工							
	弹簧加工							
定位件	定位圈加工							
模具装配	模具试装							
	模具总装							
试模与调整								
模具交付								

任务二　上模座加工

上模座如图 XM5-2 所示。

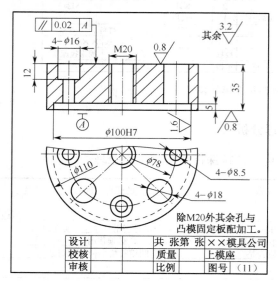

图 XM5-2　上模座

👉 **活动一**　阅读零件图，查阅相关资料，进行相关加工工艺分析

1. 上模座在模具中的作用是＿＿＿＿＿＿＿＿＿＿＿＿＿＿＿＿＿＿＿＿＿＿＿。

2. 该上模座属于＿＿＿＿＿类零件，加工时必须保证其上平面的＿＿＿＿和＿＿＿＿要求。

3. 周边孔系与凸模固定板配作的目的是＿＿＿＿＿＿＿＿＿＿＿＿＿＿＿＿＿＿＿＿＿。

4. 根据下模座的零件图，确定毛坯类型为＿＿＿＿＿＿（锻件、铸件或型材），其毛坯尺寸为ϕ＿＿＿＿＿×＿＿＿＿＿。

👉 **活动二**　制订上模座加工工艺路线，编制上模座的加工工艺

1. 上模座加工工艺路线：

＿＿。

2. 编制上模座的加工工艺，复印并填写附录 A。

👉 **活动三**　实施上模座的机械加工并进行质量检测与控制

1. 使用车削完成上模座外圆、端面及阶台的粗加工，以及模柄安装螺孔加工。

2. 使用磨削完成上模座上表面的精加工。

👉 **活动四**　进行上模座加工质量检测和问题分析

上模座加工检测评分表

序　号	项　目	检测指标	评分标准	配　分	检 测 记 录		得　分
					自　检	互　检	
1	尺寸精度	ϕ100H7	超差 0.01 扣 10 分	20			

续表

序　号	项　目	检测指标	评分标准	配　分	检 测 记 录		得　分
					自　检	互　检	
2		$\phi110$	超差不得分	10			
3		M20	超差不得分	10			
4		5	超差不得分	10			
5	形位公差	// 0.02 A	超差0.01扣10分	20			
6	粗糙度	Ra0.8，2处	超差1处扣5分	10			
7		Ra1.6	超差不得分	10			
8		文明生产	无违章操作	10			
问题分析		产生问题		原因分析		解决方案	

活动五　任务评价

复印并填写附录B。

活动六　任务拓展

如果使用高精度加工中心加工该零件的孔系，请编制其数控加工程序。

任务三　下模座加工

下模座如图XM5-3所示。

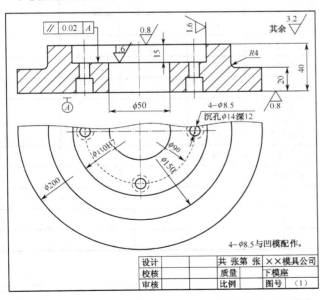
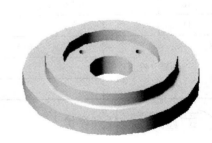

图 XM5-3　下模座

活动一　阅读零件图，查阅相关资料，进行下模座的加工工艺分析

1. 下模座在模具中的作用是_____。

2．该下模座属于_____类零件，加工时必须保证凹模安装的底平面与其下平面之间的_____和_____要求。

3．周边孔系与凸模固定板配作的目的是_____。

4．根据下模座的零件图，确定毛坯类型为_____（锻件、铸件或型材），其毛坯尺为ϕ_____×_____。

☞ **活动二** 制订下模座加工工艺路线，编制下模座的加工工艺

1．下模座加工工艺路线：_____。

2．编制下模座的加工工艺，复印并填写附录A。

☞ **活动三** 实施下模座的机械加工并进行质量检测与控制

1．使用车削完成下模座外圆、端面及阶台的粗加工，以及落料孔加工。

2．使用磨削完成下模座上表面的精加工。

☞ **活动四** 进行下模座加工质量检测和问题分析

下模座加工检测评分表

序　号	项　目	检测指标	评分标准	配　分	检测记录		得　分
					自　检	互　检	
1	尺寸精度	ϕ110H7	超差0.01扣5分	10			
2		15	超差不得分	10			
3		ϕ200	超差不得分	5			
4		ϕ150	超差不得分	10			
5		ϕ50	超差不得分	10			
6		40	超差不得分	5			
7		20	超差不得分	5			
8	形位公差	⫽ 0.02 A	超差0.01扣5分	15			
9	粗糙度	Ra0.8，2处	超差1处扣5分	10			
10		Ra1.6，2处	超差不得分	10			
11	文明生产		无违章操作	10			
问题分析		产生问题		原因分析		解决方案	

☞ **活动五** 任务评价

复印并填写附录B。

☞ **活动六** 任务拓展

如果使用高精度加工中心加工该零件的孔系，请编制其数控加工程序。

任务四　模柄加工

任务内容：

1. 模柄外圆车削加工。
2. 模柄螺纹车削加工。

任务过程：

模柄如图 XM5-4 所示。质量检测包括模柄直径、长度以及螺纹参数等。

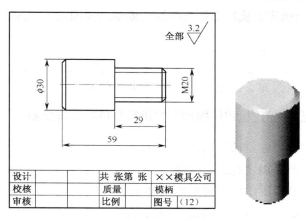

图 XM5-4　模柄

任务五　凸模固定板加工

凸模固定板如图 XM5-5 所示。

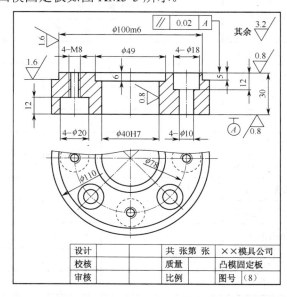

图 XM5-5　凸模固定板

👉 活动一　阅读零件图，查阅相关资料，进行相关加工工艺分析

1. 凸模固定板在模具中的作用是＿＿＿＿＿＿＿＿＿＿＿＿＿＿＿＿＿＿。

2. 该凸模固定板属于＿＿＿＿类零件，加工时必须保证凹模安装的底平面与其下平面之间的＿＿＿＿＿和＿＿＿＿＿要求。

3. 为保证固定板周边孔系的分度精度，加工时应选择零件上的＿＿＿＿和＿＿＿＿面组合定位，使用＿＿＿＿＿＿装夹，安装在立式铣床或镗床上加工。

4. 根据零件图，确定毛坯类型为＿＿＿＿＿（锻件、铸件或型材），毛坯尺寸为 ϕ＿＿＿＿×＿＿＿＿。

👉 活动二　制订凸模固定板加工工艺路线，编制凸模固定板的加工工艺

1. 凸模固定板加工工艺路线：

＿＿＿＿＿＿＿＿＿＿＿＿＿＿＿＿＿＿＿＿＿＿＿＿＿＿＿＿＿＿＿＿＿＿。

2. 编制凸模固定板的加工工艺，复印并填写附录A。

👉 活动三　实施凸模固定板的机械加工并进行质量检测与控制

1. 使用车削进行凸模固定板外圆、端面及阶台加工。

2. 使用车床进行凸模固定孔的钻镗加工。

3. 使用磨削完成凸模固定板上表面的精加工。

4. 使用立式坐标磨床进行凸模固定孔的加工。

👉 活动四　进行凸模固定板加工质量检测和问题分析

凸模固定板加工检测评分表

序　号	项　目	检测指标	评分标准	配　分	检测记录		得　分
					自　检	互　检	
1	尺寸精度	$\phi100m6 \times 5$	超差0.01扣5分	10			
2		$\phi40H7$	超差0.01扣5分	10			
3		$\phi49 \times 6$	超差不得分	5			
4		$\phi110$	超差不得分	5			
5		$\phi78$	超差不得分	5			
6		4-$\phi10$ 及沉孔	不合格1处扣2分	10			
7		4-M8	不合格1处扣2分	10			
8		4-$\phi20$	不合格1处扣2分	10			
9	形位公差	// 0.02 A	超差0.01扣5分	10			
10	粗糙度	$Ra0.8$，3处	超差1处扣5分	10			
11		$Ra1.6$，2处	超差不得分	5			

序 号	项 目	检测指标	评分标准	配 分	检 测 记 录		得 分
					自 检	互 检	
12		文明生产	无违章操作	10			

问题分析	产生问题	原因分析	解决方案

👉 **活动五** **任务评价**

复印并填写附录 B。

👉 **活动六** **任务拓展**

如果使用高精度加工中心加工凸模固定板的圆周孔系，请编制其数控加工程序。

任务六　凹模加工

凹模如图 XM5-6 所示。

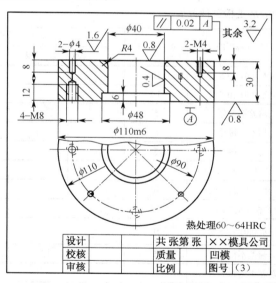

图 XM5-6　凹模

👉 **活动一** **阅读零件图，查阅相关资料，进行凹模的加工工艺分析**

1. 凹模在模具中的作用是_____。

2. 该凹模属于_____类零件，加工时必须保证凹模安装的底平面与其下平面之间的_____和_____要求。

3. 为保证凹模周边孔系的分度精度，加工时应选择零件上的_____和_____面组合定位，使用_____装夹，安装在钻床或立式铣床上加工。

4. 根据凹模的零件图，应选择使用_____材料制造，确定毛坯类型为_____（锻件、铸件或型材），毛坯尺寸为 ϕ_____×_____。

活动二 制订凹模加工工艺路线，编制凹模的加工工艺

1. 凹模加工工艺路线：

_____。

2. 编制凹模的加工工艺，复印并填写附录 A。

活动三 实施凹模的机械加工并进行质量检测与控制

1. 使用车削进行凹模外圆、端面及阶台加工。
2. 使用车床进行凹模型孔及凹模圆弧的钻镗加工。
3. 使用磨削完成凹模上表面的精加工。
4. 使用回转工作台完成凹模上、下表面孔系的钻、攻、铰加工。
5. 对凹模进行热处理，达到 60～64HRC。
6. 使用平面磨床完成凹模上、下表面的加工。
7. 使用万能磨床进行凹模孔的精加工。

活动四 进行凹模加工质量检测和问题分析

凹模加工检测评分表

序 号	项 目	检测指标	评分标准	配 分	检测记录		得 分
					自 检	互 检	
1	尺寸精度	$\phi100m6 \times 5$	超差 0.01 扣 5 分	10			
2		$\phi40H7$	超差 0.01 扣 5 分	10			
3		$\phi49 \times 6$	超差不得分	5			
4		$\phi110$	超差不得分	5			
5		$\phi90$	超差不得分	5			
6		2-$\phi10$ 及沉孔	不合格 1 处扣 2 分	10			
7		4-M8	不合格 1 处扣 2 分	10			
8		2-M4	不合格 1 处扣 2 分	10			
9	形位公差	// 0.02 A	超差 0.01 扣 5 分	10			
10	粗糙度	$Ra0.4$	超差不得分	5			
11		$Ra0.8$，2 处	超差 1 处扣 5 分	10			
12		文明生产	无违章操作	10			
问题分析		产生问题	原因分析		解决方案		

活动五 任务评价

复印并填写附录 B。

👉 活动六 **任务拓展**

如果使用高精度加工中心加工凹模的圆周孔系，请编制其数控加工程序，并实施数控加工。

任务七 凸模加工

凸模如图 XM5-7 所示。

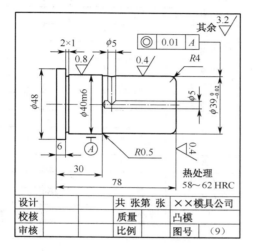

图 XM5-7 凸模

👉 活动一 **阅读零件图，查阅相关资料，进行凸模的加工工艺分析**

1. 凸模在模具中的作用是_____。

2. 该凸模属于_____类零件，加工时必须保证安装部分与工作部分之间的_____要求。

3. 凸模上 $\phi 5$ 的作用是_____，属于小孔加工，加工时应注意：_____。

4. 根据凸模的零件图，应选择使用_____材料制造，确定毛坯类型为_____（锻件、铸件或型材），毛坯尺寸为 ϕ_____×_____。

👉 活动二 **制订凸模加工工艺路线，编制凸模的加工工艺**

1. 凸模加工工艺路线：_____。

2. 编制凸模的加工工艺，复印并填写附录 A。

👉 活动三 **实施凸模的机械加工并进行质量检测与控制**

1. 使用车削进行凸模外圆、$R4$ 圆角及沟槽的加工。

2. 钳工完成 $\phi 5$ 孔的加工。

3. 对凹模进行热处理，达到 58～62HRC。

4. 使用外圆磨床完成 $\phi 40$、$\phi 39$ 的磨削加工。

5. 钳工修研拉深工作部分。

活动四 进行凸模加工质量检测和问题分析

凸模加工检测评分表

序 号	项 目	检测指标	评分标准	配 分	检测记录		得 分
					自 检	互 检	
1	尺寸精度	$\phi40m6$	超差0.01扣5分	10			
2		$\phi39_{-0.02}^{0}$	超差0.01扣5分	10			
3		$R4$	超差不得分	10			
4		$\phi5$，2处	超差不得分	10			
5		$\phi48$	超差不得分	5			
6		2×1	超差不得分	5			
7		78	超差不得分	5			
8		30	超差不得分	5			
9		6	超差不得分	5			
10	形位公差	◎ 0.01 A	超差0.01扣5分	10			
11	粗糙度	$Ra0.4$，2处	超差1处扣5分	10			
12		$Ra0.8$	超差不得分	5			
13	文明生产		无违章操作	10			
问题分析		产生问题		原因分析		解决方案	

活动五 任务评价

复印并填写附录B。

活动六 任务拓展

如果选择40Cr作为凸模的制造材料，请制订其热处理工艺。

任务八 压边圈加工

压边圈如图 XM5-8 所示。

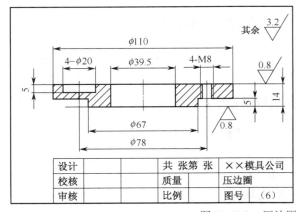

图 XM5-8 压边圈

👉 **活动一** 阅读零件图，查阅相关资料，进行压边圈的加工工艺分析

1. 压边圈在拉深模具中的作用是_____。
2. 压边圈属于_____类零件，加工时必须保证安装部分与工作部分之间的_____要求。
3. 压边圈上的螺孔及弹簧安装槽与凸模固定板配加工的目的是_____
_____。
  4. 根据压边圈的零件图，应选择使用_____材料制造，确定毛坯类型为
_____（锻件、铸件或型材），毛坯尺寸为ϕ_____mm。

👉 **活动二** 制订压边圈加工工艺路线，编制加工工艺

1. 压边圈加工工艺路线：
_____。
2. 编制压边圈的加工工艺，复印并填写附录 A。

👉 **活动三** 实施压边圈的机械加工并进行质量检测与控制

1. 使用车削进行压边圈外表面、凸模过孔及阶台的加工。
2. 使用平面磨床完成压边圈上、下表面磨削加工。
3. 钳工配加工压边圈上的孔和槽。

👉 **活动四** 进行压边圈加工质量检测和问题分析

压边圈加工检测评分表

序 号	项 目	检测指标	评分标准	配 分	检测记录		得 分
					自 检	互 检	
1	尺寸精度	ϕ39.5	超差 0.01 扣 5 分	10			
2		ϕ110	超差 0.01 扣 5 分	10			
3		ϕ67	超差不得分	10			
4		14	超差不得分	5			
5		5	超差不得分	5			
6		4-ϕ20 × 5	超差 1 处扣 5 分	20			
7		4-M8	超差不得分	10			
8	形位公差	上、下面平行度 0.02	超差 0.01 扣 5 分	10			
9	粗糙度	Ra0.8，2 处	超差 1 处扣 5 分	10			
10		文明生产	无违章操作	10			
问题分析		产生问题	原因分析		解决方案		

👉 **活动五** 任务评价

复印并填写附录 B。

👉 **活动六** **任务拓展**

如何减小较薄的盘类零件的车削加工变形？

任务九 定位圈加工

定位圈如图 XM5-9 所示，本任务中主要进行外圆、内孔车削加工，以及螺孔、销孔的配加工。

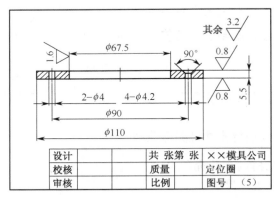

图 XM5-9 定位圈

任务十 圆筒拉深模具的装配

👉 **活动一** **阅读装配图和相关技术文件**

1. 阅读并理解圆筒拉深模具装配的技术要求。
2. 了解各零件的工作位置、配合关系、连接以及运动关系。
3. 确定各部分的装配方法。
4. 选择装配所需设备、工具和量具。
5. 对装配零件按要求进行必要的清洗与清理，并检验、检查各装配零件质量以及标准件的规格与数量。

👉 **活动二** **编制圆筒拉深模具装配工艺**

复印并填写附录 D。

👉 **活动三** **实施圆筒拉深模具的装配工作**

1. 下模部分的装配

（1）以凹模为基准，配加工下模座上螺钉过孔。找正并紧固凹模于下模座上。

（2）以凹模为基准，配加工定位圈上螺孔和销孔。找正后进行定位紧固。

（3）检验装配质量。

2. 上模部分的装配

（1）以凸模固定板为基准，配加工上模座上的螺孔。
（2）以凸模固定板为基准，配加工压边圈上的螺孔及弹簧安装槽孔。
（3）将凸模压装在凸模固定板上，检测合格后，紧固于上模座上。
（4）压边圈及弹簧的装配与调整。

3. 进行圆筒拉深模具总装配

活动四 进行圆筒拉深模具装配质量检验

装配工艺步骤	检测标准	配 分	检 测 记 录		得 分
			自 检	互 检	
下模部分装配	凹模与下模座定位准确、连接牢固	10			
	定位板与凹模定位准确、连接牢固	10			
上模部分装配	凸模与固定板定位准确、连接牢固，垂直度符合要求	10			
	凸模固定板与上模座定位准确、连接牢固，平行度符合要求	10			
	模柄与固定板连接牢固，垂直度合格	10			
压板部分装配	压边圈位置水平	10			
	与凸模间隙合理	10			
	压边力大小合适	10			
	压边动作准确、灵活	10			
安全文明	装配操作、工具使用安全规范	10			
装配问题分析	产生问题	问题分析		解决方案	

活动五 实施圆筒拉深模具的试模、检测与调整

边试验边调整，直至模具工作性能稳定可靠。复印并填写附录 E。

任务十一　圆筒拉深模具制造项目考核评价

复印并填写附录 F。

项目六　级进模具制造

项目描述：

1. 级进模的结构与工作原理。
2. 级进模制造过程中相关技术资料与手册的应用与工艺参数查询。
3. 级进模制造过程中坯料、设备、工具、量具选择与制造工艺编制。
4. 级进模零件的铣削、磨削、车削等加工与质量控制。
5. 级进模的装配与调试。

能力目标：

1. 熟悉级进模的结构与工作原理。
2. 能根据级进模的结构以及性能要求查阅相关技术手册，对设计不合理处进行合理修改。
3. 能根据级进模中不同零件的结构特点选择合理的加工方法，适应设备、工夹量具以及工艺参数，编制出合理的加工工艺。
4. 能安全熟练地操作车床、铣床、平面磨床、万能磨床等设备，完成机构中各零件的加工与质量控制。
5. 能安全熟练地使用钳工技术完成级进模的装配、调试工作。
6. 能做好人员、工种、设备、生产进度、质量控制等方面的沟通协调工作。

场景设计：

1. 模具制造、装配工作现场。
2. 车床、铣床、磨床及常用的工装和量具。
3. 级进模装配图、零件图以及备查的相关技术资料与手册。

任务一　阅读级进模的装配图，熟悉级进模的结构原理

相关装配图如图 XM6-1 所示。

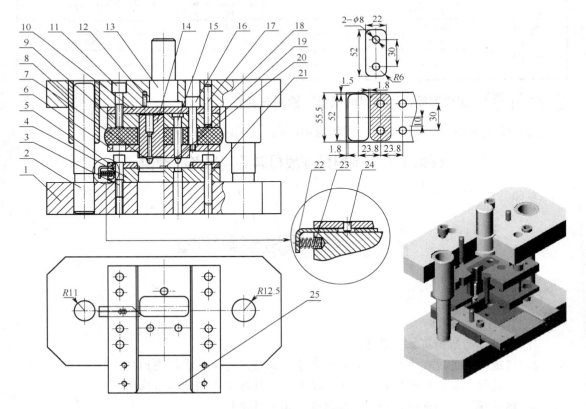

图 XM6-1　装配图

25	承料板	1	45		11	螺钉	4		M8×48
24	滑销	1			10	垫板	1	45	
23	弹簧	1			9	凸模固定板	1	45	
22	始用挡料销	1			8	导套	2	T10A	
21	定位销	2		ϕ8×48	7	导正销	1		
20	挡料销	1			6	卸料板	1	45	
19	橡胶				5	导料板	2	45	
18	上模座	1	45	M8×65	4	凹模	1	T10A	
17	定位销	2		ϕ8×48	3	螺钉	4		M8×48
16	卸料螺钉	4		ϕ8×46	2	导柱	2	T10A	
15	冲孔凸模	2			1	下模座	1	45	
14	落料凸模	1	40Cr		序号	名称	数量	材料	规格
13	模柄	1	45		设计		共 张第 张	××模具公司	
12	防转销	1			校核		质量	级进模	
序号	名称	数量	材料	规格	审核		比例		

图 XM6-1　装配图（续）

活动一　级进模的结构原理分析

知识链接——《冲压工艺与模具结构》之级进模结构与工作原理。

结构特点	1. 该模具是_____ 、_____工序结合的级进模 2. 该模具中使用了_____导向机构 3. 级进模对皮料的定位方式包括_____几种，该模具对坯料的定位使用了_____与_____相结合的定位机构 4. 冲裁过程中，保证孔与外形的位置精度，使用了_____对落料工序定位 5. 模具中使用了以_____作为卸料动力的_____卸料机构 6. 该级进模中，始用挡料销的作用是_____ 7. 为保证冲孔精度，再设计模具工作零件时，应先确定_____尺寸，然后再根据冲裁间隙的大小确定_____尺寸；对于落料模则应先确定 _____尺寸，然后再根据冲裁间隙的大小确定_____尺寸 8. 对于冲裁模其冲裁间隙的经验确定方法是： 表格： 常用材料种类 / 材料厚度（$t<3mm$ / $t>3mm$） 软钢、纯铁 铜、铝合金 硬钢
工作原理	该级进模的工作原理是：
机构结构的合理性判断	不合理之处 ／ 改进方案

活动二　级进模的生产计划安排

模具生产流程		承 制 人	生产时间安排				检 测 人	加工说明
			预 计 用 时	开 始 时 间	完 成 时 间	实 际 用 时		
模架 制造	上模座加工							
	下模座加工							
	导柱加工							

续表

模具生产流程		承 制 人	生产时间安排				检 测 人	加 工 说 明
			预 计用 时	开 始时 间	完 成时 间	实 际用 时		
模架制造	导套加工							
	模柄加工							
工作零件加工	冲孔凸模加工							
	落料凸模加工							
	凹模加工							
结构零件加工	凸模固定板加工							
	凹模固定板加工							
	上垫板加工							
定位零件加工	导、承料板加工							
	始用挡料销加工							
	导正销加工							
卸料机构	卸料板加工							
	卸料螺钉加工							
模具装配	级进模试装							
	级进模总装							
试模与调整								
模具交付								

任务二 上、下模座加工

上模座和下模座分别如图 XM6-2 和图 XM6-3 所示。

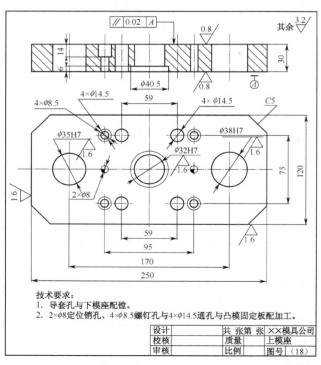

技术要求：
1. 导套孔与下模座配镗。
2. 2×φ8定位销孔、4×φ8.5螺钉孔与4×φ14.5通孔与凸模固定板配加工。

设计		共 张第 张	××模具公司
校核		质量	上模座
审核		比例	图号 （18）

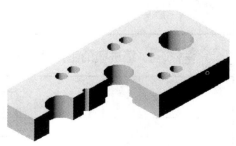

图 XM6-2 上模座

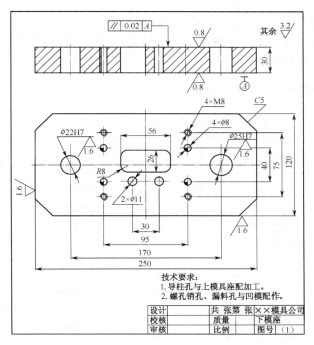

图 XM6-3 下模座

👉 活动一 **阅读零件图，查阅相关资料，进行上、下模座的工艺分析**

1．上模座在该级进模中的作用是_____。

2．下模座在该级进模中的作用是_____。

3．上、下模座加工的关键是：

● 必须保证其上、下面间的_____（平行度或垂直度）。

● 必须保证导套、导柱孔与基准面间的_____（平行度或垂直度）。

● 必须保证上、下模座上的导套、导柱孔中心距的_____性。

④ 上、下模座上的螺钉孔、定位销孔在装配时配加工的目的是_____。

⑤ 根据上、下模座零件图确定毛坯类型为_____（锻件、铸件或型材），毛坯尺寸为____×____×____。

👉 活动二 **制订上、下模座制造工艺路线，编制加工工艺**

1．制造工艺路线。

① 上模座加工的工艺路线：_____。

② 下模座加工的工艺路线：_____。

2．编制上、下模座的加工工艺，复印并填写附录 A。

① 编制上模座的机械加工工艺。

② 编制下模座的机械加工工艺。

👉 活动三 **实施级进模上、下模座的机械加工并进行质量检测与控制**

1．使用铣削进行级进模上、下模座外形的粗加工。

2．使用磨削进行级进模上、下模座上、下表面及其侧基准面的精加工。

3．将上、下模座重叠，通过钻、镗进行上、下模座导套、导柱孔粗加工和精加工。

4．使用钻、镗完成上模座模柄安装孔的加工。

👉 **活动四** 进行级进模上、下模座加工质量检测和问题分析

级进模上、下模座加工检测评分表

序　号	项　目	检测指标	评分标准	配　分	检测记录		得　分
					自　检	互　检	
1	尺寸精度	$\phi38H7$	超差0.01扣4分	8			
2		$\phi35H7$	超差0.01扣4分	8			
3		$\phi32H7$	超差0.01扣4分	8			
4		$\phi25H7$	超差0.01扣4分	8			
5		$\phi22H7$	超差0.01扣4分	8			
6		170	不一致不得分	10			
7		$2\times\phi11$	超差不得分	5			
8		250×120	超差不得分	5			
9		56×26	超差不得分	5			
10	形位公差	∥ 0.02 A	超差0.01扣2分	10			
11	粗糙度	Ra0.8，4处	一处不合格扣1分	5			
12		Ra1.6，9处	一处不合格扣1分	10			
13	安全文明		无违章操作	10			
问题分析		产生问题		原因分析		解决方案	

👉 **活动五** 任务评价

复印并填写附录B。

👉 **活动六** 任务拓展

如果使用高精度的加工设备，请编制上、下模座的加工工艺。

任务三　导套、导柱加工

导套和导柱如图XM6-4所示。

👉 **活动一** 阅读零件图，查阅相关资料，进行导套、导柱的加工工艺分析

1．导套、导柱是＿＿＿＿＿机构，作用是＿＿＿＿＿＿＿＿＿＿＿＿＿＿＿＿＿＿＿＿＿＿＿。

2．导套、导柱的工作部分一般都具有很高的＿＿＿＿＿＿＿＿（圆度或同轴度）精度，以保证其与上、下模座的配合精度。

3．导套、导柱的安装部分与相互配合部分之间具有很高的＿＿＿＿＿＿＿＿精度，以保证工作时定位导向准确，运动灵活平稳。

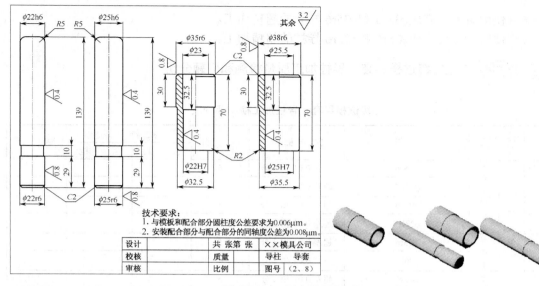

图 XM6-4　导套和导柱

4．由于导套、导柱的配合部分具有较高的粗糙度要求，一般都选用_____或完成其加工。

5．导柱、导套要求具有较高的_____，因此必须进行_____的组合热处理。

6．根据导、套导柱零件图确定毛坯类型为_____（锻件、铸件或型材），毛坯尺寸分别为：

（1）ϕ38r6 导套 ϕ_____×_____。

（2）ϕ35r6 导套 ϕ_____×_____。

（3）ϕ25r6 导套 ϕ_____×_____。

（4）ϕ22r6 导套 ϕ_____×_____。

👉 **活动二**　制订导套、导柱加工工艺路线，编制导套、导柱的加工工艺

1．制造工艺路线。

（1）导套加工：_____。

（2）导柱加工：_____。

2．编制导套、导柱的加工工艺。

（1）编制导套的机械加工工艺，复印并填写附录A。

（2）编制导柱的机械加工工艺，复印并填写附录A。

👉 **活动三**　实施机械加工并进行质量检测与控制

1．使用车削进行 ϕ38r6 和 ϕ35r6 导套的粗加工。

2．使用车削进行 ϕ25r6 和 ϕ22r6 导柱的粗加工。

3．使用箱式电炉对导柱、导套实施热处理。

4．使用万能磨床进行 ϕ38r6 和 ϕ35r6 导套的精加工。

5．使用外圆磨床进行 ϕ25r6 和 ϕ22r6 导柱的精加工。

6．使用研磨棒完成 ϕ38r6 和 ϕ35r6 导套的超精加工。

7．使用研磨套完成 ϕ25r6 和 ϕ22r6 导柱的超精加工。

活动四 进行级进模导套、导柱加工质量检测和问题分析

级进模导套、导柱加工检测评分表

序号	项 目		检测指标	评分标准	配 分	检测记录		得 分
						自 检	互 检	
1	尺寸精度	导套1	ϕ38r6	超差 0.01 扣 2 分	5			
2			ϕ25H7	超差 0.01 扣 2 分	5			
3		导套2	ϕ35r6	超差 0.01 扣 2 分	5			
4			ϕ22H7	超差 0.01 扣 2 分	5			
5		导柱1	ϕ25r6	超差 0.01 扣 2 分	5			
6			ϕ25h6	超差 0.01 扣 2 分	5			
7		导柱2	ϕ22r6	超差 0.01 扣 2 分	5			
8			ϕ22h6	超差 0.01 扣 2 分	5			
9	形位公差		⌀ 0.006，8 处	超差不得分	20			
10			◎ ϕ0.008 A—B，2 处	超差不得分	10			
11	粗糙度		Ra0.4，4 处	一处不合格扣 2 分	10			
12			Ra0.8，4 处	一处不合格扣 2 分	5			
13	安全文明			无违章操作	10			
问题分析			产生问题	原因分析		解决方案		

活动五 任务评价

复印并填写附录 B。

任务四 模柄加工

模柄如图 XM6-5 所示，其加工可参照导柱加工的任务过程。

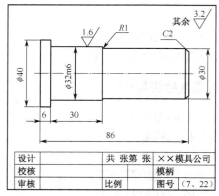

图 XM6-5 模柄

任务五　冲孔、落料凸模加工

冲孔凸模和落料凸模如图 XM6-6 所示。按相关要求完成加工任务。

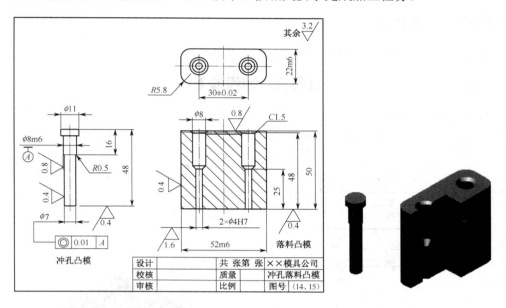

图 XM6-6　冲孔凸模和落料凸模

活动一　进行加工质量检测和问题分析

加工检测评分表

序号	项目		检测指标	评分标准	配分	检测记录		得分
						自检	互检	
1	尺寸精度	冲孔凸模	ϕ8m6	超差 0.01 扣 5 分	10			
2			ϕ7	超差 0.01 扣 5 分	10			
3			16	超差不得分	10			
4		落料凸模	51m6 × 21m7 配合段	超差不得分	10			
5			R5.8	超差不得分	10			
6			2 × ϕ4H7	超差 0.01 扣 5 分	10			
7			30 ± 0.02	超差 0.01 扣 5 分	10			
8	形位公差		◎ 0.01 A	超差 0.01 扣 5 分	10			
9	粗糙度		Ra0.4，4 处	一处不合格扣 2 分	10			
10			Ra0.8，2 处	一处不合格扣 2 分	5			
11	粗糙度		Ra1.6，2 处	一处不合格扣 2 分	5			
12	安全文明			无违章操作	10			
问题分析			产生问题		原因分析		解决方案	

活动二　任务评价

复印并填写附录 B。

活动三　任务拓展

如果该凸模带有凸肩，请编制相应的加工工艺并实施加工。

任务六　凹模加工

凹模如图 XM6-7 所示。

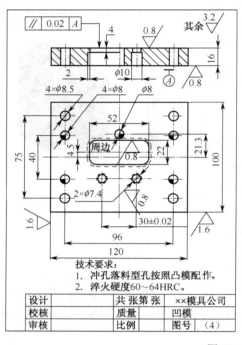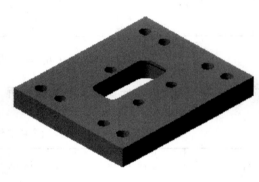

图 XM6-7　凹模

活动一　阅读凹模零件图，查阅相关资料，进行凹模的加工工艺分析

1．凹模的作用是_____。

2．凹模要求具有_____的较高硬度，因此必须进行_____的组合热处理。

3．根据凹模结构，其最适合使用电火花或线切割加工的部位是_____。

4．根据零件图确定毛坯类型与尺寸。凹模已选择_____制造毛坯，其尺寸为_____×_____×_____。

活动二　制订凹模加工工艺路线，编制凹模的加工工艺

1．制造工艺路线：

_____。

2．编制凹模的加工工艺，复印并填写附录 A。

活动三 实施级进模凹模的机械加工并进行质量检测与控制

1．使用铣削进行凹模的外形粗加工。

2．使用磨床进行凹模上、下表面及侧基准面磨削加工。

3．钳工钻、攻、铰模板上的螺孔、销孔、穿丝孔。

4．使用箱式电炉进行凹模热处理，达到 60～64HRC。

5．使用磨削进行凹模的上、下表面加工。

6．使用线切割进行凹模型孔加工。

7．钳工修研凹模型孔。

活动四 进行凹模加工质量检测和问题分析

级进模凹模加工检测评分表

序　号	项　　目	检测指标	评分标准	配　分	检 测 记 录		得　分
					自　检	互　检	
1	尺寸精度	2×ϕ7.4 公差查表	超差 0.01 扣 5 分	10			
2		52×22 公差查表	超差 0.01 扣 5 分	10			
3		30±0.02	超差 0.01 扣 5 分	10			
4		4.5	超差不得分	5			
5		21.3	超差不得分	5			
6		4 刃口高	超差不得分	5			
7		75	超差不得分	5			
8		40	超差不得分	5			
9		5-ϕ8 销孔	超差一处扣 2 分	10			
10		4×ϕ8.5	超差一处扣 2 分	5			
11	形位公差	// 0.02 A	超差 0.01 扣 5 分	10			
12	粗糙度	Ra0.8，4 处	一处不合格扣 2 分	10			
13		Ra1.6，2 处	一处不合格扣 2 分	5			
14		安全文明	无违章操作	5			
问题分析		产生问题	原因分析		解决方案		

活动五 任务评价

复印并填写附录 B。

活动六　任务拓展

1．采用什么方法可以保证凹模孔的位置与凸模固定板孔的位置的一致性？
2．如果使用电火花加工凹模型孔，请设计加工电极。

任务七　凸模固定板加工

凸模固定板如图 XM6-8 所示。

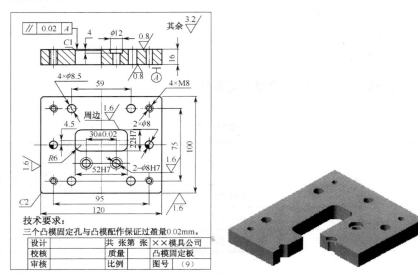

图 XM6-8　凸模固定板

活动一　阅读凸模固定板零件图，查阅相关资料，进行凸模固定板的加工工艺分析

1．凸模固定板的作用是＿＿＿＿＿＿＿＿＿＿＿＿＿＿＿＿＿＿＿＿＿＿＿＿＿＿＿＿。

2．凸模固定板的凸模固定孔必须与凹模型孔位置＿＿＿＿＿，还必须保证其与基准面＿＿＿＿＿。

3．根据凸模固定板的结构，其最适合使用电火花或线切割加工的部位是＿＿＿＿＿。如果使用线切割加工，请编制线切割加工程序。

4．根据凸模固定板零件图确定毛坯类型与尺寸。选择＿＿＿＿＿＿制造毛坯，其尺寸为＿＿＿×＿＿＿×＿＿＿。

活动二　制订凸模固定板加工工艺路线，编制凸模固定板的加工工艺

1．凸模固定板制造工艺路线：

＿＿＿＿＿＿＿＿＿＿＿＿＿＿＿＿＿＿＿＿＿＿＿＿＿＿＿＿＿＿＿＿＿＿＿＿＿＿＿。

2．编制凸模固定板的加工工艺，复印并填写附录 A。

活动三　实施级进模凸模固定板的机械加工并进行质量检测与控制

1．使用铣削进行凸模固定板的外形粗加工。
2．使用磨床进行凸模固定板上、下表面及侧基准面的磨削加工。

3. 钳工钻、攻、铰模板上的螺孔、销孔、穿丝孔。

4. 使用线切割进行凸模固定板型孔加工。

5. 钳工修研凸模固定板型孔。

👉 **活动四** **进行凸模固定板加工质量检测和问题分析**

级进模凸模固定板加工检测评分表

序号	项 目	检测指标	评分标准	配 分	检测记录		得 分
					自 检	互 检	
1	尺寸精度	22H7	超差 0.01 扣 5 分	10			
2		52H7	超差 0.01 扣 5 分	10			
3		30 ± 0.02	超差 0.01 扣 5 分	10			
4		4.5	超差不得分	5			
5		95	超差不得分	5			
6		75	超差不得分	5			
7		59	超差不得分	5			
8		2–ϕ8H7	超差一处扣 2 分	5			
9		2–ϕ8 销孔	超差一处扣 2 分	5			
10		4×M8	超差一处扣 2 分	5			
11	形位公差	⫽ 0.02 A	超差 0.01 扣 5 分	10			
12	粗糙度	Ra0.8，2 处	一处不合格扣 2 分	5			
13		Ra1.6，5 处	一处不合格扣 2 分	10			
14	安全文明		无违章操作	5			
问题分析		产生问题		原因分析		解决方案	

👉 **活动五** **任务评价**

复印并填写附录 B。

👉 **活动六** **任务拓展**

可否将凸模固定板与凹模板重叠加工？如果可以，请编制加工工艺。

任务八 卸料板加工

卸料板加工如图 XM6-9 所示，其加工可参照凸模固定板加工过程。

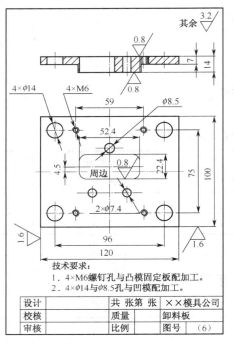

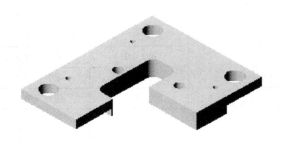

技术要求：
1. 4×M6螺钉孔与凸模固定板配加工。
2. 4×φ14与φ8.5孔与凹模配加工。

设计		共 张第 张	××模具公司
校核		质量	卸料板
审核		比例	图号　　(6)

图 XM6-9　卸料板

任务九　垫 板 加 工

垫板如图 XM6-10 所示。该任务主要为平面铣、磨及孔系配加工，任务过程略。

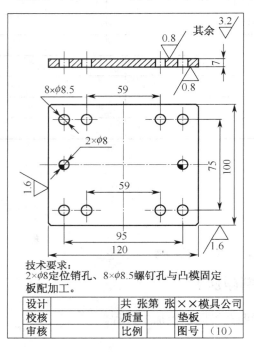

技术要求：
2×φ8定位销孔、8×φ8.5螺钉孔与凸模固定
板配加工。

设计		共 张第 张	××模具公司
校核		质量	垫板
审核		比例	图号　(10)

图 XM6-10　垫板

任务十 导、承料板加工

导料板和承料板如图 XM6-11 所示。

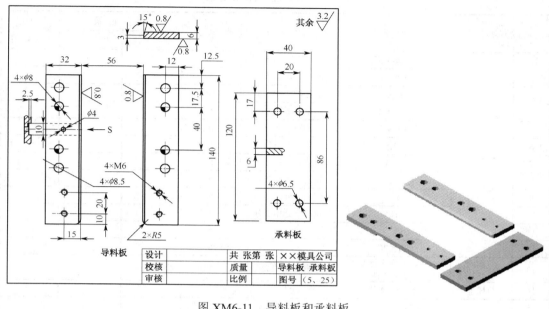

图 XM6-11 导料板和承料板

👉 活动一 阅读导、承料板零件图，查阅相关资料，进行导、承料板的加工工艺分析

1. 导料板的作用是_____。

2. 导料间距的调整，必须在模具_____时进行，以获得合理的导料间隙。

3. 导料板加工的关键是，除了要保证平面及相关螺孔加工外，还必须注意始用挡料销_____槽的加工。

4. 根据零件图确定毛坯类型与尺寸。选择_____为导料板制造毛坯，其尺寸为_____×_____×_____。

👉 活动二 制订导、承料板加工工艺路线，编制导、承料板的加工工艺

1. 导料板制造工艺路线：

_____。

2. 承料板制造工艺路线：

_____。

3. 编制导料板的加工工艺，复印并填写附录 A。

👉 活动三 实施机械加工并进行质量检测与控制

1. 使用铣削进行导、承料板的外形粗加工并完成始用挡料销槽的加工。

2. 使用磨床进行导、承料板上、下表面的加工。

3. 钳工钻、攻、铰板上的螺孔、销孔。

4. 使用线切割进行型孔加工。

☞ **活动四** 进行导、承料板加工质量检测和问题分析

导、承料板加工检测评分表

序号	项目	检测指标	评分标准	配分	检测记录		得分
					自检	互检	
1	尺寸精度	4 × ϕ8 销孔	超差 0.01 扣 5 分	10			
2		ϕ4 销孔	超差 0.01 扣 5 分	5			
3		4 × ϕ8.5	超差 0.01 扣 5 分	10			
4		4 × ϕ6.5	超差不得分	5			
5		4 × M6	超差不得分	5			
6		12.5	超差不得分	5			
7		17.5	超差不得分	5			
8		40	超差一处扣 2 分	5			
9		2.5	超差一处扣 2 分	5			
10		10	超差一处扣 2 分	5			
11		15°		5			
12		86 × 20		5			
13	形位公差	上、下面平行度 0.02，3 件	超差 0.01 扣 2 分	5			
14	粗糙度	Ra0.8，4 处	一处不合格扣 1 分	5			
15		安全文明	无违章操作	5			
问题分析		产生问题		原因分析		解决方案	

☞ **活动五** 任务评价

复印并填写附录 B。

☞ **活动六** 任务拓展

如何减小薄板在加工过程中的变形？

任务十一　始用挡料销和导正销加工

始用挡料销和导正销如图 XM6-12 所示。

☞ **活动一** 阅读始用挡料销与导正销零件图，查阅相关资料，进行加工工艺分析

1. 始用挡料销的作用是＿＿＿＿＿＿＿＿＿＿＿＿＿＿＿＿＿＿＿＿＿＿＿＿＿。
2. 导正销的作用是＿＿＿＿＿＿＿＿＿＿＿＿＿＿＿＿＿＿＿＿＿＿＿＿＿＿＿。

☞ **活动二** 制订加工工艺路线，编制加工工艺

1. 始用挡料销加工工艺路线：

＿＿＿＿＿＿＿＿＿＿＿＿＿＿＿＿＿＿＿＿＿＿＿＿＿＿＿＿＿＿＿＿＿＿＿。

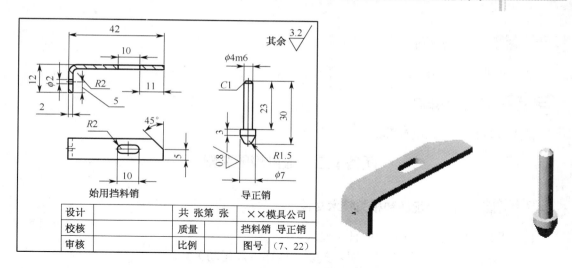

图 XM6-12　始用挡料销和导正销

2．导正销加工工艺路线：

_____。

3．编制始用挡料销的加工工艺，复印并填写附录 A。

4．编制导正销的加工工艺，复印并填写附录 A。

活动三　实施始用挡料销、导正销的机械加工并进行质量检测与控制

1．使用铣削进行始用挡料销的外形及腰形孔加工，同时完成 2mm 小孔加工。

2．使用车削完成导正销加工。

活动四　进行始用挡料销、导正销加工质量检测和问题分析

级进模始用挡料销、导正销加工检测评分表

序号	项　目	检测指标	评分标准	配　分	检测记录		得　分
					自　检	互　检	
1		ϕ4m6	超差 0.01 扣 5 分	10			
2		ϕ7	超差 0.01 扣 5 分	10			
3		R1.5	超差 0.01 扣 5 分	10			
4		30	超差不得分	10			
5	尺寸精度	3	超差不得分	10			
6		42	超差不得分	5			
7		10	超差不得分	10			
8		R2	超差一处扣 2 分	10			
9		11	超差一处扣 2 分	5			
10	粗糙度	Ra0.8	不合格扣 5 分	5			
11	安全文明		无违章操作	10			
问题分析		产生问题		原因分析		解决方案	

233

👉 **活动五** **任务评价**

复印并填写附录 B。

👉 **活动六** **任务拓展**

试进行弯曲坯料长度计算。

任务十二 级进模的装配

👉 **活动一** **阅读装配图和相关技术文件**

1. 阅读并理解级进模装配的技术要求。
2. 了解各零件的工作位置、配合关系、连接以及运动关系。
3. 确定各部分的装配方法。
4. 选择装配所需设备、工具和量具。
5. 对装配零件按要求进行必要的清洗与清理，并检验、检查各装配零件质量以及标准件的规格与数量。

👉 **活动二** **编制级进模装配工艺**

复印并填写附录 D。

👉 **活动三** **实施级进模的装配工作**

1. 实施模架装配。
2. 实施下模装配。
3. 实施上模装配。
- 凸模与其固定板的装配。
- 凸模固定板垫板与上模座的装配。
4. 实施卸料机构装配。
5. 进行级进模的总装配。

👉 **活动四** **进行级进模装配质量检验**

装配工艺步骤	检测标准	配　分	检测记录		得　分
			自　检	互　检	
模架的装配	导柱、导套与上、下模座基准面的垂直度符合要求	10			
	上模座上平面与下模座下平面的平行度符合要求	10			
	导向机构定位导向准确，滑动灵活平稳	10			
下模部分装配	凹模与下模座对位准确	10			
	导料板安装定位准确，导料槽尺寸合格，导向面相互平行	10			
	始用挡料销工作可靠	5			

续表

装配工艺步骤	检测标准	配　分	检测记录		得　分
			自　检	互　检	
上模部分装配	导正销与落料凸模定位准确，连接可靠	5			
	凸模与固定板定位准确，连接稳固	5			
	凸模与凹模间隙准确，均匀	10			
	各模板定位准确，连接稳固	5			
卸料机构装配	卸料力足够，卸料板安装水平	5			
	卸料动作准确，工作灵活稳定	5			
安全文明	装配操作、工具使用安全规范	10			
装配问题分析	产生问题	原因分析		解决方案	

 活动五　实施级进模的检测与调整

根据检测和工作情况，复印并填写附录 E。

任务十三　级进模制造项目考核评价

复印并填写附录 F。

项目七　U 形件弯曲模具制造

 项目描述：

1. U 形件弯曲模的结构与工作原理。
2. U 形件弯曲模制造过程中相关技术资料与手册的应用与工艺参数查询。
3. U 形件弯曲模制造过程中坯料、设备、工具、量具选择与制造工艺编制。
4. U 形件弯曲模零件的车削、磨削、研磨等加工与质量控制。
5. U 形件弯曲模的装配与调试。

能力目标：

1. 熟悉 U 形件弯曲模的结构与工作原理。
2. 能根据 U 形件弯曲模的结构以及性能要求查阅相关技术手册，对设计不合理处进行合理修改。
3. 能根据 U 形件弯曲模中不同零件的结构特点选择合理的加工方法，适应设备、工夹量具以及工艺参数，编制出合理的加工工艺。
4. 能安全熟练地操作车床、平面磨床、万能磨床以及电火花、线切割等设备，完成模具中各零件的加工与质量控制。
5. 能安全熟练地使用钳工技术完成相关装配、调试工作。
6. 能做好人员、工种、设备、生产进度、质量控制等方面的沟通协调工作。

场景设计：

1. 模具制造、装配工作现场。
2. 车床、铣床、平面磨床、万能磨床、电火花、线切割等常用的工装及量具。
3. U形件弯曲模装配图、零件图以及备查的相关技术资料与手册。

任务一　阅读U形件弯曲模具装配图，熟悉模具的结构原理

U形件弯曲模具装配图如图XM7-1所示。

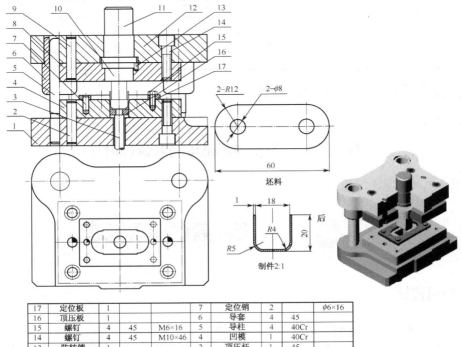

17	定位板	1			7	定位销	2		φ6×16
16	顶压板	1			6	导套	4	45	
15	螺钉	4	45	M6×16	5	导柱	4	40Cr	
14	螺钉	4	45	M10×46	4	凹模	1	40Cr	
13	防转销	1			3	顶压杆	1	45	
12	上模座	1	45		2	定位销	2		φ10×46
11	模柄	1	45		1	下模座板	1	45	
10	凸模	1	40Cr		序号	名称	数量	材料	规格
9	定位销	1	45	φ10×46		共 张第 张U形件弯曲模			
8	凸模固定板	1	45		设计		校核		质量
序号	名称	数量	材料	规格	审核				比例

图 XM7-1　U形件弯曲模具装配图

活动一　U形件弯曲模具的结构原理分析

知识链接——《冲压工艺与模具结构》之弯曲模结构与工作原理。

| 弯曲模的结构特点 | 1. 该模具是带有导向机构的U形件弯曲模具，弯曲凸模、凹模之间的位置由_____的定位导向保证
2. 该模具中定位板的作用是_____。该模具除了使用定位板定位以外，为防止制件在弯曲过程中发生位移，还采用了定位机构
3. 该弯曲模具中，凸模的结构设计的目的是_____。弯曲模的一些重要的结构参数（如凸模、凹模的圆角半径、弯曲角等），一般都应经过反复检测后确定，故其工作零件均应留有_____余量
4. 确定弯曲模凸模圆角半径的原则是_____
5. 确定弯曲模凹模圆角半径的原则是_____ |

续表

工作原理	该U形件弯曲模具的工作原理是：	
机构结构的合理性判断	不合理之处	改进方案

☞ **活动二** U形件弯曲模具的生产计划安排

模具生产流程		承制人	生产时间安排				检测人	加工说明
			预计用时	开始时间	完成时间	实际用时		
模架制造	上模座加工							
	下模座加工							
	导套加工							
	导柱加工							
	模柄加工							
工作零件制造	凸模加工							
	凹模加工							
定位零件制造	定位板加工							
	顶压板加工							
	顶杆加工							
模具装配	模具试装							
	模具总装							
试模与调整								
模具交付								

任务二 上、下模座加工

上模座和下模座分别如图 XM7-2 和 XM7-3 所示。

☞ **活动一** 阅读零件图，查阅相关资料，进行上、下模座的加工工艺分析

1. 上模座在模具中的作用是_____。

2. 下模座在模具中的作用是_____。

3. 在没有高精度设备的情况下，为保证上、下模座导套、导柱安装孔的中心距的一致性，一般采用_____ 方法，在一次安装中加工出上、下模座的导套、导柱安装孔。

4. 在进行导套、导柱孔系加工时，应选择_____和_____作为定位基准，目的是_____。

5. 根据上、下模座的零件图，确定毛坯类型为_____（锻件、铸件或型材），材料为_____，其毛坯尺寸分别为：上模座_____×_____×_____，下模座_____×_____×_____。

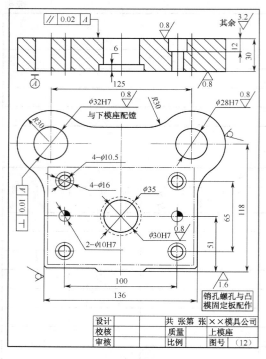

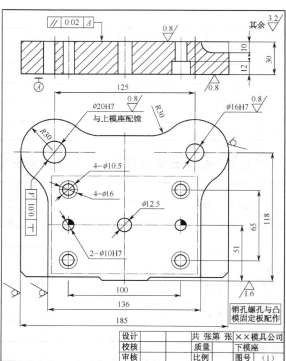

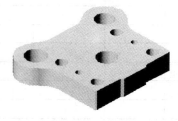

图 XM7-2　上模座

图 XM7-3　下模座

☞ **活动二**　制订上、下模座加工工艺路线，编制上、下模座的加工工艺

1. 上、下模座加工工艺路线。

① 上模座的加工工艺路线：

_____。

② 下模座的加工工艺路线：

_____。

2. 编制上、下模座的加工工艺。

① 编制上模座的加工工艺，复印并填写附录 A。

② 编制下模座的加工工艺，复印并填写附录 A。

☞ **活动三**　实施上、下模座的机械加工并进行质量检测与控制

1. 使用铣削进行上、下模座上、下表面及基准小平面的粗加工。

2. 使用磨削完成上、下模座上、下表面及基准小平面的精加工。

3．将上、下模座重叠安装，同时钻、镗出导套、导柱安装孔，以及模柄安装孔和顶料杆孔。

4．进行上、下模座导套、导柱安装孔的磨削或研磨加工。

活动四　进行上、下模座加工质量检测和问题分析

上、下模座加工检测评分表

序号	项 目		检测指标	评分标准	配 分	检测记录		得 分
						自 检	互 检	
1	尺寸精度	上模座	ϕ32H7	超差 0.01 扣 5 分	10			
2			ϕ28H7	超差 0.01 扣 5 分	10			
3			ϕ30H7	超差 0.01 扣 5 分	10			
4			ϕ35 × 6	超差不得分	10			
5			118	超差不得分	10			
6			51	超差不得分	10			
7		下模座	ϕ20H7	超差 0.01 扣 5 分	10			
8			ϕ16H7	超差 0.01 扣 5 分	10			
9			ϕ12.5	超差不得分	5			
10			118	超差不得分	10			
11			51	超差不得分	10			
12	形位公差		// 0.02 A，2 处	超差 0.01 扣 5 分	10			
13			⊥ 0.01 A，4 处	超差 0.01 扣 5 分	20			
14	粗糙度		Ra0.8，9 处	不合格 1 处扣 5 分	45			
15			Ra1.6，2 处	不合格 1 处扣 5 分	10			
16	文明生产			无违章操作	10			
问题分析		产生问题		原因分析		解决方案		

活动五　任务评价

复印并填写附录 B。

活动六　任务拓展

如果使用高精度加工中心加工上、下模座的导套、导柱安装孔，请编制其数控加工程序。

任务三　导套和导柱加工

导套和导柱分别如图 XM7-4 和图 XM7-5 所示。

方案一：可直接购置标准件。

方案二：可通过车、磨、研磨加工。

任务过程参照项目六中的任务三。

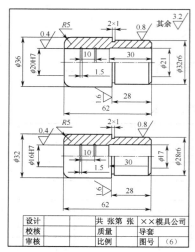

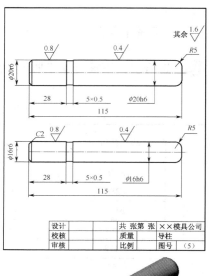

图 XM7-4　导套

图 XM7-5　导柱

加工完成后进行质量检测和问题分析。

导柱和导套加工检测评分表

序号	项　目		检 测 指 标	评 分 标 准	配　分	检 测 记 录		得　分
						自　检	互　检	
1	尺寸精度	导套	$\phi32r6$、$\phi28r6$	超差 0.01 扣 5 分	20			
2			$\phi20H7$、$\phi16H7$	超差 0.01 扣 5 分	20			
3			$\phi21$、$\phi17$	超差 1 处扣 5 分	10			
4			$\phi36$、$\phi32$	超差 1 处扣 5 分	10			
5			62	超差不得分	5			
6			28	超差不得分	5			
7		导柱	$\phi20r6$、$\phi16r6$	超差 0.01 扣 5 分	20			
8			$\phi20h6$、$\phi16h6$	超差 0.01 扣 5 分	20			
9			5×0.5	超差不得分	10			
10			115	超差不得分	5			
11			28	超差不得分	5			
12	形位公差		同轴度误差 0.008，4 处	超差 0.01 扣 5 分	20			
13			圆柱度 0.006，4 处	超差 0.01 扣 5 分	20			
14	粗糙度		$Ra0.4$，4 处	不合格 1 处扣 2.5 分	10			
15			$Ra0.8$，4 处	不合格 1 处扣 2.5 分	10			
16	文明生产			无违章操作	10			
问题分析			产生问题	原因分析		解决方案		

任务四　凸模加工

凸模如图 XM7-6 所示。

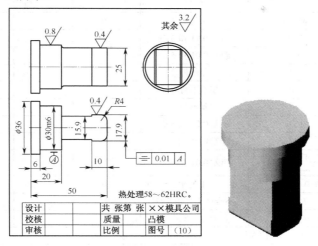

图 XM7-6　凸模

活动一　阅读零件图，查阅相关资料，进行凸模的加工工艺分析

1．凸模在模具中的作用是_____。

2．工作部分留下 10mm 的目的是_____。

3．保证工作部分 | = | 0.01 | A | 的目的是_____。你准备使用_____方法来达到对称度要求。

4．根据凸模的零件图，确定毛坯类型为_____（锻件、铸件或型材），材料为_____，毛坯尺寸为φ_____×_____。

活动二　制订凸模加工工艺路线，编制凸模的加工工艺

1．凸模加工工艺路线：

_____。

2．编制凸模的加工工艺，复印并填写附录 A。

活动三　实施凸模的机械加工并进行质量检测与控制

1．使用车削进行凸模外圆及阶台面的粗加工。

2．使用铣削进行凸模工作部分的加工。

3．对凸模进行热处理，达到硬度 58～62HRC。

4．使用磨削对凸模安装部分和工作部分进行精加工。

5．进行工作部分研磨加工。

活动四　进行凸模加工质量检测和问题分析

凸模加工检测评分表

序号	项目	检测指标	评分标准	配分	检测记录		得分
					自检	互检	
1	尺寸精度	$\phi30m6$	超差 0.01 扣 5 分	10			
2		17.9	超差 0.01 扣 5 分	10			
3		$\phi36$	超差 0.01 扣 5 分	5			
4		50	超差不得分	5			
5		20	超差不得分	5			
6		10	超差不得分	5			
7		15.9	超差 0.01 扣 5 分	5			
8		R4	超差 0.01 扣 5 分	10			
9	形位公差	▱ 0.01 A	超差 0.01 扣 5 分	20			
10	粗糙度	Ra0.4，4 处	不合格 1 处扣 2.5 分	10			
11		Ra0.8	不合格 1 处扣 5 分	5			
12	文明生产		无违章操作	10			
问题分析		产生问题		原因分析		解决方案	

活动五　任务评价

复印并填写附录 B。

活动六　任务拓展

如果凸模工作部分使用线切割加工，请编制其加工工艺和线切割加工程序，并实施加工。

任务五　凹模加工

凹模如图 XM7-7 所示。

活动一　阅读零件图，查阅相关资料，进行凹模的加工工艺分析

1. 凹模在模具中的作用是_____。

2. 图 XM7-7 中尺寸（20）的意思是_____。

3. 为达到 60～64HRC 的硬度，应选择_____+_____的组合热处理工艺。该热处理工序必须安排在_____加工后和_____加工之前。

4. 根据凹模的零件图，确定毛坯类型为_____（锻件、铸件或型材），材料为_____，毛坯尺寸为_____×_____×_____。

活动二　制订凹模加工工艺路线，编制凹模的加工工艺

1. 凹模加工工艺路线：

_____。

2. 编制凹模的加工工艺，复印并填写附录 A。

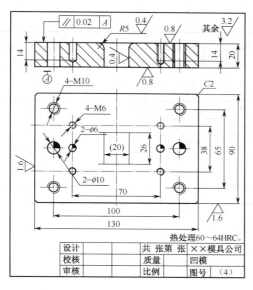
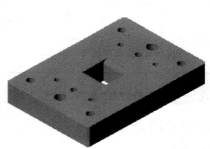

图 XM7-7　凹模

☞ **活动三** **实施凹模的机械加工并进行质量检测与控制**

1. 使用铣削进行凹模六面的粗加工。
2. 使用磨床进行凹模上、下表面及侧基准面的磨削加工。
3. 钳工完成所有销孔、螺孔及穿丝孔加工。
4. 对凹模进行热处理，达到硬度 60～64HRC。
5. 使用平面磨床进行凹模上表面的精加工。
6. 使用线切割进行型孔粗加工。
7. 钳工修研凹模圆角及型孔尺寸。

☞ **活动四** **进行凹模加工质量检测和问题分析**

凹模加工检测评分表

序号	项　目	检测指标	评分标准	配　分	检测记录 自　检	检测记录 互　检	得　分
1	尺寸精度	(20)	超差 0.01 扣 5 分	10			
2		26	超差 0.01 扣 3 分	5			
3		2-ϕ10 销孔	超差 0.01 扣 5 分	10			
4		2-ϕ6 销孔	超差 0.01 扣 5 分	10			
5		4-M10	超差不得分	5			
6		4-M6	超差不得分	5			
7		130 × 90	超差不得分	5			
8		100 × 65	超差不得分	5			
9		70 × 38	超差不得分	5			
10	形位公差	∥ 0.02 A	超差 0.01 扣 5 分	10			

续表

序号	项 目	检测指标	评分标准	配 分	检 测 记 录		得 分
					自 检	互 检	
11	粗糙度	$Ra0.4$，2处	不合格1处扣5分	10			
12		$Ra0.8$，2处	不合格1处扣3分	5			
13		$Ra1.6$，2处	不合格1处扣3分	5			
14	文明生产		无违章操作	10			
问题分析		产生问题		原因分析		解决方案	

活动五　任务评价

复印并填写附录B。

活动六　任务拓展

如果使用数控铣或加工中心加工该凹模，请编制其数控加工工艺与加工程序。

任务六　凸模固定板加工

凸模固定板如图 XM7-8 所示。

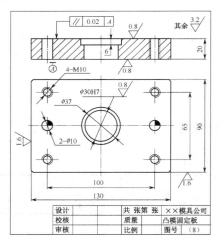

图 XM7-8　凸模固定板

活动一　阅读零件图，查阅相关资料，进行凸模固定板的加工工艺分析

1．该凸模固定板加工的关键是：
- 必须保证模板上、下表面之间的_____要求。
- 必须保证侧基准面之间的_____要求。
- 必须保证_____与凸模定位部分的配合精度。

2．根据凸模固定板的零件图，确定毛坯类型为_____（锻件、铸件或型材），材料为_____，其毛坯尺寸为_____×_____×_____。

👉 活动二 **制订凸模固定板加工工艺路线，编制凸模固定板的加工工艺**

1. 凸模固定板加工工艺路线：

_____。

2. 编制凸模固定板的加工工艺，复印并填写附录 A。

👉 活动三 **实施凸模固定板的机械加工并进行质量检测与控制**

1. 使用铣削进行凸模固定板六面的粗加工。
2. 使用磨床进行凸模固定板上、下表面及侧基准面的磨削加工。
3. 钳工完成所有销孔、螺孔加工。
4. 使用立式铣床或坐标镗床进行凸模固定孔加工。
5. 使用坐标磨床磨削凸模安装孔。

👉 活动四 **进行凸模固定板加工质量检测和问题分析**

凸模固定板加工检测评分表

序号	项目	检测指标	评分标准	配分	检测记录		得分
					自检	互检	
1	尺寸精度	ϕ30H7	超差 0.01 扣 5 分	15			
2		ϕ37×6	超差 0.01 扣 3 分	10			
3		2-ϕ10 销孔	超差 0.01 扣 5 分	10			
4		4-M10	超差 0.01 扣 5 分	10			
5		130×90	超差不得分	10			
6		100×65	超差不得分	10			
7	形位公差	∥ 0.02 A	超差 0.01 扣 5 分	10			
8	粗糙度	Ra0.8，3 处	不合格 1 处扣 3 分	10			
9		Ra1.6，2 处	不合格 1 处扣 3 分	5			
10	文明生产		无违章操作	10			
问题分析		产生问题		原因分析		解决方案	

👉 活动五 **任务评价**

复印并填写附录 B。

任务七 定位板加工

定位板如图 XM7-9 所示。注意事项如下。

1. 防薄板加工变形。
2. 定位型孔加工方法的选择。

3．螺钉孔、销孔装配时与凹模板配加工。

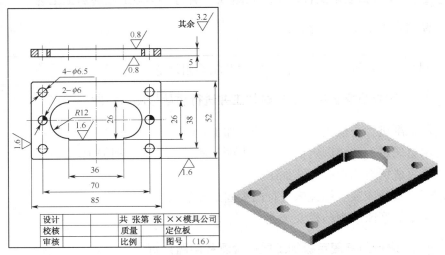

图 XM7-9　定位板

任务八　模柄和顶压板加工

模柄和顶压板如图 XM7-10 所示。

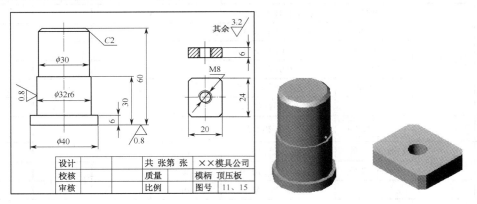

图 XM7-10　模柄与顶压板

任务九　U 形件弯曲模的装配

👉 **活动一**　阅读 U 形件弯曲模装配图和相关技术文件

1．阅读并理解 U 形件弯曲模装配的技术要求。

2．了解各零件的工作位置、配合关系、连接以及运动关系。

3．确定各部分的装配方法。

4．选择装配所需设备、工具和量具。

5．对装配零件按要求进行必要的清洗与清理，并检验、检查各装配零件质量以及标准件的规格与数量。

活动二 编制 U 形件弯曲模装配工艺

复印并填写附录 D。

活动三 实施 U 形件弯曲模的装配工作

知识链接——《模具制造技术》弯曲模装配技术要求
1. 实施模架装配。
2. 实施下模装配。
3. 实施上模装配。
4. 实施顶料机构装配。
5. 进行 U 形件弯曲模的总装配。

活动四 进行 U 形件弯曲模装配质量检验

装配工艺步骤	检测标准	配　分	检测记录		得　分
			自　检	互　检	
模架的装配	导柱、导套与上、下模座基准面的垂直度符合要求	10			
	上模座上平面与下模座下平面的平行度符合要求	10			
	导向机构定位导向准确，滑动灵活平稳	10			
下模部分装配	凹模与下模座对位准确，连接稳固	10			
	定位板与凹模板定位准确，连接稳固	10			
上模部分装配	凸模和凹模工作位置准确，弯曲间隙合理均匀	10			
	凸模与固定板定位准确，连接稳固	10			
	各模板定位准确，连接稳固	10			
顶料机构装配	顶料力足够，卸料板安装水平 顶料动作准确，工作灵活稳定	5 5			
安全文明	装配操作、工具使用安全规范	10			
装配问题分析	产生问题		原因分析		解决方案

活动五 实施 U 形件弯曲模的检测与调整

复印并填写附录 E。

任务十　U形件弯曲模制造项目考核评价

复印并填写附录 F。

项目八　链板复合冲裁模具制造

项目描述：

1. 链板复合冲裁模的结构与工作原理。
2. 链板复合冲裁模制造过程中相关技术资料与手册的应用与工艺参数查询。

3. 链板复合冲裁模制造过程中坯料、设备、工具、量具选择与制造工艺编制。

4. 链板复合冲裁模零件的车削、磨削、研磨等加工与质量控制。

5. 链板复合冲裁模的装配与调试，特别是卸料推件机构的装配与调试。

能力目标：

1. 链板复合冲裁模的结构与工作原理。

2. 能根据链板复合冲裁模的结构以及性能要求查阅相关技术手册，对设计不合理处进行合理修改。

3. 能根据链板复合冲裁模中不同零件的结构特点选择合理的加工方法，适应设备，工夹量具以及工艺参数，编制出合理的加工工艺。

4. 能安全熟练地操作车床、平面磨床、万能磨床以及电火花、线切割等设备，完成模具中各零件的加工与质量控制。

5. 能安全熟练地使用钳工技术完成装配和调试工作。

6. 能做好人员、工种、设备、生产进度、质量控制等方面的沟通协调工作。

场景设计：

1. 模具制造、装配工作现场。

2. 车床、铣床、平面磨床、万能磨床、电火花、线切割等常用的工装及量具。

3. 链板复合冲裁模装配图、零件图以及备查的相关技术资料与手册。

任务一 阅读链板复合冲裁模装配图，熟悉模具的结构原理

链板复合冲裁模装配图如图 XM8-1 所示。

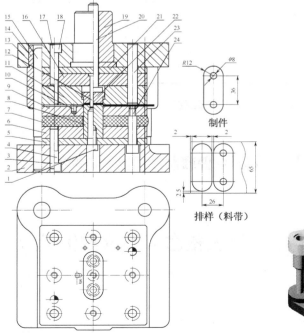

图 XM8-1 链板复合冲裁模装配图

序号	名称	数量	材料	规格
24	卸料螺钉	4		
23	定位销	1		φ10×51
22	推块	1		
21	上垫板	1		
20	打杆	1		
19	模柄	1	45	
18	螺钉	4		M10×50
17	定位销	2		φ10×51
16	凸模固定板	1	45	
15	导柱	2	T10A	
14	导套	2	T10A	
13	上模座	1	HT250	
12	冲孔凸模	2	CrWMn	
序号	名称	数量	材料	规格

序号	名称	数量	材料	规格
11	凹模	1	40Cr	
10	挡料销	1		
9	卸料板	1		
8	凸凹模	1	CrWMn	
7	卸料橡胶	1		
6	凸凹模固定板	4	45	
5	下垫板	1	45	
4	螺钉	4	45	M10×55
3	定位销	2		φ10×55
2	下模座	1	HT250	
1	螺钉			M8×26
序号	名称	数量	材料	规格

设计		共 张第 张	XX模具公司
校核		质量	链板复合模
审核		比例	

图 XM8-1　链板复合冲裁模装配图（续）

活动一　链板复合冲裁模的结构原理分析

知识链接——《冲压工艺与模具结构》之冲裁模结构与工作原理。

复合模的结构特点	1. 该模具是一副_____（正装或倒装）复合模，它可以在一次冲压行程中完成_____与_____冲裁工序。 2. 该模具包括_____、_____两种卸料和顶料机构 3. 凸凹模的作用是_____ 4. 该模具制造时必须注意冲孔凸模与凹模、落料凸模与凹模之间的_____。常用的冲裁间隙的调整方法有_____几种，你准备用_____方法调整该模具的冲裁间隙。 5. 冲裁模刃口尺寸如果采用分开分别加工的形式进行设计计算时的计算方式是: 表格：<table><tr><td>冲裁类型</td><td>凸模刃口尺寸</td><td>凹模刃口尺寸</td></tr><tr><td>冲孔模具</td><td></td><td></td></tr><tr><td>落料模具</td><td></td><td></td></tr></table>
工作原理	该链板复合冲裁模的工作原理是:
机构结构的合理性判断	<table><tr><td>不合理之处</td><td>改进方案</td></tr><tr><td></td><td></td></tr><tr><td></td><td></td></tr></table>

活动二　链板复合冲裁模的生产计划安排

模具生产流程		承制人	生产时间安排				检测人	加工说明
			预计用时	开始时间	完成时间	实际用时		
模架制造	上模座加工							
	下模座加工							
	导套加工							
	导柱加工							
	模柄加工							
工作零件制造	凸模加工							
	凹模加工							
	凸凹模加工							
卸顶料件制造	卸料板加工							
	推件块加工							
	打杆加工							
模具装配	模具试装							
	模具总装							
试模与调整								
模具交付								

任务二 链板复合冲裁模上、下模座加工

上模座和下模座分别如图 XM8-2 和图 XM8-3 所示。

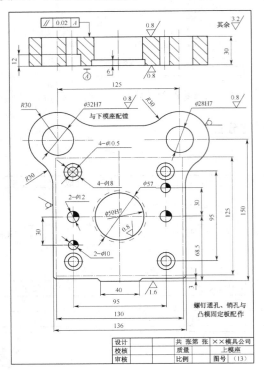

设计		共 张第 张	××模具公司
校核		质量	上模座
审核		比例	图号 （13）

图 XM8-2 上模座

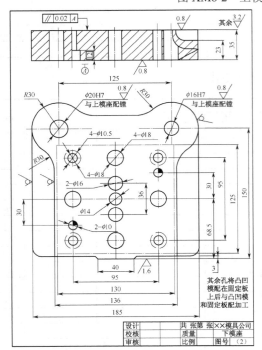

设计		共 张第 张	××模具公司
校核		质量	下模座
审核		比例	图号 （2）

图 XM8-3 下模座

活动一 阅读零件图，查阅相关资料，进行上、下模座的加工工艺分析

相关内容参照 U 形件弯曲模具的上、下模座加工。

活动二 制订上、下模座加工工艺路线，编制上、下模座的加工工艺

1. 上、下模座加工工艺路线
① 上模座的加工工艺路线：

_____。

② 下模座的加工工艺路线：

_____。

2. 编制上、下模座的加工工艺
① 编制上模座的加工工艺，复印并填写附录 A。
② 编制下模座的加工工艺，复印并填写附录 A。

活动三 实施上、下模座的机械加工并进行质量检测与控制

相关内容参照 U 形件弯曲模具的上、下模座加工工艺过程。

活动四 进行上、下模座加工质量检测和问题分析

上、下模座加工检测评分表

序号	项目		检测指标	评分标准	配分	检测记录		得分
						自 检	互 检	
1	尺寸精度	上模座	$\phi32H7$	超差 0.01 扣 5 分	10			
2			$\phi28H7$	超差 0.01 扣 5 分	10			
3			$\phi50H7$	超差 0.01 扣 5 分	10			
4			$\phi57 \times 6$	超差不得分	10			
5			150	超差不得分	10			
6			125	超差不得分	10			
7		下模座	$\phi20H7$	超差 0.01 扣 5 分	10			
8			$\phi16H7$	超差 0.01 扣 5 分	10			
9			150	超差不得分	5			
10			125	超差不得分	10			
11	形位公差		// 0.02 A，2 处	超差 0.01 扣 5 分	10			
12	粗糙度		$Ra0.8$，9 处	不合格 1 处扣 5 分	45			
13			$Ra1.6$，2 处	不合格 1 处扣 5 分	10			
14	文明生产			无违章操作	10			
问题分析			产生问题		原因分析		解决方案	

活动五 任务评价

复印并填写附录 B。

活动六　任务拓展

如果使用高精度加工中心加工上、下模座的导套、导柱安装孔，请编制其数控加工程序。

任务三　链板复合冲裁模导套、导柱加工

导套和导柱分别如图 XM8-4 和图 XM8-5 所示。

方案一：可直接购置标准件。

方案二：可通过车、磨、研磨加工。

任务过程参照项目六中的任务三。

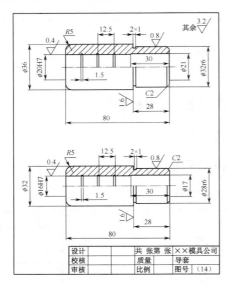

图 XM8-4　导套

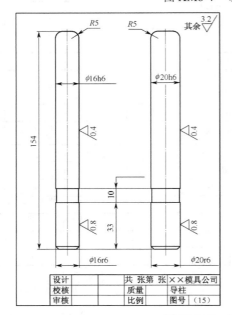

图 XM8-5　导柱

任务完成后进行质量检测和问题分析。

导柱和导套加工检测评分表

序号	项 目		检测指标	评分标准	配 分	检测记录		得 分
						自 检	互 检	
1	尺寸精度	导套	$\phi32r6$、$\phi28r6$	超差 0.01 扣 5 分	20			
2			$\phi20H7$、$\phi16H7$	超差 0.01 扣 5 分	20			
3			$\phi21$、$\phi17$	超差 1 处扣 5 分	10			
4			$\phi36$、$\phi32$	超差 1 处扣 5 分	10			
5			80	超差不得分	5			
6			28	超差不得分	5			
7		导柱	$\phi20r6$、$\phi16r6$	超差 0.01 扣 5 分	20			
8			$\phi20h6$、$\phi16h6$	超差 0.01 扣 5 分	20			
9			10×0.5 超程槽	超差不得分	10			
10			154	超差不得分	5			
11			33	超差不得分	5			
12	形位公差		同轴度误差 0.008，4 处	超差 0.01 扣 5 分	20			
13			圆柱度 0.006，4 处	超差 0.01 扣 5 分	20			
14	粗糙度		$Ra0.4$，4 处	不合格 1 处扣 5 分	10			
15			$Ra0.8$，4 处	不合格 1 处扣 5 分	10			
16			文明生产	无违章操作	10			
问题分析			产生问题	原因分析		解决方案		

任务四 链板复合冲裁模模柄加工

任务内容：

1. 外圆的车削与磨削。
2. 打杆孔的钻削。

任务过程：

模柄如图 XM8-6 所示。

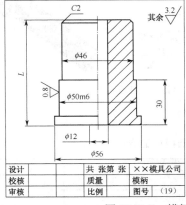

图 XM8-6 模柄

加工完成后进行质量检测和问题分析。

模柄加工检测评分表

序号	项 目	检测指标	评分标准	配 分	检测记录		得 分
					自 检	互 检	
1	尺寸精度	$\phi 50m6$	超差 0.01 扣 5 分	20			
2		$\phi 56$	超差不得分	10			
3		$\phi 46$	超差不得分	10			
4		$\phi 12$	超差不得分	20			
5		30	超差不得分	10			
6	粗糙度	$Ra0.8$	不合格不得分	10			
7		$Ra3.2$	不合格不得分	20			
8	文明生产		无违章操作	10			
问题分析		产生问题		原因分析		解决方案	

任务五　链板复合冲裁模冲孔凸模加工

任务内容:

1. 凸模外圆的车削。
2. 凸模的热处理。
3. 凸模的磨削加工。

任务过程:

冲孔凸模如图 XM8-7 所示。

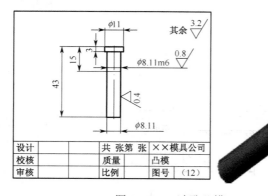

图 XM8-7　冲孔凸模

加工完成后进行质量检测和问题分析。

冲孔凸模加工检测评分表

序号	项 目	检测指标	评分标准	配 分	检测记录		得 分
					自 检	互 检	
1	尺寸精度	$\phi 8.11m6$	超差 0.01 扣 10 分	20			
2		$\phi 8.11$	超差 0.01 扣 10 分	20			

续表

序号	项目	检测指标	评分标准	配分	检测记录		得分
					自检	互检	
3		$\phi 11$	超差不得分	10			
4		43	超差不得分	10			
5		15	超差不得分	10			
6	粗糙度	$Ra0.4$	不合格不得分	10			
7		$Ra0.8$	不合格不得分	10			
8	文明生产		无违章操作	10			

问题分析	产生问题	原因分析	解决方案

任务六 链板复合冲裁模凸凹模加工

凸凹模如图 XM8-8 所示。

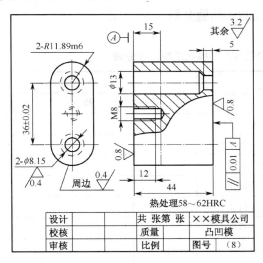

图 XM8-8 凸凹模

👉 **活动一** 阅读凸凹模零件图，查阅相关资料，进行凸凹模的加工工艺分析

1. 凸凹模在复合模中既是冲孔的_____，又是落料的_____。

2. 该凸凹模没有设计凸肩的目的是便于使用_____方法加工其外形。

3. 凸凹模要求具有_____的较高硬度，因此必须进行_____的组合热处理。

4. 根据落料凸凹模的结构，其最适合使用_____（电火花或线切割）加工技术进行加工。

5. 根据凸凹模零件图确定毛坯类型与尺寸。凸凹模选择_____制造毛坯，其尺寸为_____×_____×_____。

☞ **活动二** 制订凸凹模加工工艺路线，编制凸凹模的加工工艺

1．凸凹模制造工艺路线：

_____。

2．编制凸凹模的加工工艺，复印并填写附录 A。

☞ **活动三** 实施链板复合冲裁模凸凹模的机械加工并进行质量检测与控制

1．使用铣削完成凸凹模六方体。

2．使用磨削加工凸凹模模坯上、下表面。

3．钳工进行冲孔凹模型孔粗加工，以及安装螺孔加工。

4．使用箱式电炉进行冲孔凸模热处理，达到 58～62HRC。

5．使用磨削进行冲孔凸凹模上、下表面的精加工。

6．使用线切割完成冲孔凹模和落料凸模刃口的加工。

7．钳工修研凸凹模刃口。

☞ **活动四** 进行凸凹模加工质量检测和问题分析

链板复合冲裁模凸凹模加工检测评分表

序号	项　目	检测指标	评分标准	配　分	检　记　录		得　分
					自　检	互　检	
1	尺寸精度	2-ϕ8.15	超差 0.01 扣 5 分	20			
2		2-R11.89m6	超差 0.01 扣 5 分	20			
3		36 ± 0.02	超差 0.01 扣 5 分	10			
4		M8	超差不得分	5			
5		2-ϕ13	超差不得分	5			
6		5	超差不得分	5			
7	形位公差	// 0.01 A	超差 0.01 扣 5 分	10			
8	粗糙度	Ra0.4，3 处	不合格 1 处扣 3 分	10			
9		Ra0.8，2 处	不合格 1 处扣 2 分	5			
10	文明生产		无违章操作	10			
问题分析		产生问题		原因分析		解决方案	

☞ **活动五** 任务评价

复印并填写附录 B。

📌 **活动六** **任务拓展**

如果凸凹模带有凸肩，请编制其加工工艺，并实施其加工。

任务七 链板复合冲裁模凹模加工

凹模如图 XM8-9 所示。

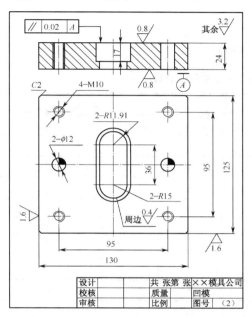
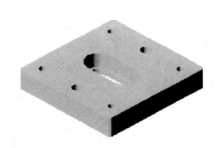

图 XM8-9 凹模

📌 **活动一** **阅读凹模零件图，查阅相关资料，进行凹模的加工工艺分析**

1．凹模在复合模中的主要作用是＿＿＿＿＿＿＿＿＿＿＿＿。落料件的尺寸和形状主要由＿＿＿＿＿的尺寸和形状精度来保证。

2．如果使用配合加工法加工该复合模，必须先加工＿＿＿＿＿＿，然后以其为基准，间隙取在＿＿＿＿＿上，再加工＿＿＿＿＿。

3．凹模要求具有＿＿＿＿＿＿＿的较高硬度，因此必须进行＿＿＿＿＿＿＿的组合热处理。

4．根据凹模零件图确定毛坯类型与尺寸。凹模选择＿＿＿＿材料以＿＿＿＿方法制造毛坯，其尺寸为＿＿＿×＿＿＿×＿＿＿。

📌 **活动二** **制订凹模加工工艺路线，编制凹模的加工工艺**

1．凹模制造工艺路线：

＿＿＿。

2．编制凹模的加工工艺，复印并填写附录 A。

📌 **活动三** **实施链板冲裁模凹模的机械加工并进行质量检测与控制**

1．使用铣削完成凹模六方体及凹模型孔预加工。

2．使用磨削加工凹模模坯上、下表面及侧基准面。

3．钳工进行冲孔凹模销孔、螺孔加工。

4．使用箱式电炉进行冲孔凹模热处理，达到 60～64HRC。

5．使用磨削进行冲孔凹模上、下表面的精加工。

6．使用线切割完成冲孔凹模刃口的加工。

7．钳工修研凹模刃口。

活动四 进行凹模加工质量检测和问题分析

链板复合冲裁模凹模加工检测评分表

序号	项　目	检测指标	评分标准	配　分	检测记录		得　分
					自　检	互　检	
1	尺寸精度	2-R11.91	超差 0.01 扣 5 分	10			
2		36	超差 0.01 扣 5 分	10			
3		2-R15	超差 0.01 扣 5 分	5			
4		2-ϕ12 销孔	超差不得分	10			
5		4-M10	超差不得分	10			
6		130 × 125	超差不得分	5			
7		95 × 95	超差不得分	5			
8		17	超差不得分	5			
9	形位公差	// 0.02 A	超差 0.01 扣 5 分	10			
10	粗糙度	Ra0.4	不合格不得分	10			
11		Ra0.8，2 处	不合格 1 处扣 5 分	10			
12	文明生产		无违章操作	10			
问题分析		产生问题		原因分析		解决方案	

活动五 任务评价

复印并填写附录 B。

活动六 任务拓展

如果使用数控铣床进行该凹模加工，请编制相应的数控加工程序，并实施加工。

任务八　链板复合冲裁模凸模固定板加工

凸模固定板如图 XM8-10 所示。

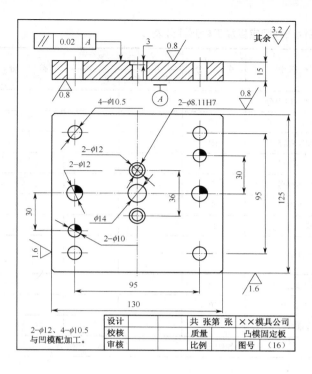

图 XM8-10　凸模固定板

☞ 活动一　阅读凸模固定板零件图，查阅相关资料，进行凸模固定板的加工工艺分析

1．使用＿＿＿＿＿＿＿＿＿＿＿＿方法来保证凸模固定板的凸模固定孔与凸凹模上冲孔凹模型孔的中心距的一致性。

2．从该零件的结构特点来看，需要使用的加工设备包括＿＿＿＿＿＿＿＿＿＿＿＿＿等。

3．根据零件图确定毛坯类型与尺寸。凸模固定板选择＿＿＿＿材料以＿＿＿＿方法制造毛坯，其尺寸为＿＿＿＿×＿＿＿＿×＿＿＿＿。

☞ 活动二　制订凸模固定板加工工艺路线，编制凸模固定板的加工工艺

1．凸模固定板制造工艺路线：

＿＿。

2．编制凸模固定板的加工工艺，复印并填写附录 A。

☞ 活动三　实施链板冲裁模凸模固定板的机械加工并进行质量检测与控制

1．使用铣削完成凸模固定板的六方体加工。

2．使用磨削进行凸模固定板模坯上、下表面及侧基准面加工。

3．钳工进行凸模固定孔、螺孔、打杆孔加工。

☞ 活动四　进行凸模固定板加工质量检测和问题分析

链板复合冲裁模凸模固定板加工检测评分表

序号	项目	检测指标	评分标准	配分	检测记录		得分
					自检	互检	
1	尺寸精度	2-ϕ8.11H7	超差 0.01 扣 5 分	20			
2		36	超差 0.01 扣 5 分	10			
3		2-ϕ10 销孔	超差 0.01 扣 5 分	10			
4		ϕ14	超差不得分	5			
5		2-30	超差不得分	5			
6		130 × 125	超差不得分	5			
7		95 × 95	超差不得分	5			
8	形位公差	// 0.02 A	超差 0.01 扣 5 分	10			
9	粗糙度	Ra0.8，4 处	不合格 1 处扣 2 分	10			
10		Ra1.6，2 处	不合格 1 处扣 2 分	10			
11	文明生产		无违章操作	10			
问题分析		产生问题		原因分析		解决方案	

活动五　任务评价

复印并填写附录 B。

活动六　任务拓展

如果使用数控铣床或加工中心，请编制孔系加工的数控程序，并实施零件加工。

任务九　链板复合冲裁模凸凹模固定板加工

凸凹模固定板如图 XM8-11 所示。

活动一　阅读零件图，查阅相关资料，进行凸凹模固定板的加工工艺分析

1．凸凹模固定板与凸凹模的配合一般有_____等几种，就其配合性质来看，其属于_____配合。

2．凸凹模固定孔的加工方法有_____几种，你准备使用_____方法。

3．根据凸凹模固定板零件图确定毛坯类型与尺寸。凸凹模固定板选择_____材料以_____方法制造毛坯，其尺寸为_____×_____×_____。

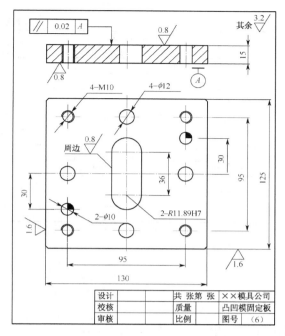

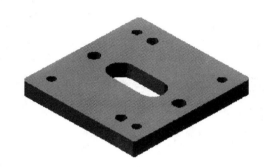

图 XM8-11　凸凹模固定板

👉 **活动二**　制订凸凹模固定板加工工艺路线，编制凸凹模固定板的加工工艺

1．凸凹模固定板制造工艺路线：

_____。

2．编制凸凹模固定板的加工工艺，复印并填写附录 A。

👉 **活动三**　实施链板冲裁模凸凹模固定板的机械加工并进行质量检测与控制

1．使用铣削完成凸凹模固定板六方体加工。
2．使用磨削进行凸凹模固定板上、下表面及侧基准面加工。
3．钳工进行凸凹模固定孔、销孔、螺孔、穿丝孔加工。
4．使用线切割进行凸凹模固定孔加工。

👉 **活动四**　进行凸凹模固定板加工质量检测和问题分析

链板复合冲裁模凸凹模固定板加工检测评分表

序号	项　目	检测指标	评分标准	配　分	检测记录		得　分
					自　检	互　检	
1	尺寸精度	2-R11.89H7	超差 0.01 扣 5 分	20			
2		36	超差 0.01 扣 5 分	5			
3		2-ϕ10 销孔	超差 0.01 扣 5 分	10			
4		4-ϕ12	超差不得分	5			
5		4-M10	超差不得分	5			
6		2-30	超差不得分	5			

续表

序号	项　目	检测指标	评分标准	配　分	检测记录		得　分
					自　检	互　检	
7		130×125	超差不得分	5			
8		95×95	超差不得分	5			
9	形位公差	// 0.02 A	超差 0.01 扣 5 分	10			
10	粗糙度	Ra0.8，3 处	不合格 1 处扣 3 分	10			
11		Ra1.6，2 处	不合格 1 处扣 5 分	10			
12	文明生产		无违章操作	10			
问题分析		产生问题		原因分析		解决方案	

 活动五 **任务评价**

复印并填写附录 B。

 活动六 **任务拓展**

如果使用数控铣床或加工中心，请编制孔系加工的数控程序，并实施零件加工。

任务十　链板复合冲裁模卸料板加工

任务内容：

1. 铣、磨卸料板外形。
2. 钳工加工导料销孔。
3. 线切割加工挡料销孔。

任务过程：

卸料板如图 XM8-12 所示。

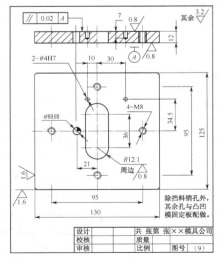

图 XM8-12　卸料板

加工完成后进行质量检测和问题分析。

链板复合冲裁模卸料板加工检测评分表

序号	项 目	检测指标	评分标准	配 分	检 测 记 录		得 分
					自 检	互 检	
1	尺寸精度	ϕ8H8 小孔	超差 0.01 扣 5 分	10			
2		2-R12.1	超差 0.01 扣 5 分	5			
3		2-ϕ4H7 销孔	超差 0.01 扣 10 分	20			
4		2-7	超差不得分	5			
5		10	超差不得分	5			
6		30	超差不得分	5			
7		130×125	超差不得分	5			
8	形位公差	// 0.02 A	超差 0.01 扣 5 分	10			
9	粗糙度	Ra0.8，3 处	不合格 1 处扣 3 分	10			
10		Ra1.6，2 处	不合格 1 处扣 5 分	10			
11	文明生产		无违章操作	10			
问题分析		产生问题		原因分析		解决方案	

任务十一 链板复合冲裁模推件块、打杆加工

推件块和打杆如图 XM8-13 所示。

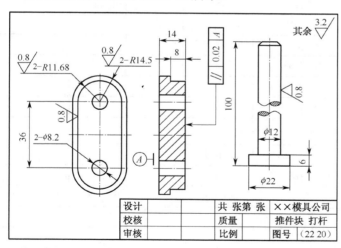

图 XM8-13 推件块和打杆

☞ **活动一** 阅读零件图，查阅相关资料，进行推件块、打杆的加工工艺分析

1．推件块在复合模中的作用是_____，打杆的作用是_____。

2．推件机构的工作要求是_____。

3．根据推件块零件图确定毛坯尺寸为_____×_____×_____。

☞ **活动二** 制订推件块加工工艺路线，编制推件块的加工工艺

1. 推件块制造工艺路线：

_____。

2. 编制推件块的加工工艺，复印并填写附录 A。

👉 **活动三** **实施链板冲裁模推件块、打杆的机械加工并进行质量检测与控制**

1. 使用铣削完成推件块六方体加工。
2. 使用磨削进行推件块上、下表面及侧基准面加工。
3. 钳工进行凸模通孔加工。
4. 使用铣削进行推件块型面加工。
5. 钳工修整推件块型面。

👉 **活动四** **进行推件块、打杆加工质量检测和问题分析**

链板复合冲裁模推件块、打杆加工检测评分表

序号	项　目		检测指标	评分标准	配　分	检测记录		得　分
						自　检	互　检	
1	尺寸精度	推件块	2-R11.68	超差 0.01 扣 5 分	10			
2			2-R14.5	超差 0.01 扣 5 分	10			
3			2-ϕ8.2	超差 0.01 扣 5 分	10			
4			36	超差不得分	5			
5			14	超差不得分	5			
6			8	超差不得分	5			
7		打杆	ϕ12	超差不得分	5			
8			ϕ22	超差不得分	5			
9			6	超差不得分	5			
10	形位公差		∥ 0.02 A	超差 0.01 扣 5 分	10			
11	粗糙度		Ra0.8，4 处	不合格 1 处扣 2.5 分	10			
	文明生产			无违章操作	10			
问题分析			产生问题	原因分析		解决方案		

👉 **活动五** **任务评价**

复印并填写附录 B。

👉 **活动六** **任务拓展**

编制推件块加工的数控程序，并实施零件加工。

任务十二　链板复合冲裁模上垫板加工

任务内容:

1. 外形的铣削加工。
2. 上、下表面的铣削和磨削加工。
3. 孔系在装配时与凸模固定板、凹模板的配加工。

任务过程:

上垫板如图 XM8-14 所示。

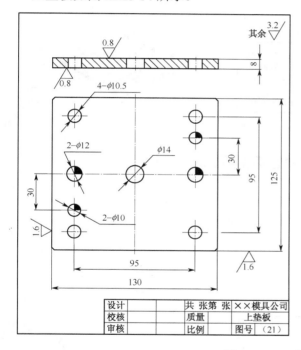

图 XM8-14　上垫板

任务十三　链板复合冲裁模下垫板加工

任务内容:

1. 外形的铣削加工。
2. 上、下表面的铣削和磨削加工。
3. 孔系在装配时与凸凹模固定板的配加工。

任务过程:

下垫板如图 XM8-15 所示。

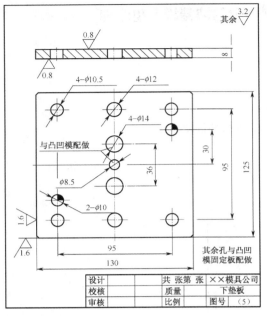

图 XM8-15　下垫板

任务十四　链板复合冲裁模挡料销加工

任务内容：

挡料销的车削加工。

任务过程：

挡料销如图 XM8-16 所示。

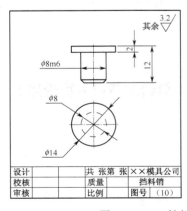

图 XM8-16　挡料销

任务十五　链板复合冲裁模的装配

活动一　阅读链板复合冲裁模装配图和相关技术文件

1. 阅读并理解链板复合冲裁模装配的技术要求。

2. 了解各零件的工作位置、配合关系、连接以及运动关系。

3. 确定各部分的装配方法。

4. 选择装配所需设备、工具和量具。

5. 对装配零件按要求进行必要的清洗与清理，并检验、检查各装配零件质量以及标准件的规格与数量。

活动二　编制链板复合冲裁模装配工艺

复印并填写附录 D。

活动三　实施链板复合冲裁模的装配工作

知识链接——《模具制造技术》冲裁模装配技术要求

1. 实施模架装配。

2. 实施下模装配。

3. 实施上模装配，进行冲裁间隙的调整。

4. 进行链板复合冲裁模的总装配。

活动四　进行链板复合冲裁模装配质量检验

装配工艺步骤	检测标准	配　分	检测记录		得　分
			自　检	互　检	
模架的装配	导柱、导套与上、下模座基准面的垂直度符合要求	10			
	上模座上平面与下模座下平面的平行度符合要求	10			
	导向机构定位导向准确，滑动灵活平稳	10			
下模部分装配	凹模与下模座对位准确，连接稳固	10			
	定位板与凹模板定位准确，连接稳固	10			
	卸料机构动作准确灵活	10			
上模部分装配	凸模和凹模工作位置准确，弯曲间隙合理均匀	10			
	各模板定位准确，连接稳固	10			
	打杆、推件块推件动作准确、灵活	10			
安全文明	装配操作、工具使用安全规范	10			
装配问题分析	产生问题		原因分析		解决方案

活动五　实施链板复合冲裁模的检测与调整

复印并填写附录 E。

任务十六　链板复合冲裁模制造项目考核评价

复印并填写附录F。

项目九　移动式压注模具制造综合技能训练

项目描述：

1. 移动式压注模的结构与工作原理。
2. 移动式压注模制造过程中相关技术资料与手册的应用及工艺参数查询。
3. 移动式压注模制造过程中坯料、设备、工具、量具选择与制造工艺编制。
4. 移动式压注模零件的车削、磨削、研磨等加工与质量控制。
5. 移动式压注模的装配与调试，特别是卸料推件机构的装配与调试。

能力目标：

1. 移动式压注模的结构与工作原理。
2. 能根据移动式压注模的结构以及性能要求查阅相关技术手册，对设计不合理处进行合理修改。
3. 能根据移动式压注模中不同零件的结构特点选择合理的加工方法，适应设备、工夹量具以及工艺参数，编制出合理的加工工艺。
4. 能安全熟练地操作车床、平面磨床、万能磨床以及电火花、线切割等设备，完成模具中各零件的加工与质量控制。
5. 能安全熟练地使用钳工技术完成装配和调试工作。
6. 能做好人员、工种、设备、生产进度、质量控制等方面的沟通协调工作。

场景设计：

1. 模具制造、装配工作现场。
2. 车床、铣床、平面磨床、万能磨床、电火花、线切割等常用的工装及量具。
3. 移动式压注模装配图、零件图以及备查的相关技术资料与手册。

任务一　阅读移动式压注模装配图，熟悉模具的结构原理

移动式压注模装配图如图 XM9-1 所示。

 **活动一** 移动式压注模的结构原理分析

知识链接——《塑料成型工艺与模具结构》之压注模结构与工作原理。

模具的结构特点	1. 塑料根据成型工艺性能不同分成了_____和_____两类。压注模主要用于_____类型塑料的成型 2. 该模具使用了_____方法来拉断直浇道，而塑件则需要使用_____方法从模具中脱出 3. 加料室与柱塞一般采用_____的配合，加料室的硬度一般要求为52~56HRC，故应该选择_____热处理工艺

工作原理	该移动式压注模的工作原理是:	
机构结构的 合理性判断	不合理之处	改进方案

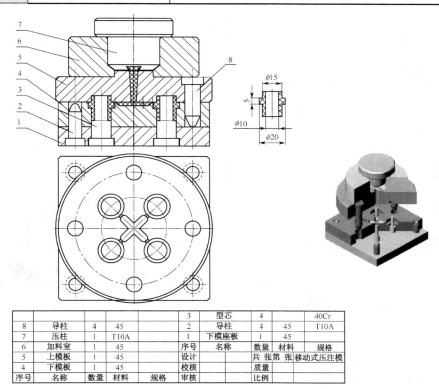

8	导柱	4	45		3	型芯	4		40Cr
7	压柱	1	T10A		2	导柱	4	45	T10A
6	加料室	1	45		1	下模座板	1		45
5	上模板	1	45		序号	名称	数量	材料	规格
4	下模板	1	45		设计		共 张第 张		移动式压注模
					校核		质量		
序号	名称	数量	材料	规格	审核		比例		

图 XM9-1　移动式压注模装配图

活动二　移动式压注模的生产计划安排

模具生产流程		承制人	生产时间安排				检测人	加工说明
			预计 用时	开始 时间	完成 时间	实际 用时		
下模 制造	下模座加工							
	下模板加工							
	型芯加工							
上模 制造	上模板加工							
	加料室加工							
	柱塞加工							
导向零 件制造	合模导柱							
	下模导柱							
模具 装配	模具试装							
	模具总装							

模具生产流程	承 制 人	生产时间安排				检 测 人	加 工 说 明
		预 计 用 时	开 始 时 间	完 成 时 间	实 际 用 时		
试模与调整							
模具交付							

任务二 移动式压注模下模座与下模板加工

下模座和下模板分别如图 XM9-2 和图 XM9-3 所示。

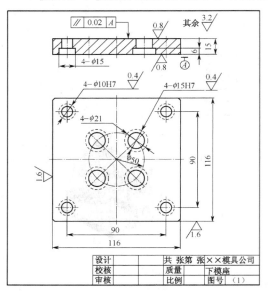

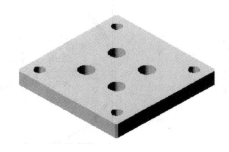

图 XM9-2 下模座

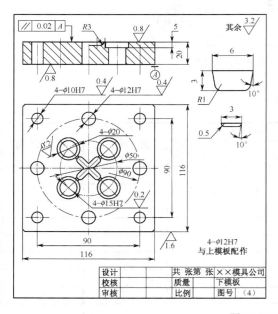

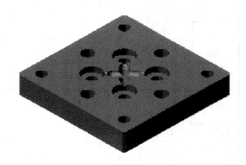

图 XM9-3 下模板

👉 活动一 **阅读零件图，查阅相关资料，进行相关加工工艺分析**

1. 下模座在模具中的作用是_____。

2. 下模板在模具中的作用是_____。

3. 在没有高精度设备的情况下，为保证下模座与下模板的 4-φ10H7 导柱安装孔以及 4-φ15 H7 型芯安装孔的中心距的一致性，一般采用_____
_____方法，在一次安装中加工出导套、导柱安装孔及型芯安装孔。

4. 下模板的分流道和浇口一般要求具有较小的粗糙度，应使用_____和_____进行加工。

5. 根据下模座和下模板的零件图，确定毛坯类型为_____（锻件、铸件或型材），材料为_____。其毛坯尺寸分别为：下模座____×_____×_____，下模板_____×_____×_____。

👉 活动二 **制订下模座和下模板加工工艺路线，编制下模座和下模板的加工工艺**

1. 下模座及下模板的加工工艺路线。
① 下模座的加工工艺路线：

_____。

② 下模板的加工工艺路线：

_____。

2. 编制下模座和下模板的加工工艺。
① 编制下模座的加工工艺，复印并填写附录 A。
② 编制下模板的加工工艺，复印并填写附录 A。

👉 活动三 **实施下模座、下模板的机械加工并进行质量检测与控制**

1. 使用铣削进行下模座、下模板上、下表面及基准平面的粗加工。

2. 使用磨削完成下模座、下模板上、下表面及基准平面的精加工。

3. 将下模座和下模板重叠安装，同时钻、镗出导套、导柱安装孔、型芯安装孔以及下模型腔孔。

4. 使用铣削进行分流道和浇口的加工。

5. 对下模型腔孔和浇口、流道进行研抛加工。

👉 活动四 **进行加工质量检测和问题分析**

下模座和下模板加工检测评分表

序号	项目		检测指标	评分标准	配分	检测记录		得分
						自 检	互 检	
1	尺寸精度	下模座	4-φ10H7	超差 0.01 扣 5 分	20			
2			4-φ15H7	超差 0.01 扣 5 分	20			
3			φ50	超差不得分	10			
4			116×116	超差不得分	5			

续表

序号	项 目	检测指标	评分标准	配 分	检测记录		得 分
					自 检	互 检	
5	下模板	90×90	超差不得分	10			
6		4-ϕ10H7	超差 0.01 扣 5 分	20			
7		4-ϕ15 H7	超差 0.01 扣 5 分	20			
8		4-ϕ20	超差不得分	5			
9		分流道尺寸组	超差不得分	10			
10		浇口尺寸组	超差不得分	10			
11	形位公差	// 0.02 A ，2 处	超差 0.01 扣 5 分	10			
12	粗糙度	Ra0.2，8 处	不合格 1 处扣 2.5 分	20			
13		Ra0.4，16 处	不合格 1 处扣 1 分	20			
14		Ra0.8，4 处	不合格 1 处扣 2.5 分	10			
15	文明生产		无违章操作	10			
问题分析		产生问题		原因分析		解决方案	

活动五 **任务评价**

复印并填写附录 B。

活动六 **任务拓展**

如果使用高精度加工中心分开加工下模座及下模板的导套、导柱安装孔与型芯固定孔，请编制其数控加工程序。

任务三　移动式压注模上模板加工

上模板如图 XM9-4 所示。

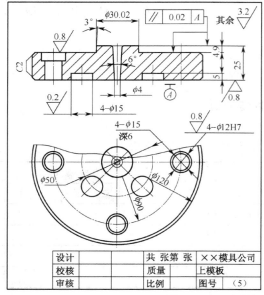

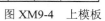

图 XM9-4　上模板

👉 **活动一** 阅读零件图，查阅相关资料，进行上模板的加工工艺分析

1．上模板在模具中的作用是_____。

2．使用普通机加设备，为保证上模板与下模板的 4-ϕ12H7 导柱安装孔以及上模型腔孔的中心距的一致性，一般采用_____
_____ 方法，在一次安装中加工出上、下模板的导柱安装孔及上模型腔孔。

3．该零件上 3° 的锥形凸台的作用是_____。

4．根据上模板的零件图，确定毛坯类型为_____（锻件、铸件或型材），材料
为_____，毛坯尺寸为_____×_____×_____。

👉 **活动二** 制订上模板加工工艺路线，编制上模板的加工工艺

1．上模板的加工工艺路线：
_____
_____。

2．编制上模板的加工工艺，复印并填写附录 A。

👉 **活动三** 实施上模板的机械加工并进行质量检测与控制

1．使用车削进行上模板的外形以及直浇道锥孔粗加工。

2．使用磨削完成上模板上、下表面的精加工。

3．将上、下模板重叠安装，同时钻、镗出导柱安装孔、上模型腔孔。

4．对上模型腔孔和直浇道进行研抛加工。

👉 **活动四** 进行上模板加工质量检测和问题分析

上模板加工检测评分表

序号	项 目	检测指标	评分标准	配 分	检测记录 自 检	检测记录 互 检	得 分
1	尺寸精度	4-ϕ12H7	超差 0.01 扣 5 分	10			
2		4-ϕ15H7 × 5	超差 0.01 扣 5 分	10			
3		3° 锥台	超差不得分	15			
4		ϕ50	超差不得分	5			
5		ϕ90	超差不得分	5			
6		ϕ120	超差不得分	5			
7		4-ϕ15 × 6	超差不得分	10			
8	形位公差	// 0.02 A ，2 处	超差 1 处扣 5 分	10			
9	粗糙度	Ra0.2，4 处	不合格 1 处扣 2 分	10			
10		Ra0.8，6 处	不合格 1 处扣 2 分	10			
11		文明生产	无违章操作	10			
问题分析		产生问题	原因分析		解决方案		

☞ **活动五** **任务评价**

复印并填写附录 B。

☞ **活动六** **任务拓展**

如果不使用回转工作台安装工件加工零件的等分孔系，而是使用数控加工，零件应使用_____定位。编制孔系数控加工的程序。

任务四　移动式压注模加料室加工

加料室如图 XM9-5 所示。

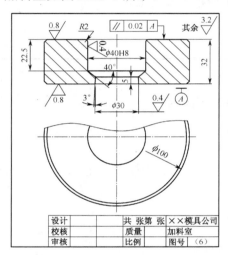
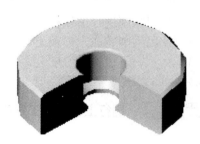

图 XM9-5　加料室

☞ **活动一** **阅读零件图，查阅相关资料，进行加料室的加工工艺分析**

1．加料室在模具中的作用是_____。

2．加料室属于_____类零件，主要使用_____等方法完成其粗加工、精加工和超精加工。

3．根据加料室的零件图，确定毛坯类型为_____（锻件、铸件或型材），材料为_____，毛坯尺寸为ϕ_____×_____。

☞ **活动二** **制订加料室加工工艺路线，编制加料室的加工工艺**

1．加料室的加工工艺路线：

_____。

2．编制加料室的加工工艺，复印并填写附录 A。

☞ **活动三** **实施加料室的机械加工并进行质量检测与控制**

1．使用车削进行加料室的外形以及加料室孔粗加工。

2．使用磨削完成加料室上、下表面的精加工。

3．对加料室孔和定位锥孔进行研磨加工。

活动四 进行加料室加工质量检测和问题分析

加料室加工检测评分表

序号	项　　目	检测指标	评分标准	配　　分	检测记录 自　检	检测记录 互　检	得　分
1	尺寸精度	$\phi40H8$	超差 0.01 扣 5 分	10			
2		22.5	超差 0.01 扣 5 分	10			
3		3°锥台	超差不得分	20			
4		40°	超差不得分	5			
5		R2	超差不得分	5			
6		$\phi100$	超差不得分	5			
7		32	超差不得分	5			
8	形位公差	∥ 0.02 A	超差 0.01 扣 5 分	10			
9	粗糙度	Ra0.4，2 处	不合格 1 处扣 5 分	10			
10		Ra0.8，2 处	不合格 1 处扣 5 分	10			
11	文明生产		无违章操作	10			
问题分析		产生问题		原因分析		解决方案	

活动五 任务评价

复印并填写附录 B。

任务五　移动式压注模压柱加工

压柱如图 XM9-6 所示。

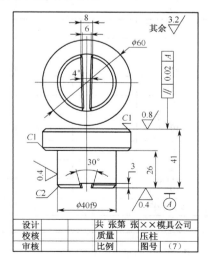

图 XM9-6　压柱

👉 **活动一**　阅读零件图，查阅相关资料，进行压柱的加工工艺分析

1．压柱在模具中的作用是＿＿＿＿＿＿＿＿＿＿＿＿＿＿＿＿＿＿＿＿＿＿＿＿。压柱上 4°的燕尾斜槽的作用是＿＿＿＿＿＿＿＿＿＿＿＿＿＿＿＿＿＿＿＿＿＿。

2．压柱属于＿＿＿＿＿类零件，主要使用＿＿＿＿＿＿＿＿＿＿＿＿＿＿＿＿＿等方法完成其粗加工、精加工和超精加工。

3．根据压柱的零件图，确定毛坯类型为＿＿＿＿＿＿＿（锻件、铸件或型材），材料为＿＿＿＿＿＿＿，毛坯尺寸为ϕ＿＿＿＿＿×＿＿＿＿＿。

👉 **活动二**　制订压柱加工工艺路线，编制压柱的加工工艺

1．压柱的加工工艺路线：

＿＿＿＿＿＿＿＿＿＿＿＿＿＿＿＿＿＿＿＿＿＿＿＿＿＿＿＿＿＿＿＿＿＿＿。

2．编制压柱的加工工艺，复印并填写附录 A。

👉 **活动三**　实施压柱的机械加工并进行质量检测与控制

1．使用车削进行压柱的外形粗加工。
2．使用铣削完成压柱 4°的燕尾斜槽的加工。
3．对压柱工作表面进行磨削或研磨加工。

👉 **活动四**　进行压柱加工质量检测和问题分析

压柱加工检测评分表

序号	项　目	检测指标	评分标准	配　分	检测记录 自　检	检测记录 互　检	得　分
1	尺寸精度	$\phi40f9$	超差 0.01 扣 5 分	10			
2		30°	超差 0.01 扣 5 分	10			
3		4°	超差不得分	10			
4		8	超差不得分	5			
5		6	超差不得分	5			
6		3	超差不得分	5			
7		$\phi60$	超差不得分	5			
8		26	超差不得分	5			
9		41	超差不得分	5			
10	形位公差	∥ 0.02 A	超差 0.01 扣 5 分	10			
11	粗糙度	$Ra0.4$，2 处	不合格 1 处扣 5 分	10			
12		$Ra0.8$，1 处	不合格不得分	10			
13	文明生产		无违章操作	10			
问题分析		产生问题		原因分析		解决方案	

活动五 **任务评价**

复印并填写附录 B。

 活动六 **任务拓展**

任务六　移动式压注模型芯加工

任务内容：

1. 型芯外圆的车削加工。
2. 型芯的热处理。
3. 型芯外圆的磨削加工。
4. 型芯成型部分的研抛加工。

任务过程：

型芯如图 XM9-7 所示。

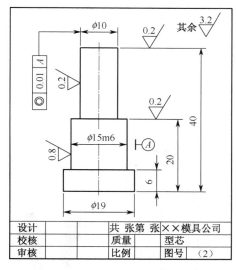

图 XM9-7　型芯

加工完成后进行型芯加工质量检测和问题分析。

型芯加工检测评分表（数量 4）

序号	项　目	检测指标	评分标准	配　分	检测记录 自　检	检测记录 互　检	得　分
1		ϕ15m6	超差 0.01 扣 5 分	20			
2		ϕ10	超差 0.01 扣 5 分	10			
3	尺寸精度	ϕ19	超差不得分	5			
4		40	超差不得分	5			
5		20	超差不得分	5			
6		6	超差不得分	5			

续表

序号	项　目	检测指标	评分标准	配　分	检测记录		得　分
					自　检	互　检	
7	形位公差	◎ 0.01 A	超差0.01扣5分	20			
8	粗糙度	Ra0.2，3处	不合格1处扣5分	15			
9		Ra0.8	不合格不得分	5			
10	文明生产		无违章操作	10			

问题分析	产生问题	原因分析	解决方案

任务七　移动式压注模导柱加工

任务内容：

1. 导柱外圆的车削加工。

2. 导柱的热处理。

3. 导柱外圆的磨削或研磨加工。

任务过程：

导柱如图 XM9-8 所示。

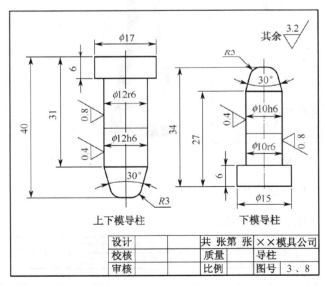
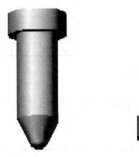

图 XM9-8　导柱

加工完成后进行导柱加工质量检测和问题分析。

导柱加工检测评分表（数量2×4）

序号	项 目		检测指标	评 分 标 准	配 分	检 测 记 录		得 分
						自 检	互 检	
1	尺寸精度	上模导柱	$\phi12r6$	超差 0.01 扣 5 分	20			
2			$\phi12h6$	超差 0.01 扣 5 分	20			
3			$\phi17 \times 6$	超差不得分	10			
4			40	超差不得分	5			
5			31	超差不得分	5			
6			R3	超差不得分	5			
7		下模导柱	$\phi10r6$	超差 0.01 扣 5 分	20			
8			$\phi10h6$	超差 0.01 扣 5 分	20			
9			$\phi15 \times 6$	超差不得分	10			
10			34	超差不得分	5			
11			27	超差不得分	5			
12			R3	超差不得分	5			
13	形位公差		导向部分圆度 0.006	超差 0.01 扣 5 分				
14	粗糙度		Ra0.4，2 处	不合格 1 处扣 5 分	20			
15			Ra0.8，2 处	不合格 1 处扣 5 分	10			
16	文明生产			无违章操作	10			

问题分析	产生问题	原因分析	解决方案

任务八　移动式压注模的装配

活动一　阅读移动式压注模装配图和相关技术文件

1．阅读并理解移动式压注模装配的技术要求。

2．了解各零件的工作位置、配合关系、连接以及运动关系。

3．确定各部分的装配方法。

4．选择装配所需设备、工具和量具。

5．对装配零件按要求进行必要的清洗与清理，并检验、检查各装配零件质量以及标准件的规格与数量。

活动二　编制移动式压注模装配工艺

复印并填写附录 D。

👉 活动三　实施移动式压注模的装配工作

1．实施下模部分装配。
2．实施上、下模板装配。
3．实施模具各部分的间隙及运动性能调整。
4．进行移动式压注模的总装配。

👉 活动四　进行移动式压注模装配质量检验

装配工艺步骤	检测标准	配　分	检测记录		得　分
			自　检	互　检	
下模座与下模板的装配	导柱与下模座基准面的垂直度符合要求	10			
	保证型芯与下模型腔对位准确	15			
	导向机构定位导向准确，开合模灵活平稳	10			
上模板与下模板的装配	保证导柱与上模板基准面的垂直度符合要求	10			
	保证上下模板型腔对位准确，与型芯位置对准	15			
	开合模导向准确，运动灵活	10			
加料室与上模板及压柱的装配	加料室与上模板定位锥台定位准确、密合	10			
	加料室孔与压柱配合间隙准确，压料运动灵活	10			
安全文明	装配操作、工具使用安全规范	10			
装配问题分析	产生问题		原因分析		解决方案

👉 活动五　实施移动式压注模的检测与调整

复印并填写附录 E。

任务九　移动式压注模制造项目考核评价

复印并填写附录 F。

项目十　透镜注射模具制造综合技能训练

任务一　阅读透镜注射模装配图，熟悉模具的结构原理

透镜注射模装配如图 XM10-1 所示。

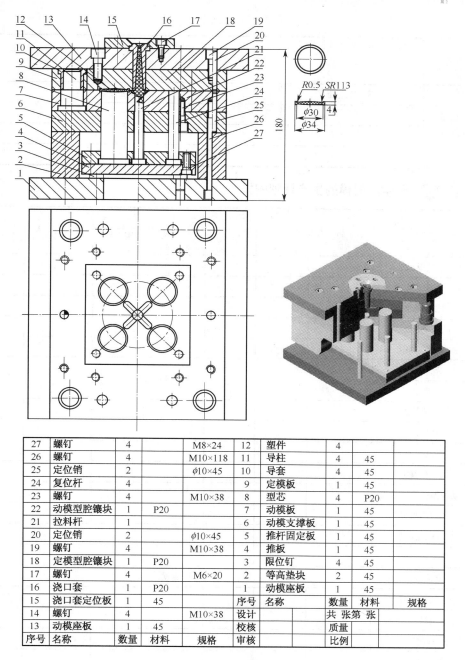

图 XM10-1 透镜注射模装配图

27	螺钉	4	M8×24	12	塑件	4		
26	螺钉	4	M10×118	11	导柱	4	45	
25	定位销	2	φ10×45	10	导套	4	45	
24	复位杆	4		9	定模板	1	45	
23	螺钉	4	M10×38	8	型芯	4	P20	
22	动模型腔镶块	1	P20	7	动模板	1	45	
21	拉料杆	1		6	动模支撑板	1	45	
20	定位销	2	φ10×45	5	推杆固定板	1	45	
19	螺钉	4	M10×38	4	推板	1	45	
18	定模型腔镶块	1	P20	3	限位钉	4	45	
17	螺钉	4	M6×20	2	等高垫块	2	45	
16	浇口套	1	P20	1	动模座板	1	45	
15	浇口套定位板	1	45	序号	名称	数量	材料	规格
14	螺钉	4	M10×38	设计		共 张第 张		
13	动模座板	1	45	校核		质量		
序号	名称	数量	材料	规格	审核		比例	

活动一 透镜注射模的结构原理分析

知识链接——《塑料成型工艺与模具结构》之注射模结构与工作原理。

模具的结构特点	1. 该模具是_____（单或双）分型面模具，也称之为_____（二或三板）模具
	2. 该模具中的零件 9 既起_____作用，又起_____作用
	3. 模具中复位杆的作用是_____
	4. 由于是成型的塑料透镜，应该选择_____材料

续表

工作原理	该透镜注射模的工作原理是：	
机构结构的合理性判断	不合理之处	改进方案

活动二 透镜注射模的生产计划安排

模具生产流程		承制人	生产时间安排				检测人	加工说明
			预计用时	开始时间	完成时间	实际用时		
模架制造	定模板加工							
	动模板加工							
	定模座板加工							
	动模座板加工							
	支承板加工							
	导柱加工		可购置标准件					
	导套加工							
	等高垫块加工							
	浇口套加工							
	定位圈加工							
成型零件制造	定模型腔镶块加工							
	动模型腔镶块加工							
	型芯加工							
推件机构制造	推杆固定板加工							
	推板加工							
	复位杆加工		可购置标准件					
模具装配	模具试装							
	模具总装							
试模与调整								
模具交付								

任务二　透镜注射模动、定模座板加工

定模座板和动模座板如图 XM10-2 和图 XM10-3 所示。

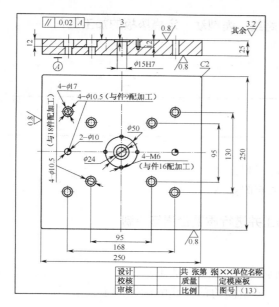

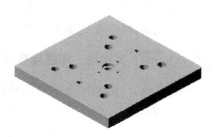

图 XM10-2　定模座板

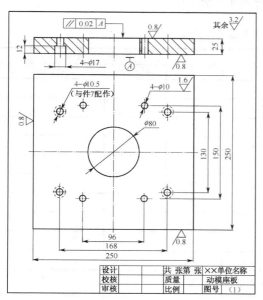

图 XM10-3　动模座板

👉 **活动一**　阅读零件图，查阅相关资料，进行加工工艺分析

1．定模座板的作用是_____。

2．动模座板的作用是_____。

3．模板加工时，必须注意其上、下平面的_____要求以及侧基准面的_____要求。

4．动、定模座板上的螺（钉）孔、销孔与其他零件配作的目的是_____

_____。

5．动定模座板一般选择_____材料制造，其坯料尺寸均为_____×

_____×_____。

283

👉 **活动二** 制订动、定模座板加工工艺路线，编制动、定模座板的加工工艺

1．动、定模座板加工工艺路线。

① 定模座板的加工工艺路线：

_____。

② 动模座板的加工工艺路线：

_____。

2．编制动、定模座板的加工工艺。

① 编制订模座板的加工工艺，复印并填写附录 A。

② 编制动模座板的加工工艺，复印并填写附录 A。

👉 **活动三** 实施动、定模座板的机械加工并进行质量检测与控制

1．进行动、定模座板的外形铣削加工。

2．完成动、定模座板的上、下平面及侧基准面的磨削加工。

3．分别完成定模座板的浇口套孔以及动模座板的顶柱孔的钻镗加工。

👉 **活动四** 进行动、定模座板加工质量检测和问题分析

动、定模座板加工检测评分表

序号	项目		检测指标	评分标准	配分	检测记录		得分
						自检	互检	
1	尺寸精度	定模座板	$\phi15H7$	超差 0.01 扣 5 分	20			
2			$\phi24$	超差不得分	10			
3			3	超差不得分	10			
4			250×250	超差不得分	10			
5			25	超差不得分	10			
6		动模座板	$\phi80$	超差不得分	10			
7			$4-\phi10$	超差不得分	20			
8			250×250	超差不得分	10			
9			96×150	超差不得分	10			
10			25	超差不得分	10			
11	形位公差		// 0.02 A ，2 处	超差 0.01 扣 5 分	20			
12	粗糙度		$Ra0.8$，8 处	不合格 1 处扣 2.5 分	20			
13			$Ra1.6$，4 处	不合格 1 处扣 5 分	20			
14	文明生产			无违章操作	20			
问题分析		产生问题		原因分析		解决方案		

👉 **活动五** 任务评价

复印并填写附录 B。

任务三　透镜注射模动、定模板加工

定模板和动模板如图 XM10-4 和图 XM10-5 所示。

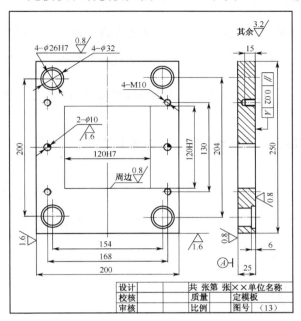
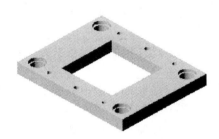

图 XM10-4　定模板

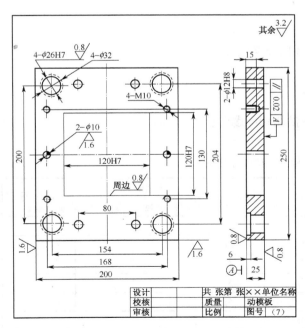
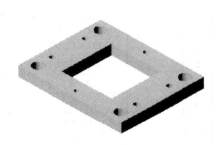

图 XM10-5　动模板

👉 **活动一**　阅读零件图，查阅相关资料，进行动、定模板的加工工艺分析

1．定模板的作用是＿＿＿＿＿＿＿＿＿＿＿＿＿＿＿＿＿＿＿＿＿＿＿＿＿＿。

2．动模板的作用是＿＿＿＿＿＿＿＿＿＿＿＿＿＿＿＿＿＿＿＿＿＿＿＿＿＿。

3．模板加工时，必须注意其上、下平面的＿＿＿＿要求以及侧基准面的＿＿＿＿要求。

4．为保证动、定模板导套、导柱孔间距的一致性和动、定模镶块的位置精度，使用普通机械加工时，应尽量将动、定模板＿＿＿＿＿＿加工，在＿＿＿＿＿＿安装中同时完成上述表面的加工。

5．动、定模板一般选择＿＿＿＿＿＿＿＿材料制造，其坯料尺寸均为＿＿＿＿＿＿×＿＿＿＿×＿＿＿。

活动二 制订动、定模板加工工艺路线，编制动、定模板的加工工艺

1．动、定模板加工工艺路线。

① 定模板的加工工艺路线：

＿＿＿＿＿＿＿＿＿＿＿＿＿＿＿＿＿＿＿＿＿＿＿＿＿＿＿＿＿＿＿＿＿＿＿。

② 动模板的加工工艺路线：

＿＿＿＿＿＿＿＿＿＿＿＿＿＿＿＿＿＿＿＿＿＿＿＿＿＿＿＿＿＿＿＿＿＿＿。

2．编制动、定模板的加工工艺。

① 编制订模板的加工工艺，复印并填写附录 A。

② 编制动模板的加工工艺，复印并填写附录 A。

活动三 实施动、定模板的机械加工并进行质量检测与控制

1．进行动、定模板的外形铣削加工。

2．完成动、定模板的上、下平面及侧基准面的磨削加工。

3．钳工加工定位销孔、螺孔、推杆孔以及穿丝孔。

4．同时钻、镗导套、导柱安装孔。

5．线切割加工动、定模镶块固定孔。

活动四 进行动、定模板加工质量检测和问题分析

动、定模板加工检测评分表

序号	项目		检测指标	评分标准	配分	检测记录		得分
						自检	互检	
1	尺寸精度	定模板	120H7 × 120H7	超差 0.01 扣 10 分	20			
2			4-ϕ26H7	超差 0.01 扣 10 分	20			
3			4-ϕ32 深 6	超差不得分	5			
4			2-ϕ10 销孔	超差不得分	5			
5			4-M10 × 15	超差不得分	5			
6			200 × 250	超差不得分	5			
7			154 × 204	超差不得分	5			
8			154 × 200	超差不得分	5			
9			168 × 130	超差不得分	5			

续表

序号	项 目	检测指标	评分标准	配 分	检测记录		得 分
					自 检	互 检	
10		120H7×120H7	超差 0.01 扣 10 分	20			
11		4-φ26H7	超差 0.01 扣 10 分	20			
12		4-φ32 深 6	超差不得分	5			
13		2-φ10 销孔	超差不得分	5			
14	动模板	4-M10×15	超差不得分	5			
15		200×250	超差不得分	5			
16		154×204	超差不得分	5			
17		154×200	超差不得分	5			
18		168×130	超差不得分	5			
19		80×204	超差不得分	5			
20	形位公差	// 0.02 A，2 处	超差 0.01 扣 5 分	10			
21	粗糙度	Ra0.8，8 处	不合格 1 处扣 2 分	15			
22		Ra1.6，4 处	不合格 1 处扣 2 分	10			
23		文明生产	无违章操作	10			

问题分析	产生问题	原因分析	解决方案

活动五　任务评价

复印并填写附录 B。

活动六　任务拓展

如果使用数控加工中心加工该动、定模板，请编制数控加工程序，并实施加工。

任务四　透镜注射模导柱、导套加工

任务内容：

1. 导柱外圆和导套外圆、内孔的车削加工。
2. 导柱、导套的热处理。
3. 导柱和导套外圆及内孔的磨削或研磨加工。
4. 导柱和导套配合滑动部分的研磨加工。

任务过程：

导柱和导套如图 XM10-6 所示。

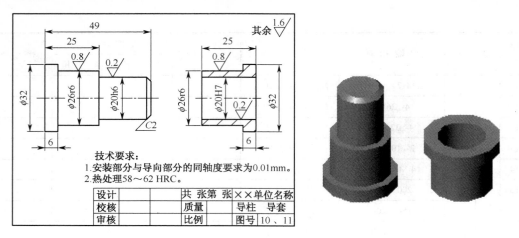

图 XM10-6　导柱和导套

加工完成后进行质量检测和问题分析，填写加工检测评分表，最后复印填写附录 B。

导柱、导套加工检测评分表

序号	项　目		检测指标	评 分 标 准	配　分	检 测 记 录		得　分
						自　检	互　检	
1	尺寸精度	导柱	$\phi26r6$	超差 0.01 扣 10 分	20			
2			$\phi20h6$	超差 0.01 扣 10 分	20			
3			$\phi32$	超差不得分	10			
4			49	超差不得分	10			
5			25	超差不得分	10			
6			6	超差不得分	10			
7		导套	$\phi26r6$	超差 0.01 扣 10 分	20			
8			$\phi20H7$	超差 0.01 扣 10 分	20			
9			$4\text{-}\phi32$	超差不得分	10			
10			25	超差不得分	10			
11			6	超差不得分	10			
12	形位公差		安装与导向部分同轴度 0.01，2 处	超差 0.01 扣 5 分	20			
13	粗糙度		$Ra0.2$，2 处	不合格 1 处扣 5 分	10			
14			$Ra0.8$，2 处	不合格 1 处扣 5 分	10			
15	文明生产			无违章操作	10			
问题分析			产生问题		原因分析		解决方案	

任务五　透镜注射模浇口套及定位圈加工

浇口套和定位圈如图 XM10-7 所示。

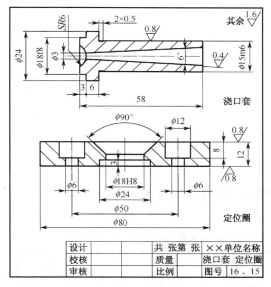

图 XM10-7　浇口套和定位圈

👉 **活动一**　阅读零件图，查阅相关资料，进行浇口套及定位圈的加工工艺分析

1．浇口套的作用是_____。

2．定位圈的作用是_____。

3．浇口套加工的难度主要在于锥形直浇道的加工，使用了_____和_____孔加工技术以及锥形小孔的钻、铰、研加工技术，加工时必须注意刀具的_____和_____问题。

4．浇口套一般选择_____材料制造，其坯料尺寸均为 ϕ_____×_____。而定位圈则可以选择_____材料制造，其坯料尺寸为 ϕ_____×_____。

👉 **活动二**　制订浇口套、定位圈加工工艺路线，编制浇口套、定位圈的加工工艺

1．浇口套、定位圈加工工艺路线。

① 浇口套的加工工艺路线：

_____。

② 定位圈的加工工艺路线：

_____。

2．编制浇口套、定位圈的加工工艺。

① 编制浇口套的加工工艺，复印并填写附录 A。

② 编制订位圈的加工工艺，复印并填写附录 A。

👉 **活动三**　实施浇口套、定位圈的机械加工并进行质量检测与控制

1．浇口套加工

① 车削浇口套外圆。
② 粗钻铰直浇道锥孔。
③ 对浇口套进行热处理。
④ 磨削浇口套外圆。
⑤ 研磨直浇道锥孔。

2．定位圈加工

① 车削定位圈外圆及内腔。
② 磨削定位圈上、下平面。
③ 钳工加工定位圈螺钉孔。

活动四 进行浇口套、定位圈加工质量检测和问题分析

浇口套和定位圈加工检测评分表

序号	项目		检测指标	评分标准	配分	检测记录		得分
						自检	互检	
1	尺寸精度	浇口套	$\phi15m6$	超差 0.01 扣 10 分	20			
2			$\phi18f8$	超差 0.01 扣 10 分	20			
3			$\phi24$	超差不得分	5			
4			$\phi3$	超差不得分	10			
5			$SR6$	超差不得分	10			
6			6°	超差不得分	5			
7			58	超差不得分	5			
8			3	超差不得分	5			
9			6	超差不得分	5			
10		定位圈	$\phi18H8$	超差 0.01 扣 10 分	20			
11			$\phi24$	超差不得分	10			
12			$\phi50$	超差不得分	5			
13			$\phi80$	超差不得分	5			
14			4-$\phi6$ 及沉孔	超差不得分	10			
15			12	超差不得分	5			
16	形位公差		定位外圆与锥孔的同轴度 0.01	超差 0.01 扣 5 分	10			
17			两端面 ⫽ 0.02 A	超差 0.01 扣 5 分	10			
18	粗糙度		$Ra0.4$	不合格不得分	10			
19			$Ra0.8$，3 处	不合格 1 处扣 5 分	15			
20			文明生产	无违章操作	10			
问题分析			产生问题	原因分析		解决方案		

活动五 任务评价

复印并填写附录 B。

任务六　透镜注射模支承板加工

 任务内容：

1. 支承板外形的铣削加工。

2. 支承板上、下平面及侧基准面的磨削加工。

3. 中间的 4-ϕ30.5 型芯通孔和 4-ϕ10.5 螺钉通孔需要在本任务中与装入动模板的动模镶块配合加工。

4. 四周的销孔、螺钉通孔及复位杆孔与动模板在装配时配加工。

 任务过程：

支承板如图 XM10-8 所示。质量检测包括支承板的外形尺寸及上、下平面的平行度（＜0.02mm）。

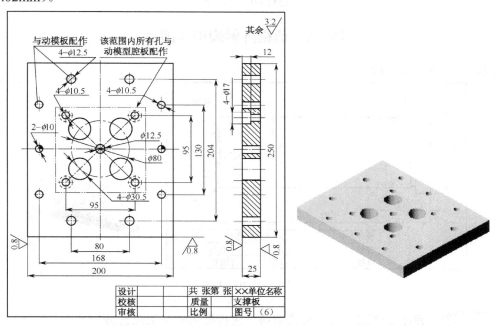

图 XM10-8　支承板

任务七　透镜注射模等高垫块加工

 任务内容：

1. 等高垫块外形的铣削加工。

2. 等高垫块上、下平面的磨削加工。

3. 2-ϕ10.5 的螺钉通孔装配时与动模板配加工。

 任务过程：

等高垫块如图 XM10-9 所示。质量检测包括等高垫块的外形尺寸及上、下平面的平行度（<0.02mm）。

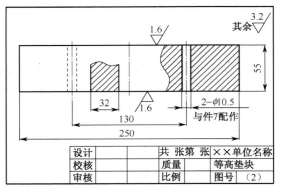

设计		共 张第 张	××单位名称
校核		质量	等高垫块
审核		比例	图号 （2）

图 XM10-9　等高垫块

任务八　透镜注射模型芯加工

型芯如图 XM10-10 所示。

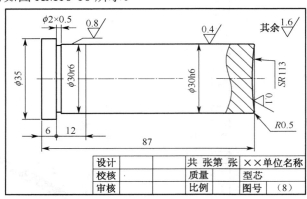

设计		共 张第 张	××单位名称
校核		质量	型芯
审核		比例	图号 （8）

图 XM10-10　型芯

☞ **活动一**　阅读零件图，查阅相关资料，进行型芯的加工工艺分析

1. 该型芯在模具中既起＿＿＿＿＿＿＿＿＿＿作用，又起＿＿＿＿＿＿＿＿＿＿作用。
2. 型芯的 SR113 成型面的粗糙度很小，必须采用＿＿＿＿＿＿＿＿＿＿方法进行加工。
3. 型芯一般选择＿＿＿＿＿＿材料制造，其坯料尺寸为ϕ＿＿＿＿＿＿×＿＿＿＿＿＿。

☞ **活动二**　制订型芯加工工艺路线，编制型芯的加工工艺

1. 型芯加工工艺路线：

＿＿＿。

2．编制型芯的加工工艺，印并填写附录 A。

活动三 实施型芯的机械加工并进行质量检测与控制

1．车削完成型芯的外圆和型面的粗加工。
2．对型芯进行热处理。
3．对型芯外圆进行磨削加工。
4．对型芯进行研磨、抛光加工。

活动四 进行型芯加工质量检测和问题分析

型芯加工检测评分表

序号	项目	检测指标	评分标准	配分	检测记录		得分
					自检	互检	
1	尺寸精度	ϕ30h6	超差 0.01 扣 5 分	10			
2		ϕ30r6	超差 0.01 扣 5 分	10			
3		SR113	超差不得分	10			
4		R0.5	超差不得分	10			
5		ϕ35	超差不得分	5			
6		87	超差不得分	5			
7		12	超差不得分	5			
8		6	超差不得分	5			
9	形位公差	柱面与球面同轴度 0.01	超差 0.01 扣 5 分	10			
10	粗糙度	Ra0.1	不合格 1 处扣 10 分	10			
11		Ra0.4	不合格 1 处扣 5 分	5			
12		Ra0.8	不合格 1 处扣 5 分	5			
13	文明生产		无违章操作	10			
问题分析		产生问题		原因分析		解决方案	

活动五 任务评价

复印并填写附录 B。

任务九　透镜注射模动模型腔镶块加工

动模型腔镶块如图 XM10-11 所示。

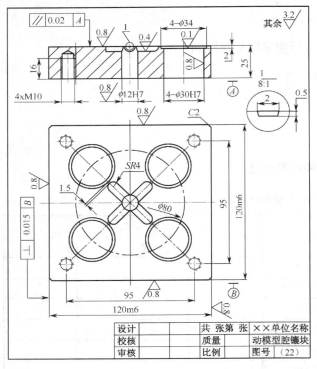

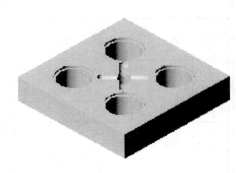

图 XM10-11　动模型腔镶块

活动一　阅读零件图，查阅相关资料，进行动模型腔镶块的加工工艺分析

1．动模型腔镶块在模具中起_____作用。

2．动模型腔镶块由于需要镶入动模板，除了保证长、宽尺寸精度外，还必须保证上、下平面的_____要求，以及侧基准面之间_____要求。

3．动模型腔镶块一般选择_____材料制造，其坯料尺寸为___×___×___。

活动二　制订动模型腔镶块加工工艺路线，编制动模型腔镶块的加工工艺

1．动模型腔镶块加工工艺路线：

_____。

2．编制动模型腔镶块的加工工艺，复印并填写附录 A。

活动三　实施动模型腔镶块的机械加工并进行质量检测与控制

1．铣削完成动模型腔镶块六面的粗加工。

2．磨削动模型腔镶块的六面。

3．钻镗动模型腔孔。

4．铣削分流道槽。

5．钻攻螺纹孔。

6．热处理（选择预硬材料则无须热处理）。

7．精磨动模型腔镶块六面。

8．磨削动模型腔孔。

9. 研磨、抛光动模型腔孔。

☞ 活动四 进行动模型腔镶块加工质量检测和问题分析

动模型腔镶块加工检测评分表

| 序号 | 项目 | 检测指标 | 评分标准 | 配分 | 检测记录 | | 得分 |
					自检	互检	
1	尺寸精度	120m6，2 处	超差 0.01 扣 5 分	10			
2		4-ϕ30H7	超差 0.01 一处扣 2 分	10			
3		4-ϕ34	超差一处扣 2 分	10			
4		ϕ12H7	超差不得分	5			
5		4-M10	超差不得分	5			
6		4-SR4	超差不得分	5			
7		95×95	超差不得分	5			
8		浇口槽	超差不得分	5			
9	形位公差	// 0.02 A	超差 0.01 扣 5 分	5			
10		⊥ 0.015 B	超差 0.01 扣 5 分	5			
11	粗糙度	Ra0.1，4 处	超差 0.01 扣 2 分	10			
12		Ra0.4，4 处	不合格 1 处扣 1 分	5			
13		Ra0.8，7 处	不合格 1 处扣 1 分	5			
14	文明生产		无违章操作	10			

问题分析	产生问题	原因分析	解决方案

☞ 活动五 任务评价

复印并填写附录 B。

☞ 活动六 任务拓展

任务十 透镜注射模定模型腔镶块加工

定模型腔镶块如图 XM10-12 所示。

☞ 活动一 阅读零件图，查阅相关资料，进行定模型腔镶块的加工工艺分析

1. 定模型腔镶块在模具中起_____作用。

2. 定模型腔镶块由于需要镶入定模板，除了保证长、宽尺寸精度外，还必须保证上、下平面的_____要求，以及侧基准面之间_____要求。

3. 一般使用_____方法来保证动、定模型腔位置的一致性。

4. 定模型腔镶块一般选择_____材料制造，其坯料尺寸为____×____×____。

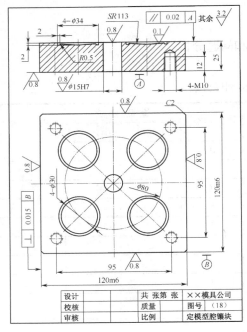

图 XM10-12　定模型腔镶块

👉 **活动二**　制订定模型腔镶块加工工艺路线，编制订模型腔镶块的加工工艺

1．定模型腔镶块加工工艺路线：

_____。

2．编制订模型腔镶块的加工工艺，复印并填写附录 A。

👉 **活动三**　实施定模型腔镶块的机械加工并进行质量检测与控制

1．铣削完成定模型腔镶块六面的粗加工。

2．磨削定模型腔镶块的六面。

3．钻攻螺纹孔。

4．热处理（选择预硬材料则无须热处理）。

5．精磨定模型腔镶块六面。

6．设计制造电极，采用电火花加工定模型腔孔。

7．研磨、抛光定模型腔孔。

👉 **活动四**　进行定模型腔镶块加工质量检测和问题分析

定模型腔镶块加工检测评分表

序号	项　目	检测指标	评分标准	配　分	检测记录 自　检	检测记录 互　检	得　分
1	尺寸精度	120m6，2 处	超差 0.01 扣 5 分	10			
2		4-φ30	超差 0.01 一处扣 2 分	10			
3		4-φ34	超差一处扣 2 分	10			

续表

序号	项目	检测指标	评分标准	配分	检测记录 自检	检测记录 互检	得分
4	尺寸精度	$\phi15H7$	超差不得分	10			
5		4-M10	超差不得分	5			
6		4-SR113	超差不得分	5			
7		95×95	超差不得分	5			
8		12	超差不得分	5			
9	形位公差	// 0.02 A	超差 0.01 扣 5 分	5			
10		⊥ 0.015 B	超差 0.01 扣 5 分	5			
11	粗糙度	Ra0.1，4 处	超差 0.01 扣 2 分	10			
12		Ra0.8，7 处	不合格 1 处扣 1 分	10			
13	文明生产		无违章操作	10			

问题分析	产生问题	原因分析	解决方案

 活动五　任务评价

复印并填写附录 B。

 活动六　任务拓展

如果使用数控加工中心加工定模型腔镶块，请编制数控加工程序，并实施加工。

任务十一　透镜注射模推杆固定板、推板加工

任务内容：

1. 推杆固定板和推板的铣削加工。
2. 推杆固定板和推板的磨削加工。
3. 型芯固定孔、拉料杆孔、复位杆孔与动模板及动模型腔镶块的配加工。
4. 螺钉孔的加工与配加工。

任务过程：

推杆固定板和推板如图 XM10-13 和图 XM10-14 所示。

质量检测包括推杆固定板和推板的外形尺寸、孔径尺寸，以及各自上、下平面的平行度（＜0.02mm）的检测。

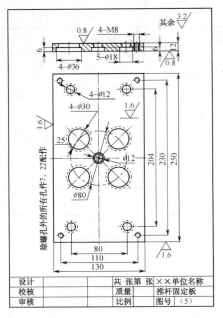

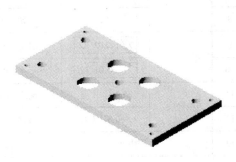

图 XM10-13　推杆固定板

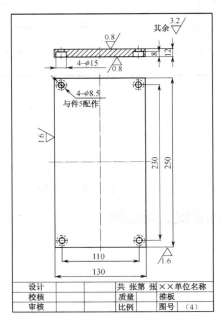

图 XM10-14　推板

任务十二　透镜注射模拉料杆、复位杆加工

 任务内容：

1. 购置标准件，无须加工。

2. 实施拉料杆、复位杆加工。

① 拉料杆、复位杆的车削加工。
② 拉料杆、复位杆的磨削加工。
③ 拉料杆 Z 形缺口的钳工加工。

 ## 任务过程：

拉料杆和复位杆如图 XM10-15 所示。质量检测包括拉料杆、复位杆直径、长度和粗糙度检测。

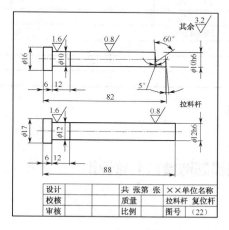 

图 XM10-15　拉料杆和复位杆

任务十三　透镜注射模装配

活动一　阅读透镜注射模装配图和相关技术文件

1．阅读并理解透镜注射模装配的技术要求。
2．了解各零件的工作位置、配合关系、连接以及运动关系。
3．确定各部分的装配方法。
4．选择装配所需设备、工具和量具。
5．对装配零件按要求进行必要的清洗与清理，并检验、检查各装配零件质量以及标准件的规格与数量。

活动二　编制透镜注射模装配工艺

复印并填写附录 D。

活动三　实施透镜注射模的装配工作

1．实施模架装配。
2．实施成型零件装配与修调。
3．实施推件机构装配与修调。
4．进行透镜注射模的总装配。

活动四　进行透镜注射模装配质量检验

装配工艺步骤	检测标准	配　分	检测记录		得　分
			自　检	互　检	
模架装配	装配中进行安装孔配加工操作准确、规范	10			
	导柱、导套装配垂直度、灵活性符合要求	10			
	模板与模板之间对位准确，平行度符合要求	15			
成型零件装配	动、定型腔镶块对位准确	10			
	分型面接触良好，均匀密封	15			
	型芯与组合型腔位置准确	10			
推件机构装配	拉料杆、复位杆、型芯安装位置准确	10			
	推件、脱模运动灵活可靠	10			
安全文明	装配操作、工具使用安全规范	10			
装配问题分析	产生问题		原因分析	解决方案	

活动五　实施透镜注射模的检测与调整

复印并填写附录 E。

任务十四　透镜注射模制造项目考核评价

复印并填写附录 F。

项目十一　侧抽芯注塑模具制造综合技能训练

任务一　侧抽芯注塑模结构原理分析

其装配图如图 XM11-1 所示。

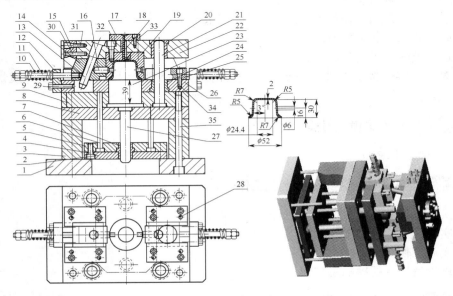

图 XM11-1　斜导柱侧抽芯模具装配图

序号	名称	数量	材料	规格	序号	名称	数量	材料	规格
35	螺钉	4		M10×130	16	侧型芯	2	P20	
34	螺钉	8		M6×30	15	楔紧块	2	45	
33	螺钉	4		M4×18	14	滑块	2	45	
32	螺钉	4		M8×30	13	斜导柱	2	45	
31	螺钉	2		M6×30	12	限位块	2	45	
30	定位销	4		φ6×30	11	拉杆	2	45	
29	螺钉	4		M6×38	10	弹簧	2	65Mn	
28	定位销	8		φ6×35	9	动模板	1	45	
27	导柱	2	T10A		8	支撑板	4	45	
26	推件板	1	45		7	导套	2	45	
25	导滑块	2	45		6	推杆	4	45	
24	导柱	4	T10A		5	推杆固定板	1	45	
23	型芯	1	P20		4	螺钉	4		M8X25
22	定模座板	1	45		3	等高垫块	2	45	
21	导柱	4	T10A		2	推板	1	45	
20	导套	4	T10A		1	动模座板	1	45	
19	型腔	1	P20		序号	名称	数量	材料	规格
18	定位销	2		φ8×30	设计		共 张第 张	××模具公司	
17	浇口套	1	T10A		校核		质量	侧抽芯模	
序号	名称	数量	材料	规格	审核		比例		

图 XM11-1　斜导柱侧抽芯模具装配图（续）

👉 活动一　侧抽芯注塑模的结构原理分析

知识链接——《塑料成型工艺与模具结构》之斜导柱侧抽芯注塑模结构与工作原理。

复合模的结构特点	1. 侧向分型与抽芯机构一般由 _____ 元件、_____ 元件、_____ 元件、_____ 元件构成 2. 该侧抽芯注塑模主要用于成型 _____ 的塑件，该模具是典型的模具，其斜导柱安装在 _____ 一侧，滑块安装在 _____ 一侧 3. 侧向分型与抽芯还包括 _____ 等类型	
工作原理	该侧抽芯模具的工作原理是：	
机构结构的合理性判断	不合理之处	改进方案

👉 活动二　侧抽芯注塑模具的生产计划安排

模具生产流程		承制人	生产时间安排				检测人	加工说明
			预计用时	开始时间	完成时间	实际用时		
模架制造	定模座板加工							
	动模座板加工							
	推件板加工							
	动模板加工							
	等高垫块加工							
	浇口套加工							
	导柱加工							
	导套加工							

续表

模具生产流程		承制人	生产时间安排				检测人	加工说明
			预计用时	开始时间	完成时间	实际用时		
成型零件制造	定模型腔镶块							
	型芯加工							
	侧型芯加工							
抽芯机构制造	滑块加工							
	导滑块加工							
	斜导柱加工							
	楔紧块加工							
	限位块加工							
	弹簧加工							
	拉杆加工							
推件机构制造	推杆固定板加工							
	推板加工							
	复位杆加工							
模具装配	模具试装							
	模具总装							
试模与调整								
模具交付								

任务二　侧抽芯注塑模动、定模座板加工

具体零件如图 XM11-2、图 XM11-3 所示。

👉 **活动一**　阅读零件图，查阅相关资料，进行动、定模座板的加工工艺分析

1．定模座板的作用是_____。

2．动模座板的作用是_____。

3．导套安装孔与动模板配作的目的是_____；斜导柱安装孔与滑块配作的目的是_____；而螺钉孔和销孔与定模镶块配作的目的是模板加工时，_____。

4．定模镶块安装槽具有较高对称度要求的目的是_____。

5．动定模座一般选择_____材料制造，定模座坯料尺寸为_____×_____×_____。动模座坯料尺寸为_____×_____×_____。

👉 **活动二**　制订动、定模座板加工工艺路线，编制动、定模座板的加工工艺

1．动、定模座板加工工艺路线。

① 定模座板的加工工艺路线：

_____。

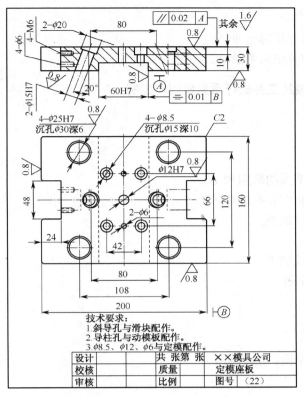

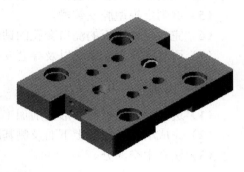

技术要求:
1. 斜导孔与滑块配作。
2. 导柱孔与动模板配作。
3. φ8.5、φ12、φ6与定模配作。

设计		共 张第 张	××模具公司
校核		质量	定模座板
审核		比例	图号 （22）

图 XM11-2　定模座板

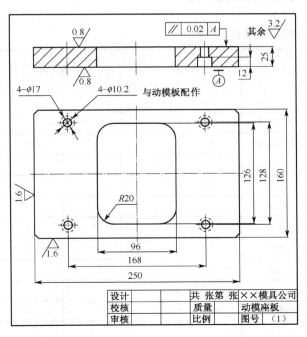

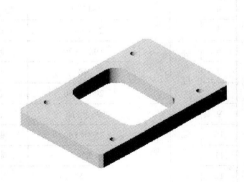

设计		共 张第 张	××模具公司
校核		质量	动模座板
审核		比例	图号 （1）

图 XM11-3　动模座板

② 动模座板的加工工艺路线:

2．编制动定模座板的加工工艺。

① 编制订模座板的加工工艺，复印并填写附录 A。

② 编制动模座板的加工工艺，复印并填写附录 A。

☞ 活动三　实施动、定模座板的机械加工并进行质量检测与控制

1．实施定模座板加工

（1）进行定模座板的外形铣削加工。

（2）完成定模座板的上下面及侧基准面的磨削加工。

（3）与动模板、推件板重叠进行导套安装孔的钻镗加工。

（4）铣削定模型腔安装槽及楔紧块安装槽。

（5）磨削定模型腔安装槽。

（6）完成定模座板的浇口套孔的钻镗加工。

（7）研磨浇口套安装孔以及导套安装孔。

2．动模座板加工

（1）进行动模座板的外形铣削加工。

（2）完成动模座板的上下面及侧基准面的磨削加工。

（3）铣削中空部分。

☞ 活动四　进行动、定模座板加工质量检测和问题分析

动、定模座板加工检测评分表

序号	项　目		检测指标	评分标准	配　分	检测记录		得　分
						自　检	互　检	
1	尺寸精度	定模座板	60H7	超差 0.01 扣 10	20			
2			4-ϕ25H7	超差 0.01 扣 10	40			
3			4-ϕ30 深 6	超差一处扣 2 分	10			
4			ϕ12H7	超差一处扣 2 分	20			
5			250 × 160	超差不得分	10			
6			108 × 120	超差不得分	5			
7			48	超差不得分	5			
8			200 × 160	超差不得分	5			
9		动模座板	96 × 126	超差不得分	10			
10			250 × 160	超差不得分	10			
11			$R20$	超差不得分	10			
12			25	超差不得分	5			
13	形位公差		$\boxed{/\!/}$ $\boxed{0.02}$ $\boxed{A}$ ，2 处	超差 0.01 扣 10 分	20			

续表

序号	项　目	检测指标	评分标准	配　分	检测记录		得　分
					自　检	互　检	
14		⟂ 0.01 B	超差 0.01 扣 5 分	10			
15	粗糙度	$Ra0.8$，15 处	不合格 1 处扣 1 分	10			
16	文明生产		无违章操作	10			
问题分析		产生问题		原因分析		解决方案	

活动五　任务评价

复印并填写附录 B。

活动六　任务拓展

如使用数控铣或加工中心加工定模座板孔系，请编制数控加工程序，并实施加工。

任务三　侧抽芯注塑模动模板加工

动模板如图 XM11-4 所示。

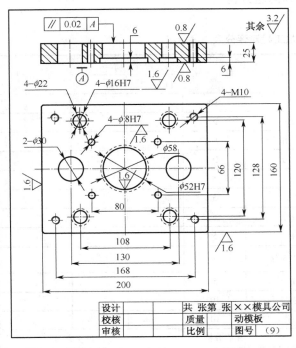

图 XM11-4　动模板

活动一　阅读零件图，查阅相关资料，进行动模板的加工工艺分析

1．动模板在该模具中起_____作用。

2．动模板上下面具有很高的_____和粗糙度要求，一般需要使用_____和____加工来达到此要求。

3．动模板一般选择_____材料制造，其坯料尺寸为____×____×____。

☞ 活动二 制订动模板加工工艺路线，编制动模板的加工工艺

1．动模板加工工艺路线：

_____。

2．编制动模板的加工工艺，复印并填写附录 A。

☞ 活动三 实施动模板的机械加工并进行质量检测与控制

1．铣削完成动模板六面的粗加工。

2．磨削动模板的上下面及侧基准面。

3．钻、攻、铰螺钉孔、推杆孔。

4．钻镗加工动模板孔系。

5．动模板热处理（预硬材料无须热处理）。

6．精磨动模板上下面。

7．磨削动模板孔系。

☞ 活动四 进行动模板加工质量检测和问题分析

动模板加工检测评分表

序号	项 目	检测指标	评分标准	配 分	检测记录 自 检	检测记录 互 检	得 分
1	尺寸精度	$\phi52H7$	超差 0.01 扣 5 分	10			
2		4-$\phi16H7$	超差 0.01 一处扣 2 分	20			
3		4-$\phi8H7$	超差 0.01 一处扣 2 分	10			
4		4-M10	超差不得分	10			
5		80×66	超差不得分	5			
6		108×120	超差不得分	5			
7		168×128	超差不得分	5			
8		6	超差不得分	5			
9	形位公差	// 0.02 A	超差 0.01 扣 5 分	5			
10	粗糙度	Ra0.8，2 处	不合格 1 处扣 1 分	5			
11		Ra1.6，10 处	不合格 1 处扣 1 分	10			
12	文明生产		无违章操作	10			
问题分析		产生问题		原因分析		解决方案	

活动五　任务评价

复印并填写附录 B。

活动六　任务拓展

使用 CAD/CAM 软件完成动模板的三维建模、后置处理与制动编程，并联机实施加工。

任务四　侧抽芯注塑模推件板加工

推件板如图 XM11-5 所示。

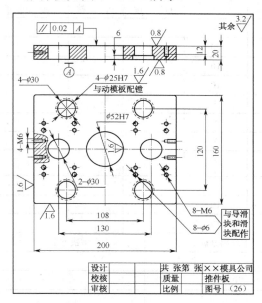
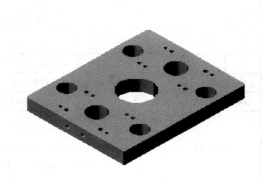

图 XM11-5　推件板

活动一　阅读零件图，查阅相关资料，进行推件板的加工工艺分析

1．推件板在该模具中起：

● ＿＿＿＿＿＿＿＿＿＿＿＿＿＿＿＿＿＿＿＿＿＿＿＿＿＿＿作用；

● ＿＿＿＿＿＿＿＿＿＿＿＿＿＿＿＿＿＿＿＿＿＿＿＿＿＿＿作用。

2．导套安装孔与动模板配作的目的是＿＿＿＿＿＿＿＿＿＿＿＿＿＿＿＿＿＿＿＿。

3．8-ϕ6 和 8-M6 与导滑块和滑块装配时配作的目的是＿＿＿＿＿＿＿＿＿＿＿＿＿。

4．推件板一般选择＿＿＿＿＿＿材料制造，其坯料尺寸为＿＿＿×＿＿＿×＿＿＿。

活动二　制订推件板加工工艺路线，编制推件板的加工工艺

1．推件板加工工艺路线：

＿＿＿＿＿＿＿＿＿＿＿＿＿＿＿＿＿＿＿＿＿＿＿＿＿＿＿＿＿＿＿＿＿＿＿＿＿＿。

2．编制推件板的加工工艺，复印并填写附录 A。

活动三　实施推件板的机械加工并进行质量检测与控制

1. 铣削完成推件板六面的粗加工。
2. 磨削推件板的上下面及侧基准面。
3. 与动模板重叠进行型芯通孔、导套孔、斜导柱容纳孔的钻、镗配加工。
4. 磨削型芯通孔、导套孔。

活动四 进行推件板加工质量检测和问题分析

推件板加工检测评分表

序号	项 目	检测指标	评分标准	配 分	检测记录		得 分
					自 检	互 检	
1	尺寸精度	$\phi 52H7$	超差 0.01 扣 5 分	10			
2		4-$\phi 25H7$	超差 0.01 一处扣 2 分	20			
3		4-$\phi 30$	超差 0.01 一处扣 2 分	10			
4		4-M6	超差不得分	10			
6		108×120	超差不得分	5			
7		130	超差不得分	5			
8		6	超差不得分	5			
9	形位公差	// 0.02 A	超差 0.01 扣 5 分	5			
12	粗糙度	Ra0.8，2 处	不合格 1 处扣 1 分	5			
13		Ra1.6，7 处	不合格 1 处扣 2 分	10			
14	文明生产		无违章操作	10			
问题分析		产生问题		原因分析		解决方案	

活动五 任务评价

复印并填写附录 B。

活动六 任务拓展

如使用数控铣或加工中心加工推件板孔系，请编制数控加工程序，并实施加工。

任务五 侧抽芯注塑模支承板加工

任务内容:

1. 支承板外形铣削加工。
2. 支承板上下面及侧基准面的磨削加工。
3. 支承板导柱孔钻、镗加工。
4. 支承板导柱孔研磨加工。
5. 螺钉通孔、推杆通孔装配时与动模板配加工。

任务过程：

支承板如图 XM11-6 所示。

质量检测——导柱孔直径、中心距、上下面的平行度等。

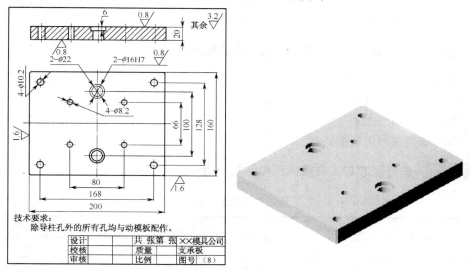

图 XM11-6　支承板

任务六　侧抽芯注塑型芯加工

型芯板如图 XM11-7 所示。

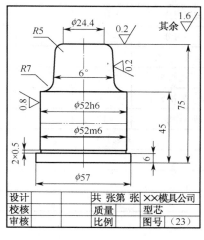

图 XM11-7　型芯

活动一 阅读零件图，查阅相关资料，进行型芯的加工工艺分析

1. 该型芯属于_____类零件，一般须使用_____加工—_____加工—_____加工结合来达到技术要求。

2. 型芯一般选择_____材料制造，其坯料尺寸为 ϕ_____ × _____。

☞ 活动二　制订型芯加工工艺路线，编制型芯的加工工艺

1. 型芯加工工艺路线：

_____。

2. 编制型芯的加工工艺，复印并填写附录 A。

☞ 活动三　实施型芯的机械加工并进行质量检测与控制

1. 车削完成型芯外圆的粗加工。
2. 型芯热处理（预硬材料一般无须热处理）。
3. 型芯外圆的磨削加工。
4. 型芯成型表面的研磨、抛光加工。

☞ 活动四　进行型芯加工质量检测和问题分析

型芯加工检测评分表

序号	项　　目	检测指标	评分标准	配　分	检测记录 自　检	检测记录 互　检	得　分
1	尺寸精度	$\phi52m6$	超差 0.01 扣 5 分	10			
2		$\phi52h6$	超差 0.01 一处扣 2 分	10			
3		$\phi24.4$	超差 0.01 一处扣 2 分	10			
4		$R7$	超差不得分	10			
5		$R5$	超差不得分	10			
6		6°	超差不得分	10			
7		$\phi57$	超差不得分	5			
8	形位公差	成型面轮廓度 0.02	超差 0.01 扣 5 分	10			
9	粗糙度	$Ra0.2$，2 处	不合格 1 处扣 5 分	10			
10		$Ra0.8$	不合格 1 处扣 5 分	5			
11	文明生产		无违章操作	10			
问题分析	产生问题		原因分析		解决方案		

☞ 活动五　任务评价

复印并填写附录 B。

☞ 活动六　任务拓展

如使用数控车削加工型芯，请编制数控加工程序，并实施加工。

任务七　侧抽芯注塑型腔加工

型腔如图 XM11-8 所示。

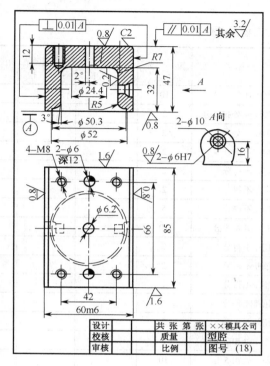

图 XM11-8　型腔

👉 **活动一**　阅读零件图，查阅相关资料，进行型腔的加工工艺分析

1．该型腔零件的型腔表面如果使用车削进行粗加工，工件应使用_____方法进行安装，安装时选用_____方法来保证型腔表面的对中度。

2．型芯一般选择_____材料制造，其坯料尺寸为_____×_____×_____。

👉 **活动二**　制订型腔加工工艺路线，编制型芯的加工工艺

1．型腔加工工艺路线：

_____。

2．编制型腔的加工工艺，复印并填写附录 A。

👉 **活动三**　实施型腔的机械加工并进行质量检测与控制

1．铣削完成型腔外形的粗加工。

2．磨削型腔六面。

3．进行销孔、螺孔以及侧型芯孔的钻、攻、铰加工。

4．进行成型面的车削加工——粗加工。

5．型腔热处理（预硬材料一般无须热处理）。

6．型腔外形的磨削精加工。

7．型腔成型表面的研磨、抛光加工。

活动四 进行型腔加工质量检测和问题分析

型腔加工检测评分表

序号	项　目	检测指标	评分标准	配　分	检测记录		得　分
					自　检	互　检	
1	尺寸精度	60m6	超差0.01扣5分	10			
2		$\phi52$	超差0.01一处扣2分	2			
3		$\phi50.3$	超差0.01一处扣2分	2			
4		$\phi24.4$	超差不得分	2			
5		R7	超差不得分	2			
6		R5	超差不得分	2			
7		$\phi6.2$	超差不得分	5			
8		2-$\phi6$H7	超差1处扣5分	10			
9		16	超差不得分	2			
10		32	超差不得分	2			
11		2°	超差不得分	2			
12		3°	超差不得分	2			
13		42×66	超差不得分	2			
14		4-M8	超差1处扣2分	5			
15		2-$\phi6$销孔	超差1处扣5分	10			
16	形位公差	// 0.01 A	超差0.01扣5分	5			
17		⊥ 0.01 A，2处	超差1处扣5分	10			
18	粗糙度	Ra0.2，2处	不合格1处扣5分	10			
19		Ra0.8，5处	不合格1处扣1分	5			
20	文明生产		无违章操作	10			
问题分析		产生问题	原因分析		解决方案		

活动五 任务评价

复印并填写附录B。

活动六 任务拓展

可否使用数控车车削型腔型面，如可行则编制数控加工程序，并实施加工。

任务八　侧抽芯注塑模侧型芯加工

侧型芯如图XM11-9所示。

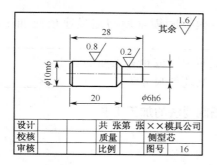

图 XM11-9　侧型芯

 任务内容:

1. 侧型芯的车削加工。
2. 侧型芯的热处理。
3. 侧型芯的磨削加工。
4. 侧型芯研磨加工。

 任务过程:

质量检测——侧型芯的直径、长度、粗糙度检测。

任务九　侧抽芯注塑模滑块加工

滑块如图 XM11-10 所示。

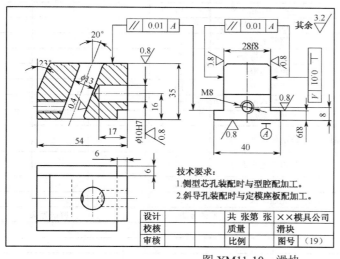

技术要求:
1. 侧型芯孔装配时与型腔配加工。
2. 斜导孔装配时与定模座板配加工。

图 XM11-10　滑块

☞ **活动一** 阅读零件图,查阅相关资料,进行滑块的加工工艺分析

1. 滑块在侧抽芯模具中的作用是:_____
　_____。

2. 为保证滑块滑动灵活,其导滑面与底基准面件具有很高的_____和_____要求。

3. 侧型芯安装孔在装配时与型腔侧孔配作的目的是:_____。而斜导孔在装配时，将侧型芯、滑块在动定模板间锁紧后与定模座板配加工的目的是：

_____。

因此，在加工时尽可能在_____次安装中完成相关表面的加工。

4．滑块一般选择_____材料制造，其坯料尺寸为_____×_____×_____。

👉 **活动二**　制订滑块加工工艺路线，编制滑块的加工工艺

1．滑块加工工艺路线：

_____。

2．编制滑块的加工工艺，复印并填写附录 A。

👉 **活动三**　实施滑块的机械加工并进行质量检测与控制

1．铣削完成滑块外形的粗加工。

2．磨削滑块六面。

3．铣削 T 形导滑面以及 6×6 侧槽口。

4．钻攻拉杆螺孔。

5．磨削 T 形导滑面，达到图样要求。

👉 **活动四**　进行滑块加工质量检测和问题分析

滑块加工检测评分表

序号	项　目	检测指标	评分标准	配分	检测记录		得　分
					自　检	互　检	
1	尺寸精度	28f8	超差 0.01 扣 5 分	10			
2		6f8	超差 0.01 一处扣 2 分	10			
3		M8	超差不得分	5			
4		8	超差不得分	5			
5		17	超差不得分	5			
6		23°	超差不得分	10			
7		54×40	超差不得分	5			
8		6×6	超差不得分	5			
9	形位公差	// 0.01 A ，4 处	超差 0.01 扣 5 分	15			
10		⊥ 0.01 A	超差 1 处扣 5 分	10			
11	粗糙度	Ra0.8，6 处	不合格 1 处扣 2 分	10			
12	文明生产		无违章操作	10			
问题分析		产生问题		原因分析		解决方案	

👉 **活动五**　任务评价

复印并填写附录 B。

👉 **活动六**　任务拓展

可否使用线切割加工滑块部分外形，如可行则编制线切割加工程序，并实施加工。

任务十　侧抽芯注塑模斜导柱加工

斜导柱如图 XM11-11 所示。

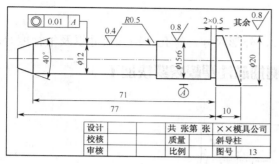

图 XM11-11　斜导柱

方案一：购置标准斜导柱。
方案二：实施斜导柱车削—热处理—磨削加工。

任务内容：

1. 斜导柱的车削加工。
2. 斜导柱的热处理。
3. 斜导柱的磨削加工。

任务过程：

质量检测——斜导柱的直径、长度、同轴度以及粗糙度检测。

任务十一　侧抽芯注塑模导滑块加工

导滑块如图 XM11-12 所示。

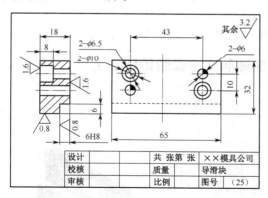

图 XM11-12　导滑块

任务内容：

1. 导滑块外形（六面）的铣削加工。
2. 导滑块六面磨削加工。
3. 钻、铰螺钉孔和销孔。

4. 铣削 6H8 导滑面。

5. 磨削 6H8 导滑面。

 任务过程：

质量检测——导滑块的导滑面尺寸，外形尺寸，螺孔、销孔尺寸以及平行度等。

任务十二　侧抽芯注塑模楔紧块加工

楔紧块如图 XM11-13 所示。

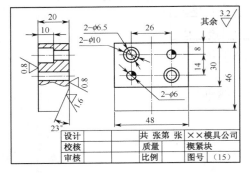

图 XM11-13　楔紧块

 任务内容：

1. 楔紧块外形（六面）的铣削加工。

2. 楔紧块六面磨削加工。

3. 钻、铰螺钉孔和销孔。

4. 铣削 23° 斜面。

 任务过程：

质量检测——楔紧块外形尺寸，螺孔、销孔尺寸以及平行度等。

任务十三　侧抽芯注塑模限位块加工

限位块如图 XM11-14 所示。

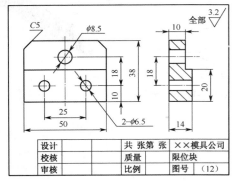

图 XM11-14　限位块

任务内容：

1. 限位块外形（六面）的铣削加工。
2. 限位块六面磨削加工。
3. 钻、铰螺钉孔和销孔。
4. 铣削阶梯面。

任务过程：

质量检测——限位块外形尺寸，螺孔、销孔尺寸以及平行度等。

任务十四　侧抽芯注塑模导套、导柱加工

方案一：购置导套、导柱标准件。

方案二：加工导套（图 XM11-15）、导柱（图 XM11-16）。

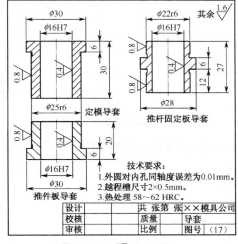

图 XM11-15　导套

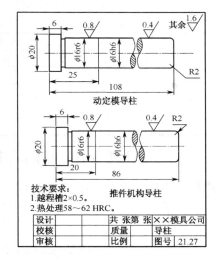

图 XM11-16　导柱

任务内容：

导套加工	导柱加工
1. 导套车削粗加工	1. 导柱车削粗加工
2. 导套的热处理	2. 导柱热处理
3. 导套的磨削加工	3. 导柱磨削加工
4. 导套研磨加工	4. 导柱研磨加工

任务过程：

导套、导柱加工质量检测。

导套、导柱加工质量检测评分表

序号	项目		检测指标	评分标准	配分	检测记录		得分
						自 检	互 检	
1	尺寸精度	导柱	$\phi16r6$	超差1处扣5分	10			
2			$\phi16h6$	超差1处扣5分	10			
3			$\phi20$	超差不得分	5			
4		导套	$\phi25r6$	超差1处扣5分	15			
5			$\phi16H7$	超差1处扣5分	15			
6			$\phi22r6$	超差0.01扣5分	10			
7			$\phi30$	超差不得分	5			
8			$\phi28$	超差不得分	5			
9			30	超差不得分	5			
10			27	超差不得分	5			
11			20	超差不得分	5			
12	形位公差		同轴度0.01，3处	超差一处扣10分	30			
13			圆柱度0.006，8处	超差一处扣5分	40			
14	粗糙度		$Ra0.4$，5处	不合格1处扣3分	15			
15			$Ra0.8$，6处	不合格1处扣3分	15			
16	文明生产			无违章操作	10			
问题分析			产生问题		原因分析		解决方案	

任务十五　侧抽芯注塑模推杆固定板、推板加工

推杆固定板、推板如图 XM11-17、图 XM11-18 所示。

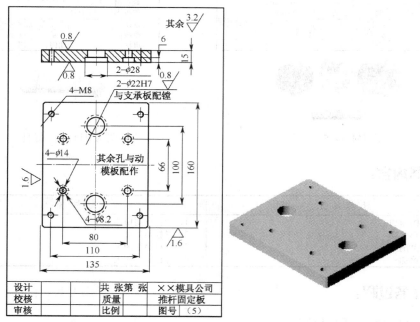

图 XM11-17　推杆固定板

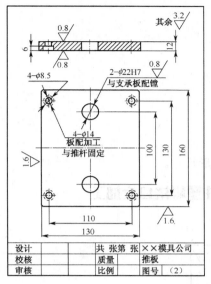

图 XM11-18　推板

任务内容：

推杆固定板加工	推 板 加 工
1. 推杆固定板外形铣削加工	1. 推板外形铣削加工
2. 推杆固定板上下面磨削加工	2. 推板上下面磨削加工
3. 与动模板配加工推杆通孔	3. 钻、扩沉头螺钉孔
4. 与支承板配钻、镗导套安装孔	4. 与支承板配钻、镗导套安装孔

任务过程：

质量检测——推杆固定板和推板外形尺寸，导套安装孔、推杆固定孔、螺孔及通孔直径等。

任务十六　　侧抽芯注塑模等高垫块加工

等高垫块如图 XM11-19 所示。

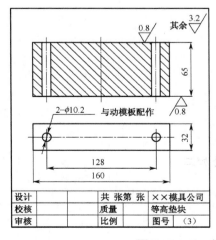

图 XM11-19　等高垫块

任务内容：

1. 等高垫块外形铣削加工。
2. 等高垫块上下面磨削加工
3. 配作长螺钉孔。

任务过程：

质量检测——长螺钉孔孔径、中心距及外形尺寸。

任务十七　侧抽芯注塑模浇口套加工

浇口套如图 XM11-20 所示。

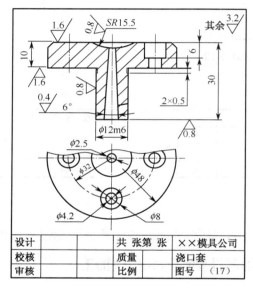

图 XM11-20　浇口套

任务内容：

1. 浇口套外形的车削加工。
2. 直浇道锥孔钻铰加工
3. 沉头螺钉的钳工加工。
4. 浇口套的热处理。
5. 浇口套的磨削加工。
6. 浇口套直浇道孔及喷嘴球面的研磨加工。

任务过程：

质量检测与控制。

浇口套加工质量检测评分表

序号	项 目	检测指标	评分标准	配 分	检 测 记 录		得 分
					自 检	互 检	
1	尺寸精度	$\phi 12m6$	超差 1 处扣 5 分	10			
2		$\phi 2.5$	超差 1 处扣 5 分	5			
3		6°	超差不得分	10			
4		$SR15.5$	超差 1 处扣 5 分	10			
5		$\phi 32$	超差 1 处扣 5 分	5			
6		$\phi 4.2$ 沉孔	超差 0.01 扣 5 分	10			
7		$\phi 8$	超差不得分	5			
8		$\phi 48$	超差不得分	5			
9		30	超差不得分	5			
10		10	超差不得分	5			
11	粗糙度	$Ra0.4$	不合格不得分	10			
12		$Ra0.8$，3 处	不合格 1 处扣 3 分	10			
13	文明生产		无违章操作	10			
问题分析		产生问题	原因分析		解决方案		

任务十八　侧抽芯注塑模推杆、拉杆加工

推杆、拉杆如图 XM11-21 所示。

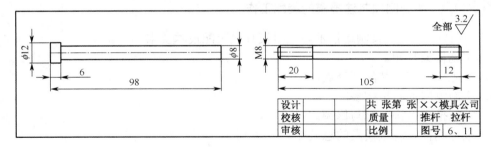

图 XM11-21　推杆、拉杆

 任务内容：

1. 推杆——购置标准件。
2. 拉杆——钳工加工。

 任务过程：

质量检测与控制——拉杆外螺纹、总长与螺纹部分长度。

任务十九　侧抽芯注塑模弹簧加工

 任务内容：

1. 选择直径为 2mm 的钢丝绕制弹簧（压簧）。——链接《钳工技术》弹簧绕制。
2. 弹簧的热处理——淬火＋中温回火。
3. 根据模具需求确定弹簧工作长度。

 任务过程：

质量检测与控制——弹簧外径（内径）、弹簧节距、工作长度以及弹簧特性等。

任务二十　侧抽芯注塑模装配

👉 **活动一**　阅读侧抽芯注塑装配图和相关技术文件

1. 阅读并理解侧抽芯注塑模装配的技术要求。
2. 搞懂各零件的工作位置、配合关系、连接以及运动关系。
3. 确定各部分的装配方法。
4. 选择装配所需设备、工具、量具。
5. 对装配零件按要求进行必要的清洗与清理工作，并检验、检查各装配零件质量以及标准件的规格与数量。

👉 **活动二**　编制侧抽芯注塑模装配的工艺

复印并填写附录 D。

👉 **活动三**　实施侧抽芯注塑模的装配工作

知识链接——《模具制造技术》塑料模具模装配技术要求
1. 实施模架装配。
2. 实施成型零件装配与修调。
3. 实施侧向抽芯机构装配。
4. 实施推件机构装配与修调。
5. 进行侧抽芯注塑模具的总装配。

👉 **活动四**　进行侧抽芯注塑模装配质量检验

装配工艺步骤	检测标准	配　分	检测记录		得　分
			自　检	互　检	
模架装配	装配中进行安装孔配加工，操作准确、规范	5			
	导柱、导套装配垂直度、灵活性符合要求	5			
	模板与模板之间对位准确，平行度符合要求	5			
成型零件装配	型腔镶块与型芯对位准确	10			
	分型面接触良好，均匀密封	10			

续表

装配工艺步骤	检测标准	配分	检测记录		得分
			自检	互检	
斜导柱侧向抽芯机构装配	滑块定位准确，导向良好	10			
	侧型芯定位准确	10			
	斜导孔加工方法合理，斜导柱工作位置准确、动作灵活	10			
	分型与抽芯动作准确、运动灵活可靠	10			
推件机构装配	推件导向机构定位导向准确，运动灵活可靠	5			
	复位杆与固定板连接位置准确	5			
	推件、脱模运动灵活可靠	5			
安全文明	装配操作、工具使用安全规范	10			
装配问题分析	产生问题	原因分析		解决方案	

☞ **活动五** 实施侧抽芯注塑模的检测与调整

复印并填写附录 E。

任务二十一　侧抽芯注塑模制造项目考核评价

复印并填写附录表 F。

项目十二　方形盒二次分型塑料注射模具制造综合技能训练

任务一　侧抽芯注塑模结构原理分析

装配图如图 XM12-1 所示。

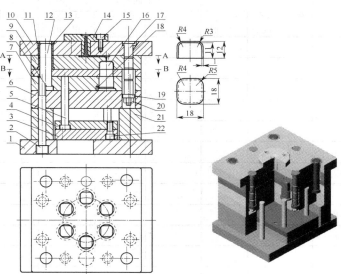

图 XM12-1　装配图

序号	名称	数量	材料	规格	序号	名称	数量	材料	规格
					10	定模座板	1	45	
22	螺钉	4		M10×38	9	定模板	1	45	
21	等高垫块	2			8	推件板	1	45	
20	螺母	4			7	动模板	1	45	
19	垫圈	4			6	支承板	1		
18	防转销	6		φ3×6	5	推杆	4	45	
17	定距拉杆	4			4	推杆固定板	1	45	
16	型芯	6	P20		3	推板	1	45	
15	螺钉	3		M6×20	2	长螺钉	1	45	
14	浇口套	1			1	动模座板	1	45	
13	导套	4	45		序号	名称	数量	材料	规格
12	导柱	4		M10×38	设计			共 张第 张 方形盒注射模	
11	导套	4	T10A		校核		质量		
序号	名称	数量	材料	规格	审核		比例		

图 XM12-1　装配图（续）

👉 活动一　方形盒注射模的结构原理分析

复合模的结构特点	1. 双分型面注射模具具有_____个分型面，常常用于_____浇口浇注系统的模具，也叫做_____模具。与但分型面模具比较，必须进行_____次开模才能取出塑件 2. A型面的目的是_____；B面分型的目的是_____。在该模具中A面分型开模由零件_____控制距离 3. 该模具中使用了_____推出机构，与推杆推出机构比较有_____特点
工作原理	该方形盒注射模的工作原理是：
机构结构的合理性判断	不合理之处 / 改进方案

👉 活动二　方形盒注射模具的生产计划安排

模具生产流程		承制人	生产时间安排				检测人	加工说明
			预计用时	开始时间	完成时间	实际用时		
模架制造	定模座板加工							
	动模座板加工							
	定模板加工							
	动模板加工							
	支承板加工							
	等高垫块加工							
	浇口套加工							
导向零件	导柱加工							
	导柱加工							
	定距拉杆加工							
成型零件	型腔加工							
	型芯加工							

续表

推件 机构 制造	推杆固定板加工				
	推板加工				
	推杆复位杆加工				
模具 装配	模具试装				
	模具总装				
试模与调整					
模具交付					

任务二 方形盒注射模动、定模座板加工

定模座板如图 XM12-2 所示，动模座板如图 XM12-3 所示。

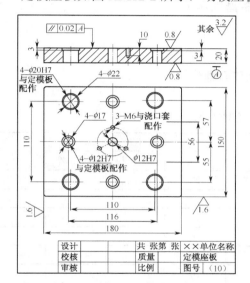

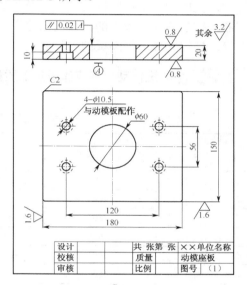

图 XM12-2 定模座板

图 XM12-3 动模座板

👉 **活动一** 阅读零件图，查阅相关资料，进行动、定模座板的加工工艺分析

1. 定模座板的作用是：_____。

2. 在该模具中，定距拉杆的作用是：_____。

3. 动定模座一般选择_____材料制造，坯料尺寸为：动、定模座板_____×_____×_____。

👉 **活动二** 制订动、定模座板加工工艺路线，编制动定模座的加工工艺

1. 动、定模座板加工工艺路线

① 定模座板的加工工艺路线。

② 动模座板的加工工艺路线：

2．编制动、定模座板的加工工艺。

① 编制订模座板的加工工艺，复印并填写附录 A。

② 编制动模座板的加工工艺，复印并填写附录 A。

👉 **活动三**　实施动、定模座板的机械加工并进行质量检测与控制

1．进行动、定模座板的外形铣削加工。

2．完成动、定模座板的上下面及侧基准面的磨削加工。

3．钻镗定模座板上的浇口套固定孔。

4．钻镗完成动模座板的顶柱孔加工。

👉 **活动四**　进行动、定模座板加工质量检测和问题分析

动、定模座板加工检测评分表

序号	项目		检测指标	评分标准	配分	检测记录		得分
						自检	互检	
1	尺寸精度	定模座板	$\phi 12H7$	超差 0.01 扣 5 分	20			
2			180	超差不得分	10			
3			150	超差不得分	10			
4			20	超差不得分	10			
5		动模座板	$\phi 60$	超差不得分	10			
6			180	超差不得分	20			
7			150	超差不得分	10			
8			20	超差不得分	10			
9	形位公差		// 0.02 A , 2 处	超差 0.01 扣 10 分	40			
10	粗糙度		Ra0.8, 4 处	不合格 1 处扣 5 分	20			
11			Ra1.6, 4 处	不合格 1 处扣 5 分	20			
12	文明生产			无违章操作	20			

问题分析	产生问题	原因分析	解决方案

👉 **活动五**　**任务评价**

复印并填写附录 B。

👉 **活动六**　**任务拓展**

使用数控铣床加工定模座板孔系，编制数控加工工艺及程序，并实施孔系加工。

任务三　方形盒注射模动、定模板加工

定模板如图 XM12-4 所示，动模板如图 XM12-5 所示。

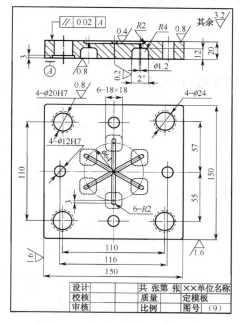

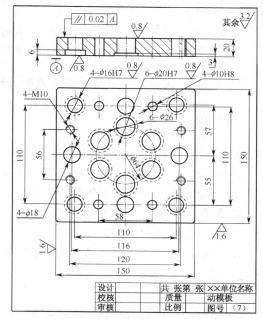

图 XM12-4　定模板

图 XM12-5　动模板

👉 **活动一**　**阅读零件图，查阅相关资料，进行动、定模板的加工工艺分析**

1. 四组导柱导套安装孔的加工中心距不一致的目的是：_____。

2. 比较使用铣削加工和使用电火花加工定模型腔孔各有何特点：

使用铣削加工的特点：_____。

使用电火花加工的特点：_____。

3. 在普通立式铣床或镗床上加工动模板上的型芯固定孔时，为保证准确的分度精度，必须使用_____来装夹工件。在坐标镗床或数控铣床加工该模板上的等分孔系时，工件可使用_____方法安装。

4. 使用_____方法来保证动、定模板上等分圆形和非圆孔系的孔位的一致性。

5. 动、定模板一般选择_____材料制造，坯料尺寸为：动、定模板_____×_____×_____。

👉 **活动二**　**制订动、定模板加工工艺路线，编制动、定模板的加工工艺**

1. 动、定模板加工工艺路线。

① 定模板的加工工艺路线：

_____。

② 动模板的加工工艺路线：

_____。

2．编制动、定模板的加工工艺。

① 编制订模板的加工工艺，复印并填写附录 A。

② 编制动模板的加工工艺，复印并填写附录 A。

活动三 实施动、定模板的机械加工并进行质量检测与控制

1．定模板的加工

① 进行定模板的外形铣削加工。

② 完成定模板的上下面及侧基准面的磨削加工。

③ 与定模座板重叠，钻镗导套安装孔、定距拉杆安装孔以及浇口套安装孔。

④ 铣削完成 6 个型腔方孔的加工。

⑤ 钳工完成浇口加工。

⑥ 进行型腔方孔以及分流道的研磨、抛光加工。

2．动模板加工

① 进行动模板的外形铣削加工。

② 完成动模板的上下面及侧基准面的磨削加工。

③ 与定模板重叠进行导柱安装孔、定距拉杆通孔的钻、镗加工。

④ 完成螺纹孔、推杆通孔的钻、攻、铰加工。

⑤ 使用回转工作台完成型芯固定孔加工。

活动四 进行动、定模板加工质量检测和问题分析

动、定模板加工检测评分表

序号	项目		检测指标	评分标准	配分	检测记录		得分
						自 检	互 检	
1	尺寸精度	定模板	4-ϕ20H7	1 个不合格扣 2 分	10			
2			4-ϕ12H7	1 个不合格扣 2 分	10			
3			型腔尺寸组	1 个不合格扣 2 分	10			
4			分流道尺寸组	1 个不合格扣 2 分	10			
5			浇口尺寸组	1 个不合格扣 2 分	10			
6			ϕ64	超差不得分	5			
7			110	超差不得分	5			
8			55、57	超差不得分	5			
9			116	超差不得分	5			
11		动模板	4-ϕ16H7	1 个不合格扣 4 分	15			
12			4-ϕ18	1 个不合格扣 1 分	5			
13			4-ϕ10H8	1 个不合格扣 2 分	5			
14			6-ϕ20H7	1 个不合格扣 2 分	15			

续表

序号	项目	检测指标	评分标准	配分	检测记录		得分
					自检	互检	
15		$\phi64$	超差不得分	5			
16		110	超差不得分	5			
17		55、57	超差不得分	5			
18		116	超差不得分	5			
19		4-M10	1个不合格扣1分	5			
20	形位公差	// 0.02 A ，2 处	超差0.01扣5分	10			
21		Ra0.2，6 处	不合格1处扣2分	10			
22	粗糙度	Ra0.4，6 处	不合格1处扣3分	10			
23		Ra0.8，18 处	不合格1处扣1分	20			
24		Ra1.6，4 处	不合格1处扣2分	5			
25		文明生产	无违章操作	10			

问题分析	产生问题	原因分析	解决方案

活动五 任务评价

复印并填写附录 B。

活动六 任务拓展

1．使用 CAD/CAM 技术与数控铣床结合加工定模板型腔孔系时，完成建模、后处理以及联机加工与检测。

2．使用数控铣床加工动模板型腔孔系时，编制数控加工工艺及程序，并实施孔系加工。

任务四 方形盒注射模推件板、支承板加工

推件板、支承板如图 XM12-6、图 XM12-7 所示。

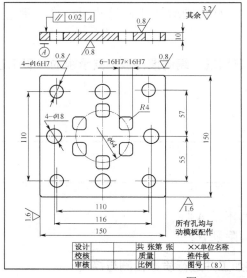

图 XM12-6 推件板

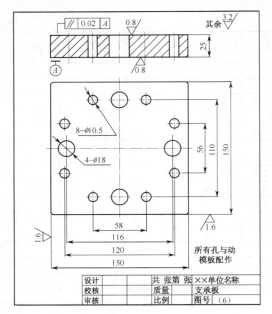

图 XM12-7　支承板

👉 **活动一**　阅读零件图，查阅相关资料，进行推件板、支承板的加工工艺分析

1．推件板与型芯必须具有良好的配合，同时要求推件运动_____。因此加工时必须要求其型芯通孔孔位必须与动模板对应孔位_____。你准备用_____方法来达到此要求。

2．对于支承板上的推杆通孔关系到推件运动的_____和_____性，其孔的加工也必须在装配时与_____叠合进行配加工。

3．推件板上与型芯的方形通孔_____（可以或不可）使用线切割加工，如果可以，在加工穿丝孔时应注意_____。

4．推件板和支承板一般选择_____材料制造，坯料尺寸为：推件板_____×_____×_____，支承板_____×_____×_____。

👉 **活动二**　制订推件板、支承板加工工艺路线，编制推件板、支承板的加工工艺

1．推件板、支承板加工工艺路线。

① 推件板的加工工艺路线：

_____。

② 支承板的加工工艺路线：

_____。

2．编制加工工艺。

① 编制推件板的加工工艺，复印并填写附录 A。

② 编制支承板的加工工艺，复印并填写附录 A。

👉 **活动三**　实施推件板、支承板的机械加工并进行质量检测与控制

1．推件板的加工

① 进行推件板的外形铣削加工。
② 完成推件板的上下面及侧基准面的磨削加工。
③ 与动模板重叠，钻镗导柱通孔、定距拉杆容纳孔。
④ 与动模板重叠，钻型芯通孔加工的穿丝孔。
⑤ 线切割加工型芯方形通孔。

2．支承板加工

① 进行支承板的外形铣削加工。
② 完成支承板的上下面及侧基准面的磨削加工。
③ 与动模板重叠钻、扩、铰定距拉杆容纳孔、长螺钉和推杆通孔。

☞ **活动四** 进行推件板、支承板加工质量检测和问题分析

推件板、支承板加工检测评分表

序号	项 目		检测指标	评分标准	配 分	检测记录		得 分
						自 检	互 检	
1	尺寸精度	推件板	6-16H7 × 16H7	1个不合格扣3分	20			
2			4-ϕ16H7	1个不合格扣5分	20			
3			4-ϕ18	1个不合格扣5分	20			
4			24-R4	1个不合格扣1分	25			
5			ϕ64	超差不得分	10			
6			110	超差不得分	5			
7			55、57	超差不得分	5			
8			116	超差不得分	5			
9		支承板	8-ϕ10.5	1个不合格扣3分	20			
10			4-ϕ18	1个不合格扣1分	5			
11			58 × 110	不合格不得分	10			
12			120 × 56	不合格不得分	10			
13			116	超差不得分	5			
14	形位公差		// 0.02 A，2 处	超差 0.01 扣 5 分	10			
15	粗糙度		Ra0.8，14 处	不合格 1 处扣 1 分	15			
16			Ra1.6，4 处	不合格 1 处扣 1 分	5			
17			文明生产	无违章操作	10			
问题分析			产生问题	原因分析		解决方案		

☞ **活动五** 任务评价

复印并填写附录 B。

☞ **活动六** 任务拓展

使用数控铣床加工推件板型腔孔系，编制数控加工工艺及程序，并实施孔系加工。

任务五　方形盒注射模导柱、导套加工

导柱、导套如图 XM12-8 所示。

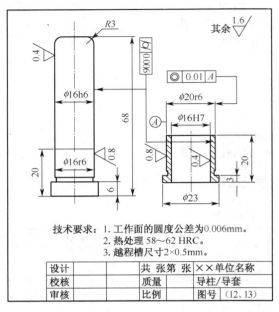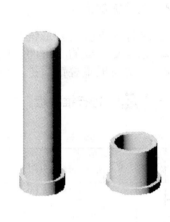

技术要求：1. 工作面的圆度公差为0.006mm。
　　　　　2. 热处理 58～62 HRC。
　　　　　3. 越程槽尺寸2×0.5mm。

设计		共 张第 张	××单位名称
校核		质量	导柱/导套
审核		比例	图号 (12、13)

图 XM12-8　导柱、导套

1. 购置导柱、导套标准件。
2. 实施导柱、导套加工。

 任务内容：

1. 导柱、导套的外圆及内孔的车削粗加工。
2. 导柱、导套的热处理。
3. 导柱、导套的磨削加工。
4. 导柱、导套的研磨加工。

注意：加工导套时，必须注意防止薄壁零件的加工变形。

 任务过程：

导柱、导套加工质量检测

序号	项　目		检测指标	评分标准	配　分	检测记录		得　分
						自　检	互　检	
1	尺寸精度	导柱	$\phi16r6$	1 个不合格扣 10 分	20			
2			$\phi16h6$	1 个不合格扣 10 分	20			
3			20	1 个不合格扣 5 分	5			
4			68	1 个不合格扣 1 分	5			
5			6	超差不得分	5			

序号	项 目	检测指标	评分标准	配 分	检 测 记 录		得 分
					自 检	互 检	
6	导套	$\phi20r6$	1个不合格扣3分	20			
7		$\phi16H7$	1个不合格扣1分	20			
8		$\phi23$	不合不得分	10			
9		20	不合不得分	10			
10		3	超差不得分	5			
11	形位公差	圆柱度，2处	超差0.01扣5分	20			
12		同轴度，2处	超差0.01扣5分	20			
13	粗糙度	$Ra0.4$，2处	不合格1处扣5分	10			
14		$Ra0.8$，2处	不合格1处扣5分	10			
15	文明生产		无违章操作	10			

问题分析	产生问题	原因分析	解决方案

任务六　方形盒注射模型芯加工

型芯如图 XM12-9 所示。

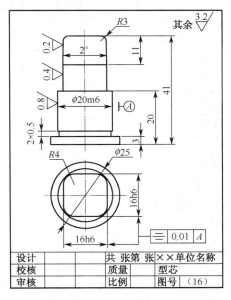

图 XM12-9　型芯

🖝 活动一　**阅读零件图，查阅相关资料，进行型芯的加工工艺分析**

1. 该型芯从形体和技术要求上来看，一般可选择_____、_____、_____、
_____等方法进行加工。

2．为了便于在加工时装夹工件，这类零件在下料时必须考虑留下＿＿＿＿＿夹头。对于方形部分的加工，可选择＿＿＿＿＿＿方法安装工件。

3．型芯一般选择＿＿＿＿材料制造，其坯料尺寸为＿＿×＿＿×＿＿。

活动二 制订型芯加工工艺路线，编制型芯的加工工艺

1．型芯加工工艺路线：

＿＿＿＿＿＿＿＿＿＿＿＿＿＿＿＿＿＿＿＿＿＿＿＿＿＿＿＿。

2．编制型芯的加工工艺，复印并填写附录 A。

活动三 实施型芯的机械加工并进行质量检测与控制

1．车削完成型芯外形的粗加工。

2．铣削完成方形及型面粗加工。

3．型芯热处理。

4．磨削安装部分外圆。

5．研磨、抛光方形及型面。

活动四 进行型芯加工质量检测和问题分析

型芯加工检测评分表

序号	项 目	检测指标	评分标准	配 分	检测记录		得 分
					自 检	互 检	
1	尺寸精度	$\phi20m6$	超差 0.01 扣 5 分	10			
2		16h6 × 16h6	超差 0.01 一处扣 8 分	15			
3		11	超差不得分	10			
4		R3	超差不得分	5			
5		2°	超差不得分	5			
6		R4	超差不得分	5			
7		41	超差不得分	5			
8		20	超差不得分	5			
9	形位公差	⟚ 0.01 A ，2 处	超差 0.01 扣 5 分	10			
10	粗糙度	Ra0.2，5 处	不合格 1 处扣 2 分	10			
11		Ra0.4，4 处	不合格 1 处扣 2 分	10			
12		Ra0.8	不合格 1 处扣 5 分	5			
13		文明生产	无违章操作	10			
问题分析		产生问题	原因分析		解决方案		

活动五 任务评价

复印并填写附录 B。

活动六 任务拓展

是否可以通过改变该型芯的结构设计来改变其结构工艺性，如可以，请绘制出结构简图。

任务七　方形盒注射模浇口套加工

浇口套如图 XM12-10 所示。

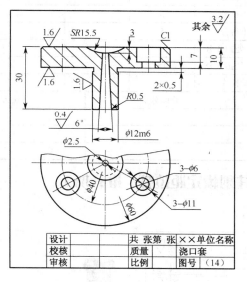

图 XM12-10　浇口套

任务内容：

1. 浇口套外形的车削加工。
2. 直浇道锥孔钻、铰加工。
3. 沉头螺钉的钳工加工。
4. 浇口套的热处理。
5. 浇口套的磨削加工。
6. 浇口套直浇道孔及喷嘴球面的研磨加工。

任务过程：

质量检测与控制。

浇口套加工质量检测评分表

序号	项　目	检测指标	评分标准	配　分	检测记录		得　分
					自　检	互　检	
1	尺寸精度	$\phi12m6$	超差 0.01 扣 5 分	10			
2		$\phi2.5$	超差 1 处扣 5 分	5			
3		6°	超差不得分	10			
4		$SR15.5$	超差 1 处扣 5 分	5			
5		$\phi40$	超差 1 处扣 5 分	5			
6		3-$\phi6$ 沉孔	超差 0.01 扣 5 分	10			

续表

序号	项　目	检测指标	评分标准	配　分	检　测　记　录		得　分
					自　检	互　检	
7		$\phi40$	超差不得分	5			
8		$\phi60$	超差不得分	5			
9		30	超差不得分	5			
10		10	超差不得分	5			
11	粗糙度	Ra0.4	不合格1处扣3分	10			
12		Ra1.6，3处	不合格1处扣5分	15			
13		文明生产	无违章操作	10			
问题分析		产生问题		原因分析		解决方案	

任务八　方形盒注射模定距拉杆、推杆加工

定距拉杆、推杆如图 XM12-11 所示。

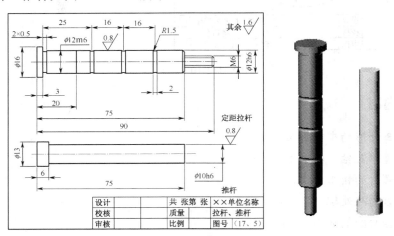

图 XM12-11　定距拉杆、推杆

方案一：购置推杆标准件。
方案二：实施定距拉杆、推杆加工。

 任务内容：

定距拉杆加工	推杆加工
1．定距拉杆导套车削粗加工 2．定距拉杆的热处理 3．定距拉杆的磨削加工	1．推杆车削粗加工 2．推杆热处理 3．推杆磨削加工
注意：细长杆加工时，必须注意增加刚性，防止或减小弯曲变形	

 任务过程：

定距拉杆、推杆加工质量检测。

定距拉杆、推杆加工质量检测评分表

序号	项 目		检测指标	评分标准	配 分	检 测 记 录		得 分
						自 检	互 检	
1			$\phi12m6$	超差1处扣5分	20			
2			$\phi12h6$	超差1处扣5分	20			
3		定距拉杆	$\phi16$	超差不得分	10			
4			M6	超差不得分	10			
5			75	超差不得分	10			
6	尺寸精度		25	超差不得分	10			
7			16	超差不得分	10			
8			$R1.5$	超差不得分	10			
9			2×0.5	超差不得分	10			
10			$\phi10h6$	超差1处扣5分	20			
11		推杆	$\phi13$	超差1处扣5分	10			
12			75	超差0.01扣5分	10			
13			6	超差不得分	10			
14	粗糙度		$Ra0.8$，2处	不合格1处扣3分	20			
15	文明生产			无违章操作	20			
问题分析			产生问题	原因分析		解决方案		

任务九　方形盒注射模推杆固定板、推板加工

推杆固定板、推板如图 XM12-12、图 XM12-13 所示。

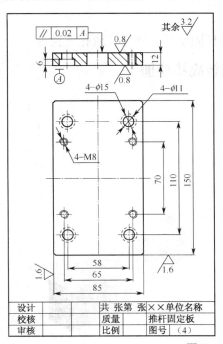

图 XM12-12　推杆固定板

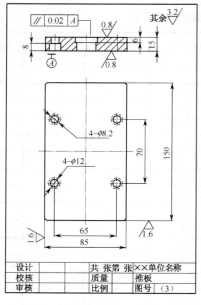

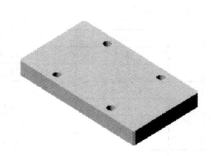

图 XM12-13　推板

任务内容：

推杆固定板加工	推板加工
1．推杆固定板外形铣削加工 2．推杆固定板上下面磨削加工 3．与动模板配加工推杆通孔 4．钻攻螺纹孔	1．推板外形铣削加工 2．推板上下面磨削加工 3．钻、扩沉头螺钉孔

任务过程：

质量检测——推杆固定板、推板外形尺寸，推杆固定孔、螺孔及通孔直径等。

任务十　方形盒注射模等高垫块加工

等高垫块如图 XM12-14 所示。

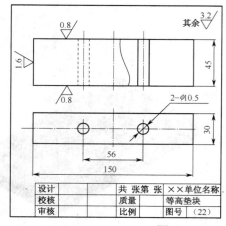

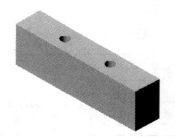

图 XM12-14　等高垫块

任务内容：

1. 等高垫块外形铣削加工。
2. 等高垫块上下面磨削加工。
3. 配作长螺钉孔。

任务过程：

质量检测——长螺钉孔孔径、中心距及外形尺寸。

任务十一　方形盒注射模装配

👉 **活动一**　阅读方形盒注射模装配图和相关技术文件

1. 阅读并理解方形盒注射模装配的技术要求。
2. 熟悉各零件的工作位置、配合关系、连接以及运动关系。
3. 确定各部分的装配方法。
4. 选择装配所需设备、工具、量具。
5. 对装配零件按要求进行必要的清洗与清理工作，并检验、检查各装配零件质量以及标准件的规格与数量。

👉 **活动二**　编制方形盒注射模装配的工艺

复印并填写附录 D。

👉 **活动三**　实施方形盒注射模的装配工作

1. 实施模架装配。
2. 实施成型零件装配与修调。
3. 实施推件机构装配与修调。
4. 进行方形盒注射模的总装配。

👉 **活动四**　进行方形盒注射模装配质量检验

装配工艺步骤	检 测 标 准	配　分	检 测 记 录		得　分
			自　检	互　检	
模架装配	装配中进行安装孔配加工，操作准确、规范	10			
	动定模板导向、定位准确，运动平稳、灵活性符合要求	10			
	模板间连接稳固可靠	5			
	模板间对位准确，平行度符合要求	5			
成型零件装配	型芯与定模板上的型腔对位准确	10			
	型芯与动模板连接准确稳固	10			
	分型面接触良好，均匀密封	10			

装配工艺步骤	检测标准	配　分	检测记录		得　分
			自　检	互　检	
推件机构装配	动模部分模板间的配加工操作规范、准确	10			
	定距拉杆安装准确稳固，定距合理准确	10			
	推件、脱模运动灵活可靠	10			
安全文明	装配操作、工具使用安全规范	10			
装配问题分析	产生问题		原因分析		解决方案

活动五　实施方形盒注射模的检测与调整

复印并填写附录 E。

任务十二　方形盒注射模制造项目考核评价

复印并填写附录 F。

项目十三　防潮盖注射模具制造综合技能训练

任务一　防潮盖注射模结构原理分析

其装配图如图 XM13-1 所示。

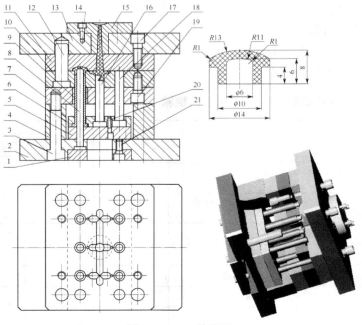

图 XM13-1　装配图

序号	名称	数量	材料	规格	序号	名称	数量	材料	规格
21	螺钉	4		M6×18	9	推管	6	45	
20	螺钉	4		M6×20	8	型芯	6		
19	螺钉	4		M8×24	7	支承板	1	45	
18	复位杆	4	45		6	推杆固定板	1	45	
17	螺钉	4		M8×28	5	推板	1	45	
16	拉料杆	1	45		4	等高垫块	2	45	
15	浇口套	1	45		3	长螺钉	4		M10×64
14	螺钉	4		M4×15	2	定模座板	1	45	
13	定模座板	1	45		1	底板	1	45	
12	导柱	4	T10A		序号	名称	数量	材料	规格
11	定模板	1	45		设计		共 张第 张		防潮塞注射模
10	动模板	1	45		校核		质量		
序号	名称	数量	材料	规格	审核		比例		

图 XM13-1 装配图（续）

活动一 防潮盖注射模的结构原理分析

复合模的结构特点	1. 常用的注射模的推出机构有____等几种 2. 该模具采用了____推出机构，该推出机构主要用于____类型塑件的推出 3. 该模具在结构上与普通2板注射模具不同的地方包括____等
工作原理	防潮盖注射模的工作原理是：
机构结构的合理性判断	不合理之处 / 改进方案

活动二 防潮盖注射模具的生产计划安排

模具生产流程		承制人	生产时间安排				检测人	加工说明
			预计用时	开始时间	完成时间	实际用时		
模架制造	定模座板加工							
	动模座板加工							
	定模板加工							
	动模板加工							
	支撑板加工							
	等高垫块加工							
	浇口套加工							
	导柱加工	购置标准件						
成型零件	型腔加工	加工在定模板上						
	型芯加工	购置标准推盖替代						
推件机构制造	推杆固定板加工							
	推板加工							
	推管	购置标准件						
	复位杆加工							
	底板加工							

续表

模具生产流程		承 制 人	生产时间安排				检 测 人	加 工 说 明
			预 计 用 时	开 始 时 间	完 成 时 间	实 际 用 时		
模具 装配	模具试装							
	模具总装							
试模与调整								
模具交付								

任务二　防潮盖注射模动、定模座板加工

定模座板如图 XM13-2 所示，动模座板如图 XM13-3 所示。

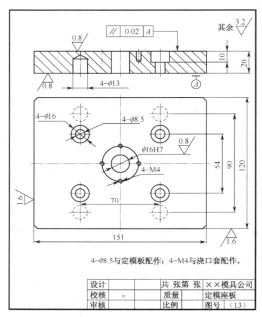

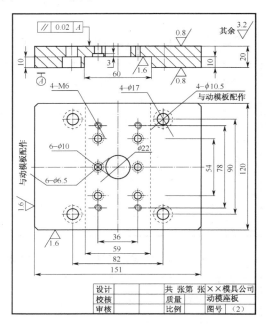

图 XM13-2　定模座板

图 XM13-3　定模座板

活动一　阅读零件图，查阅相关资料，进行动、定模座板的加工工艺分析

1. 定模座板的作用是：_____。

2. 在该模具中，动模座板除了其一般支承基础作用外还起到固定_____的作用。

3. 模板加工时，必须注意其上下面的_____要求以及侧基准面的_____要求。一般使用_____方法进行粗加工，使用_____完成精加工。

4. 动、定模座板上的螺（钉）孔、销孔与其他零件配作的目的是：_____
_____。

5. 动、定模座板一般选择用_____材料制造，坯料尺寸为：定模座板

×_____×_____，动模座板_____×_____×_____。

👉 **活动二** 制订动、定模座板加工工艺路线，编制动、定模座板的加工工艺

1．动、定模座板加工工艺路线。

① 定模座板的加工工艺路线：

_____。

② 动模座板的加工工艺路线：

_____。

2．编制动、定模座板的加工工艺。

① 编制订模座板的加工工艺，复印并填写附录 A。

② 编制动模座板的加工工艺，复印并填写附录 A。

👉 **活动三** 实施动、定模座板的机械加工并进行质量检测与控制

1．进行动定模座板的外形铣削加工。

2．完成动定模座板的上下面及侧基准面的磨削加工。

3．钻镗定模座板上的浇口套固定孔。

4．铣削动模座板上的底板安装槽。

👉 **活动四** 进行动、定模座板加工质量检测和问题分析

动、定模座板加工检测评分表

序号	项 目		检测指标	评分标准	配 分	检测记录		得 分
						自 检	互 检	
1	尺寸精度	定模座板	$\phi16H7$	超差 0.01 扣 5 分	20			
2			4-$\phi13$	超差不得分	10			
3			20	超差不得分	10			
4			151×120	超差不得分	10			
5		动模座板	$\phi22$	超差不得分	10			
6			4-M6	超差不得分	20			
7			60×10	超差不得分	10			
8			151×120	超差不得分	10			
9			20	超差不得分	10			
10	形位公差		// 0.02 A ，2 处	超差 0.01 扣 5 分	20			
11	粗糙度		Ra0.8，5 处	不合格 1 处扣 4 分	20			
12			Ra1.6，5 处	不合格 1 处扣 4 分	20			
13			文明生产	无违章操作	20			
问题分析			产生问题		原因分析		解决方案	

👉 **活动五** 任务评价

复印并填写附录 B。

任务三　防潮盖注射模动、定模板加工

定模座板如图 XM13-4 所示，动模座板如图 XM13-5 所示。

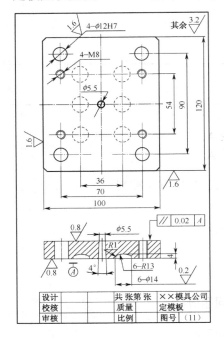

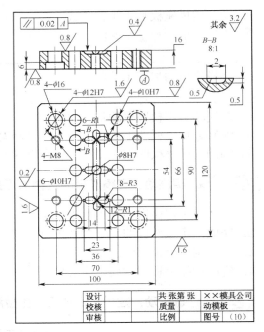

图 XM13-4　定模板

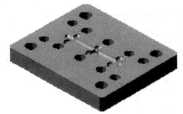

图 XM13-5　动模板

活动一　阅读零件图，查阅相关资料，进行动、定模板的加工工艺分析

1. 在现行技术条件下，用＿＿＿＿＿＿＿＿＿＿＿＿方法来保证动、定模板的导向孔的一致性，用＿＿＿＿＿＿＿＿＿＿＿＿＿＿方法来保证动、定模板的型腔孔的一致性要求。

2. 动定模座一般选择＿＿＿＿材料制造，坯料尺寸为：定模板＿＿＿＿＿＿＿×＿＿＿＿×＿＿＿＿，动座板＿＿＿×＿＿＿＿×＿＿＿＿。

活动二　制订动、定模板加工工艺路线，编制动、定模板的加工工艺

1. 动、定模板加工工艺路线。

① 定模板的加工工艺路线：

＿＿。

② 动模板的加工工艺路线：

＿＿。

2. 编制动、定模板的加工工艺。

① 编制订模板的加工工艺，复印并填写附录 A。

② 编制动模板的加工工艺，复印并填写附录 A。

活动三 实施动、定模板的机械加工并进行质量检测与控制

1. 进行动、定模板的外形铣削加工。

2. 完成动、定模板的上下面及侧基准面的磨削加工。

3. 钻、攻、铰动、定模板上的螺孔、浇口孔、复位杆孔。

4. 将动、定模板重叠安装，钻、镗（或铰）导柱、导套孔以及型芯安装孔与定模型腔孔。

5. 设计电极，以动模板型芯安装孔为电极板安装电极，加工定模型腔孔。

6. 铣削动模板上的分流道槽。

7. 动、定模板的热处理（预硬材料可不进行热处理）。

8. 研磨（磨削）导柱导套安装孔，研磨抛光动定模型腔型面以及分流道槽。

活动四 进行动、定模板加工质量检测和问题分析

动、定模板加工检测评分表

序号	项目		检测指标	评分标准	配分	检测记录		得分
						自检	互检	
1	尺寸精度	定模板	4-ϕ12H7	超差 1 处扣 5 分	20			
2			10-ϕ10H7	超差 1 处扣 3 分	20			
3			6-R13/R1 深 4	不合格 1 处扣 3 分	20			
4			4-M8	超差不得分	5			
5			ϕ5.5/4° 锥孔	超差不得分	5			
6			70×90	超差不得分	5			
7			36×54	超差不得分	5			
8		动模板	4-ϕ12H7	超差 1 处扣 2 分	20			
9			6-ϕ10H7	超差 1 处扣 3 分	20			
10			4-ϕ10H7	超差 1 处扣 2 分	10			
11			ϕ8H7	超 0.01 扣 2 分	5			
12			8-R3	超差不得分	5			
13			12-R1	超差不得分	5			
14			浇口尺寸组	超差不得分	5			
15			14×66	超差不得分	5			
16	形位公差		// 0.02 A ，2 处	超差 0.01 扣 5 分	10			
17	粗糙度		Ra0.2，6 处	不合格 1 处扣 3 分	15			
18			Ra0.4 分流道	不合格 1 处扣 1 分	5			

续表

序号	项 目	检测指标	评分标准	配 分	检测记录		得 分
					自 检	互 检	
		$Ra0.8$，2 处	不合格 1 处扣 2 分	5			
		文明生产	无违章操作	10			

问题分析	产生问题	原因分析	解决方案

  活动五　任务评价

复印并填写附录 B。

  活动六　任务拓展

如使用数控铣加工动模板孔系及分流道槽，请编制加工程序，并实施加工。

任务四　防潮盖注射模浇口套加工

浇口套如图 XM13-6 所示。

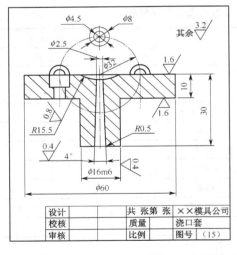

图 XM13-6　浇口套

任务内容：

1. 车削浇口套外形。
2. 钻、铰、研直浇道孔。
3. 钻、锪沉头螺钉孔。
4. 磨削浇口套安装外圆。

任务过程：

浇口套加工质量检测 ϕ16m6 外径及粗糙度、直浇道锥孔孔径及粗糙度、SR15.5 喷嘴球面、沉头螺钉孔等。

任务五　防潮盖注射模导柱加工

导柱如图 XM13-7 所示。

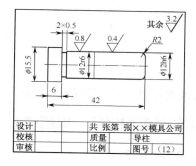

图 XM13-7　导柱

 任务内容：

1. 车削导柱外圆。
2. 导柱热处理。
3. 导柱磨削加工。

 任务过程：

浇口套加工质量检测——ϕ12r6、ϕ12h6 外径及粗糙度、长度尺寸等。

任务六　防潮盖注射模支承板加工

支承板如图 XM13-8 所示。

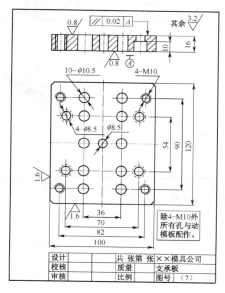

图 XM13-8　支承板

任务内容：

1. 支承板外形铣削加工。
2. 支承板上、下面及侧基准面的磨削加工。
3. 4-M10 的钻、攻加工。
4. 装配时完成其余孔系的配作加工。

任务过程：

质量检测——支承板外形尺寸、螺孔及螺纹孔、上下面的平行度等。

任务七　防潮盖注射模推杆固定板、推板加工

推杆固定板、推板如图 XM13-9、图 XM13-10 所示。

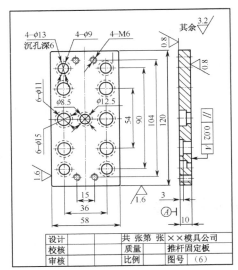

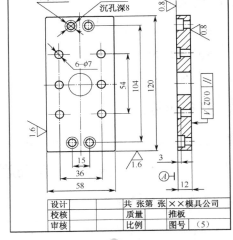

图 XM12-9　推杆固定板

图 XM13-10　推板

任务内容：

推杆固定板加工	推 板 加 工
1. 推杆固定板外形铣削加工	1. 推板外形铣削加工
2. 推杆固定板上下面、侧基准面磨削加工	2. 推板上下面、侧基准面磨削加工
3. 与动模板叠合配加工推管、拉料杆、复位杆固定孔	3. 与动模板叠合配加工型芯通孔
4. 钻、攻加工 4-M6 螺纹孔	4. 与推杆固定板叠合配钻、锪沉头螺钉孔

任务过程：

浇口套加工质量检测——两板外形尺寸、孔径及孔距。

任务八　防潮盖注射模复位杆、拉料杆加工

复位杆、拉料杆如图 XM13-11 所示。

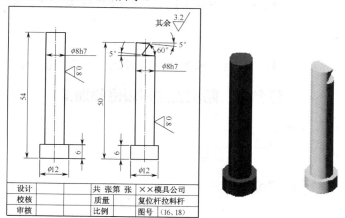

图 XM13-11　复位杆、拉料杆

 任务内容：

1. 购置标准件。
2. 实施复位杆、拉料杆加工。

复位杆加工	拉料杆加工
1. 复位杆车削加工 2. 复位杆热处理 3. 复位杆磨削加工	1. 拉料杆车削加工 2. 拉料杆 Z 型面加工 3. 拉料杆热处理 4. 拉料杆磨削加工

 任务过程：

复位杆、拉料杆加工质量检测——复位杆、拉料杆外径、长度及粗糙度。

任务九　防潮盖注射模推管、型芯加工

推管、型芯如图 XM13-12 所示。

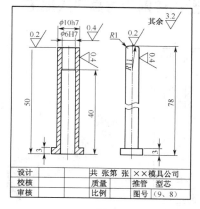

图 XM13-12　推管、型芯

任务内容：

购置标准件，然后根据模具的实际情况修整，并检测其长度和形状。

任务过程：

质量检测——外径、孔径、长度、推管与型芯及动模板孔的配合间隙等。

任务十　防潮盖注射模底板加工

底板如图 XM13-13 所示。

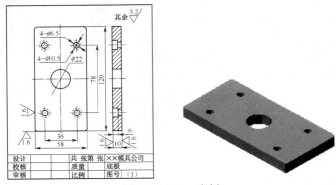

图 XM13-13　底板

任务内容：

1. 底板外形铣削加工。
2. 底板上、下面及侧基准面的磨削加工。
3. 钻、镗顶柱通孔。
4. 装配时与推杆固定板叠合配作沉头螺钉孔。

任务过程：

加工质量检测—底板外形尺寸、孔径、上下面的平行度等。

任务十一　防潮盖注射模等高垫块加工

等高垫块如图 XM13-14 所示。

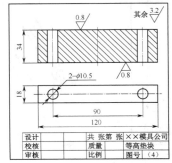

图 XM13-14　等高垫块

任务内容：

1. 等高垫块外形铣削加工。
2. 等高垫块上、下面及侧基准面的磨削加工。
3. 与动模板配作长螺钉通孔。

 任务过程：

加工质量检测——等高垫块外形尺寸、孔径、孔距及上下面的平行度等。

任务十二 防潮盖注射模装配

👉 **活动一** 阅读防潮盖注射模装配图和相关技术文件

1. 阅读并理解防潮盖注射模装配的技术要求。
2. 熟悉各零件的工作位置、配合关系、连接以及运动关系。
3. 确定各部分的装配方法。
4. 选择装配所需设备、工具、量具。
5. 对装配零件按要求进行必要的清洗与清理工作，并检验、检查各装配零件质量以及标准件的规格与数量。

👉 **活动二** 编制防潮盖注射模装配的工艺

复印并填写附录 D。

👉 **活动三** 实施防潮盖注射模的装配工作

1. 实施模架装配。
2. 实施成型零件装配与修调。
3. 实施推件机构装配与修调。
4. 进行防潮盖注射模具的总装配。

👉 **活动四** 进行防潮盖注塑模装配质量检验

装配工艺步骤	检测标准	配　分	检测记录		得　分
			自　检	互　检	
模架装配	装配中进行安装孔配加工，操作准确、规范	10			
	动定模板导向、定位准确、运动平稳、灵活性符合要求	10			
	模板间连接稳固可靠	5			
	模板间对位准确，平行度符合要求	5			
成型零件装配	型芯与定模板上的型腔对位准确	10			
	分型面接触良好，均匀密封	10			
推件机构装配	动模部分模板间的配加工操作规范、准确	10			
	推管与型芯配合准确，运动平稳、灵活	10			
	复位杆、拉料杆与固定板连接位置准确	10			
	推件、脱模运动灵活可靠	10			

续表

装配工艺步骤	检 测 标 准	配　分	检 测 记 录		得　分
			自　检	互检	
安全文明	装配操作、工具使用安全规范	10			
装配问题分析	产生问题		原因分析		解决方案

活动五 实施模的检测与防潮盖注射调整

复印并填写附录 E。

任务十三　防潮盖注射模制造项目考核评价

复印并填写附录 F。

附录 A

_____模具_____零件加工工艺卡

工艺过程卡									
零件 名称		模具 编号			零件 编号			（工艺简图）	
材料 名称		坯料 尺寸			件数				
工序	机号	工种	工 序 内 容		工时 定额	设　备	刀具	检验 量具	评定
工艺员			年　月　日			零件质量等级			

工艺合理性验证：

指导教师：
年　月　日

附录 B

_____模具_____零件加工任务评价表

组序	劳动态度 10%		分工协作 10%		工艺编制 25%		安全操作 10%		问题解决 15%		加工质量 30%		教师评价	备注
	自评	互评	自评	互评	自评	互评	自评	互评	自评	互评	自评	互评		
1														
2														
3														
4														
5														
6														
7														
8														
9														
10														

任务评述

指导教师：

年　月　日

附录 C

_____模具_____零件热处理工艺卡

					工艺简图：
模具序号		工艺序号			
委托单位		技术要求			
零件名称		零件材料		件数	
要求硬度		实际硬度		工时	

零件简图及尺寸标准：

工艺要求及措施：

D		
C		
B		
A	处理前	处理后

工艺员		检验	

附录 D

_____模具装配工艺卡

XX 模具公司		装配工艺卡	产 品 型 号		零部件图号				
			产 品 名 称		零部件名称			共 页	第 页
序号	工 序 名 称		工 序 内 容		实 施 部 门	设备、工装	辅 料		工 时

					设计	审核	标准化	会签	备注
					（日期）	（日期）	（日期）	（日期）	
标记	处数	更改文件	签字	日期					

装配工艺合理性验证：

指导教师：

年　月　日

附录 E

_____模具试模质量分析表

试 模 缺 陷	产 生 原 因	调 整 方 法

附录 F

_____模具制造项目考核评价表

组序	劳动态度 10%		分工协作 10%		工艺编制 15%		安全操作 10%		问题解决 25%		模具质量 30%		教师评价	备注
	自评	互评	自评	互评	自评	互评	自评	互评	自评	互评	自评	互评		
1														
2														
3														
4														
5														
6														
7														
8														
9														
10														
任务评述														

指导教师：

年　　月　　日

参 考 文 献

[1] 许发樾. 实用模具设计与制造手册. 北京：机械工业出版社，2002.

[2] 王新华 袁联富. 冲压模具结构. 北京：机械工业出版社，2003.

[3] 上海市职业培训指导中心. 模具制造工. 北京：中国劳动社会保障出版社，2004.

[4] 朱光力 万金保. 塑料模具设计. 北京：清华大学出版社，2003.

[5] 李云程. 模具制造技术. 北京：机械工业出版社，2002.

[6] 《模具设计手册》编写组. 塑料模具设计手册. 北京：机械工业出版社，1997.

[7] 蒋建强. 数控编程技术. 北京：科学出版社，2004.

[8] 高佩福. 实用模具制造技术. 北京：中国轻工业出版社，2001.

[9] 赵孟栋. 冷冲模具设计. 北京：机械工业出版社，1999.

[10] 张光荣. 冷冲压艺与模具设计. 北京：电子工业出版社，2009.

[11] 曲昌华. 塑料成型工艺与模具设计. 北京：高等教育出版社，2006.

反侵权盗版声明

　　电子工业出版社依法对本作品享有专有出版权。任何未经权利人书面许可，复制、销售或通过信息网络传播本作品的行为；歪曲、篡改、剽窃本作品的行为，均违反《中华人民共和国著作权法》，其行为人应承担相应的民事责任和行政责任，构成犯罪的，将被依法追究刑事责任。

　　为了维护市场秩序，保护权利人的合法权益，我社将依法查处和打击侵权盗版的单位和个人。欢迎社会各界人士积极举报侵权盗版行为，本社将奖励举报有功人员，并保证举报人的信息不被泄露。

举报电话：（010）88254396；（010）88258888

传　　真：（010）88254397

E-mail：　dbqq@phei.com.cn

通信地址：北京市万寿路 173 信箱

　　　　　电子工业出版社总编办公室

邮　　编：100036